电子信息前沿技术丛书

Verilog HDL Algorithm
and Circuit Design
Typical Examples in Communication
and Computer Networks

Verilog HDL算法
与电路设计

通信和计算机网络典型案例

乔庐峰 陈庆华 晋军 续欣 赵彤 编著

U0214931

清華大學出版社
北京

内 容 简 介

本书精选了通信、计算机和网络领域 9 类 20 余个典型电路，包括网络接口、存储管理、帧同步、CAM 和 TCAM、哈希查找、深度包检测、漏桶算法、数据交换单元和 SM4 加/解密电路，给出了每个电路的功能说明、算法原理和内部结构，以及完整的 Verilog HDL 设计代码和仿真验证代码。本书中的所有代码都在 FPGA 开发环境上进行了实际验证，可以直接应用于读者的设计实践中，具有良好的参考价值。

本书主要面向具有一定 Verilog HDL 语法基础，着手进行大规模数字系统设计的电子技术、计算机、通信和网络领域的高年级本科生、研究生和已经进入工作岗位的工程技术人员。

图书在版编目(CIP)数据

Verilog HDL算法与电路设计：通信和计算机网络典型案例/乔庐峰等编著.—北京：清华大学出版社，2021.4（2024.11重印）

（电子信息前沿技术丛书）

ISBN 978-7-302-56874-2

Ⅰ.①V… Ⅱ.①乔… Ⅲ.①硬件描述语言－程序设计 Ⅳ.①TP312

中国版本图书馆 CIP 数据核字(2020)第 228093 号

责任编辑：文　怡
封面设计：王昭红
责任校对：李建庄
责任印制：宋　林

出版发行：清华大学出版社
      网　　　址：https://www.tup.com.cn，https://www.wqxuetang.com
      地　　　址：北京清华大学学研大厦 A 座　　　　　邮　　编：100084
      社 总 机：010-83470000　　　　　　　　　　邮　　购：010-62786544
      投稿与读者服务：010-62776969，c-service@tup.tsinghua.edu.cn
      质量反馈：010-62772015，zhiliang@tup.tsinghua.edu.cn
      课件下载：https://www.tup.com.cn，010-83470236
印 装 者：涿州市般润文化传播有限公司
经　　销：全国新华书店
开　　本：185mm×260mm　　印　张：16.5　　　　　字　　数：400 千字
版　　次：2021 年 5 月第 1 版　　　　　　　　　印　　次：2024 年 11 月第 3 次印刷
印　　数：2501～2800
定　　价：69.00 元

产品编号：090204-01

前言

FOREWORD

　　本书根据作者长期教学科研实践,精选了通信、计算机和网络领域 9 类 20 余个典型电路,包括简单以太网网卡电路、LRU 算法与电路、串行和并行帧同步电路、CAM 和 TCAM 电路、基于链表结构的哈希查找电路、深度包检测算法与电路、漏桶算法与电路、典型数据交换单元和 SM4 加/解密电路,给出了每个电路的应用环境、算法原理、电路框图、接口定义和工作流程,以及经过实际验证的设计代码和仿真测试代码。目前,Verilog HDL 类书籍普遍偏重基本语法教学和基本电路设计,或者讲授 FPGA 设计流程,本书则重在帮助具有初步语法基础的读者通过对各类典型工程案例的学习,熟悉通信、计算机和网络领域典型电路的设计与实现,有效积累大规模数字系统设计知识和实际的工程技术经验,为进一步进行本领域的创新实践打下坚实基础。

　　本书具有以下主要特点:①所选择的案例均具有一定代表性,并且是现有书籍中涉及较少的;②每个案例均给出了电路的应用背景、算法原理、电路设计代码和仿真验证代码,完备性较高,易于学习;③所有代码都经过了工程实践验证,可以直接应用于通信、计算机和网络类数字系统的设计,可以采用 FPGA 或者专用集成电路实现;④本书注重将数字系统设计方法学知识融入不同类型的设计案例之中,有助于增加读者对复杂数字系统设计工程学知识的了解,可对其他电路设计起到指导作用。结合每个典型电路,本书注重对同类电路设计方法的归纳和总结,介绍同类电路设计实现时的共性问题,帮助读者在面对一个基本设计需求或设计任务时,懂得如何分析问题和考虑问题,最终使用硬件描述语言实现所需的目标电路。

　　本书共分为 9 章,每章的主要内容如下:

　　第 1 章介绍了简单以太网网卡电路。具体内容包括 MAC 控制器电路、简单接口队列、802.3 CRC-32 校验运算电路和典型处理器接口电路,以此为基础,给出了网卡的顶层电路。

　　第 2 章介绍了 LRU 算法与电路。LRU 算法广泛应用于计算机系统和网络设备中,可用于进行计算机存储空间的管理和路由查找电路存储空间的管理。本章详细分析了 LRU 的算法原理、电路功能、状态跳转图,并对关键功能进行了全面的仿真分析。

　　第 3 章介绍了传输系统中对传输帧进行接收同步的电路,包括 PDH 传输系统中的 E1 帧同步电路和 SDH 传输系统中的并行帧同步电路。

　　第 4 章介绍了 CAM 和 TCAM 电路的设计与应用。CAM 和 TCAM 是两种内容可寻址存储器,本章介绍了二者的功能,给出了基于 CAM 的以太网查找电路和采用 TCAM 实现的 IP 地址最长前缀匹配查找电路。

第 5 章介绍了基于链表结构的哈希查找技术。针对哈希冲突，给出了基于哈希链表和基于多桶哈希的冲突解决方法，分别给出了具体的电路实现，进行了系统的仿真分析。

第 6 章介绍了广泛应用于网络安全领域的深度包检测算法与电路，介绍了深度包检测的概念和正则表达式；给出了基于硬件逻辑的 DFA 匹配引擎和面向存储的 DFA 匹配引擎。

第 7 章介绍了漏桶算法与电路实现。在网络设备中，如果需要在入口处对特定业务流的流量特征进行监管，检查其是否符合约定的流量特征；或者在出口处对特定业务流进行流量整形，使得某些特定的业务流按照给定的流量特征输出，那么可以使用漏桶算法及相应的电路加以实现。随着用户对网络服务质量要求的不断提高，此类电路的应用日益广泛。

第 8 章分别介绍了典型数据交换单元 crossbar 的工作原理与电路实现以及典型共享缓存交换单元的算法原理与电路实现。二者是网络设备中最为常见的基本交换单元，可以单独使用，也可以组合起来构成大容量的交换网络。

第 9 章分析了 SM4 加/解密算法原理与电路实现。本章的主要内容包括 SM4 加/解密算法的基本原理和加/解密运算的基本过程，给出了完整的加/解密运算代码并进行了仿真验证分析。

阅读本书时，有以下几点需要注意：

（1）本书的设计代码均采用可综合风格的 Verilog HDL 实现，仿真验证代码主要基于 task 高效实现。

（2）在代码中主要使用了 FIFO 和 RAM 两类 IP 核。本书的 IP 核主要基于 Xilinx 的 ISE 或 Vivado 集成开发环境生成，如果使用其他开发环境，只需略作调整即可。本书的所有代码都可以直接在 Xilinx 的 ISE 或 Vivado 集成开发环境下进行实际验证和仿真分析，也可方便地移植到其他开发环境下。

（3）本书中所有状态机均采用混合类型而非传统的米里型和摩尔型，更适合设计复杂状态机，使代码可读性更强。

（4）为了更好地分析仿真结果，模拟真实电路中的门延迟，在代码的赋值语句中加入了延迟，有利于分析信号跳变与时钟上升沿之间的关系。

（5）部分电路旁边配有二维码，可以用手机扫描查看电子文件。

本书由陆军工程大学乔庐峰教授、陈庆华、晋军、续欣副教授和赵彤工程师编著，孙明乾、王乾、王雷淘、吴崇杰等硕士研究生参与了部分代码调试和验证工作。

编　者

2021 年 3 月

目录

CONTENTS

## 第1章

简单以太网网卡电路

以太网的网卡是目前最为常见的网络接口设备,其核心是网络接口控制器(Network Interface Controller,NIC)电路。图 1-1 是 NIC 的典型应用环境,本章将基于典型的嵌入式处理平台,设计简单的 NIC 电路。

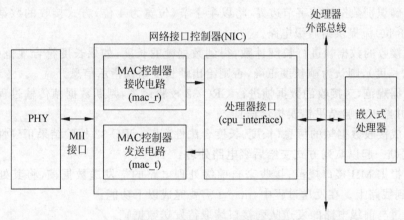

图 1-1   NIC 及其典型应用环境

NIC 由以太网 MAC(Medium Access Control)控制器(包括接收部分和发送部分)和处理器接口电路构成。处理器接口电路负责 MAC 控制器与嵌入式处理器之间的数据帧收发(本电路中,数据帧就是指 MAC 帧,强调电路功能的通用性时,常使用数据帧而非 MAC 帧)。以太网 MAC 控制器主要实现以太网 MAC 帧的收发功能,根据数据收发方向,可以划分为接收部分(mac_r)和发送部分(mac_t)。MAC 控制器一方面通过 MII(Media Independent Interface)接口和以太网的物理收发器(PHY)相连,另一方面通过内部接口和处理器接口电路相连。

MAC 控制器通过 MII 接口和以太网的物理收发器(PHY)相连,PHY 与外部传输介质相连,其具体功能与传输介质相关。MII 接口是一个标准接口,它使得 MAC 控制器只需要根据接口规范进行数据收发即可,可以不用关心物理层与具体数据收发相关的功能。MII 接口定义如图 1-2 所示。MII 接口信号的接口时序关系将在后级电路设计过程中进行介绍。随着以太网技术的发展,MII 出现了多个版本,此处不做进一步介绍。

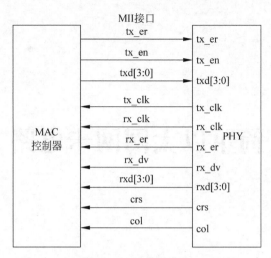

图 1-2　MII 接口定义

图 1-1 中的 mac_r 根据 MII 接口规范,接收来自 PHY 的以太网数据帧。在接收过程中,mac_r 需要完成以下功能:

(1) 识别接收数据帧的起始标志,有效识别出一个帧的起始位置。

(2) 正确识别数据帧的字节边界,将以半字节(位宽为 4 位)方式接收的数据转换为字节(位宽为 8 位)流提供给后级电路。

(3) 对接收的数据帧进行长度计数,得到数据帧的长度,如果长度符合规范(64~1518 字节为合法长度),则认为帧长度正确,否则给出帧长度错误指示信息。

(4) 根据规范,对接收的数据帧进行 CRC-32 校验运算,判断数据帧传输过程中是否发生了错误,并给出校验结果错误指示信息。

(5) 形成接收数据帧的信息(长度、长度合法性判断、CRC-32 校验结果正确性判断),和接收的数据帧一起以队列方式交给后级电路处理。

mac_t 根据 MII 接口规范,接收来自前级处理电路的待发送数据帧,将其处理后通过 PHY 发送到线路上。在发送过程中,mac_t 需要完成以下功能:

(1) 通过与前级电路的发送队列接口读取待发送数据帧。

(2) 生成待发送数据帧的前导码。

(3) 生成待发送数据帧的帧起始定界符。

(4) 以半字节为位宽进行数据帧发送,根据规范,对发送的数据帧进行 CRC-32 校验运算。

(5) 数据帧净荷发送完成后,发送 CRC-32 校验结果。

(6) 插入最小帧间隔。

以太网 MAC 控制器的接口信号定义如表 1-1 所示,考虑到目前以太网交换机的大量使用,不会出现载波侦听和冲突检测后的数据帧收发处理操作,因此实际电路中简化了 MII 接口的设计,未使用 crs.col、rx_er 和 tx_er 等信号。

表 1-1　MAC 控制器的主要接口信号及定义

接口名称	I/O 类型	位宽/位	含　　义
rstn	I	1	复位信号,低电平有效
clk	I	1	系统时钟信号

接口名称	I/O 类型	位宽/位	含　　义
rx_clk	I	1	接收电路时钟信号,与 rx_dv、rx_d、rx_er 属于同一个时钟域
rx_dv	I	1	接收数据有效指示,当其为 1 时表示当前 rx_d 上是有效的接收数据
rx_d	I	4	接收数据,位宽为 4 位
tx_clk	I	1	发送电路时钟信号,由 PHY 提供,与 tx_dv、tx_d、tx_er 处于同一个时钟域
tx_dv	O	1	发送数据有效指示,其为 1 时表示当前 tx_d 为有效发送数据
tx_d	O	4	当前发送数据,位宽为 4 位

MII 接口的工作时序将在具体电路设计中加以介绍。

1.1　接收 MAC 控制器的设计

图 1-1 中的 mac_r 用于从 MII 接口的接收部分接收数据帧,进行合法性和正确性检查,将接收的数据帧和对应的指针(包括帧长度和与该帧对应的状态信息)写入接收数据帧队列,提供给后级电路。我们将首先介绍 MII 接收接口的工作时序,mac_r 内部的状态机将按照该时序接收来自 PHY 的数据帧,然后介绍本电路中的底层模块、IP(Intellectual Property)核以及接收队列结构。

1.1.1　mac_r 的 MII 接口

图 1-3 是 MII 接收部分标准工作时序。当 PHY 从线路上接收到一个数据帧后,首先利用 MAC 帧的前导码进行线路时钟提取,恢复出与接收数据同步的时钟,然后利用该时钟对接收的数据帧进行检测,找到其帧起始定界符,帧起始定界符(Start of Frame Delimiter,SFD)的编码为 8'hD5,然后将完整的数据帧识别出来,通过 MII 接口发送给 mac_r。当 PHY 向 mac_r 发送有效数据时,它将 rx_dv 由 0 驱动为 1,表示一个数据帧的开始,当前输出数据为有效的接收数据;当 rx_dv 由 1 变成 0 时,表示一个数据帧接收结束。rx_dv 中的 dv 是 data valid 的首字母,常用于表示当前数据线 rx_d[3:0] 上的数据是有效的。MII 接口采用位宽为 4 的数据总线传输数据,一次传送半个字节。在 MII 的接收信号中还包括三个信号,分别为 crs、col 和 rx_er,在共享介质型的以太网中,用于指示信道上检测到载波、发生了冲突和存在接收错误,目前多数以太网均采用以太网交换机进行连接,此时可以不使用这三个信号。

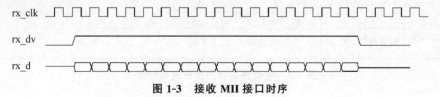

图 1-3　接收 MII 接口时序

1.1.2 mac_r 与后级电路的接口队列

mac_r 和后级电路的接口为一个简单的先入/先出队列。该队列结构中包括两个先入先出存储器(First In First Out，FIFO)，其中一个用于存储接收到的数据帧(data_fifo)，另一个存储与一个数据帧对应的指针(ptr_fifo)。mac_r 接收一个数据帧时，它一边接收数据，一边将其写入 data_fifo 中，当一个帧接收完成后，mac_r 将该数据帧的长度和该数据帧的状态信息组成一个指针，写入 ptr_fifo 中，供后续处理使用。这样，在 data_fifo 中有多少个数据帧，在 ptr_fifo 中就有多少个指针。例如，mac_r 刚接收了一个数据帧(即 MAC 帧)帧，其长度为 100 字节，该数据帧在接收过程中没有发现任何错误，那么 mac_r 会在将数据帧完整地写入 data_fifo 后将其对应的指针值 100 写入 ptr_fifo 中。对于写入的 ptr，需要定义一个简单的数据结构，如图 1-4 所示，指针位宽为 16 位，其中比特位 15 表示该数据帧在接收过程中是否发现错误，如果无差错，则该比特位为 0，如果发现了任何差错，就将该比特位置为 1，它和低 15 比特表示的长度值一起写入 ptr_fifo 中。例如，接收的数据帧长度为 100 字节，那么有错误时写入的指针为 16'h8064(16'h 在 Verilog HDL 语言中表示十六进制)；如果没有错误，则写入的是 16'h0064。

指针比特位	含　义
15	数据帧在接收过程中是否有错误(0 正确，1 错误)
0～14	数据帧字节数，即数据帧长度

图 1-4　接收指针定义

mac_r 的后级电路与先入先出队列相连，在具体处理时采用以下步骤：

(1) 监视 mac_r 的 ptr_fifo，如果其不为空，表示 data_fifo 中存储着完整的数据帧，如果其可以处理该数据帧，则首先读 ptr_fifo，获取该数据帧的长度信息以及该帧是否存在错误。

(2) 根据指针所提供的长度信息对 data_fifo 进行读操作，将该数据帧完整地读出。如果该帧是正确的(读出的指针最高位为 0)，则正常接收和处理该数据帧，否则将该帧读出后丢弃。

这里的指针中，比特位 15 用于指示是否存在接收错误，我们还可以设置更多的状态位，向后级电路提供更多的状态信息。如图 1-5 所示，比特位 15 用于指示是否存在 CRC-32 校验错误，比特位 14 用于指示是否存在帧长度错误(即接收的有效帧长度是否在 64～1518 字节之间)。由于 MAC 帧长度最大为 1518 字节，用 11 个比特位记录帧长即可。记录下不同差错类型可以为后级处理电路提供更为丰富的状态信息。

15	14	13　12　11	10　　　　　　　　　　　　　　0
CRC-32校验错误指示	帧长度错误指示	未使用	帧长

图 1-5　提供更多状态信息的指针定义

mac_r 在接收数据帧时，通常只有在接收了完整的数据帧后才会发现是否存在 CRC-32 校验错误，因此会边接收边存储数据帧，等接收完成后，才能够确定与之对应的指针信息。

而 mac_r 的后级电路发现 ptr_fifo 非空时,才确定 data_fifo 中有完整的数据帧,才会对其进行处理。考虑到 MAC 帧的长度远大于指针长度,因此 data_fifo 的缓冲区深度应远大于 ptr_fifo 的缓冲区深度。

在 mac_r 开始接收 1 个数据帧时,应首先判断其与后级电路接口的队列缓冲区是否可以接收一个完整的数据帧,如果可以接收,则边接收边将其写入队列中;如果队列缓冲区无法容纳一个最大数据帧,则丢弃当前的数据帧。判断是否可以接收当前数据帧的依据通常为 ptr_fifo 非满,表示至少可以再存储一个指针,同时 data_fifo 的剩余空间可以存储一个最大 MAC 帧,即 1518 字节(最大 MAC 帧长度为 1518 字节)。具体设计时通常用一个反压信号(back pressure,bp)来表示接口队列是否可以接收一个最大数据帧,如果 bp 为 1,表示发生了反压,丢弃当前数据帧;如果为 bp 为 0,表示可以接收当前数据帧。

接口队列的缓冲区深度越大,通常越不容易因为接口队列缓冲区发生反压而造成数据被丢弃的情况,但这样做会消耗更多的硬件资源。另外,后级电路的数据处理速度越快,接口队列缓冲区越不容易发生反压。

对于这种队列结构,另外一个需要注意的问题是 data_fifo 的读写时钟选择问题。MII 接口中包括了由 PHY 发送给 mac_r 的时钟信号 rx_clk,MII 接口接收部分的其他信号都同步于该时钟信号,或者说 MII 接收部分的信号属于 rx_clk 时钟域。此时,需要使用 rx_clk 对接收数据帧进行处理,然后将其写入接口队列中。而 mac_r 后级电路需要采用系统时钟 clk 工作(数字系统中通常用 clk,而不是 clock 表示时钟信号),此时接口队列中的 FIFO 通常采用异步 FIFO,它的写入和读出可以使用不同的时钟,可以隔离两个时钟域。关于时钟域这里不做进一步的讨论。此外,通常数据 FIFO 位宽越大,队列的写入和读出数据带宽越大。

1.1.3 802.3 CRC-32 校验运算电路

循环冗余校验(Cyclic Redundancy Check,CRC)是通信中常用的差错检测编码方式,其基本工作原理是根据输入的信息位(信息码元),按照给定的生成多项式产生校验位(校验码元),并一起传送到接收端。在接收端,接收电路按照相同的规则对接收数据进行计算并生成本地的校验位,然后与收到的校验位进行对比,如果二者不同,则说明传输过程中发生了错误,否则说明传输是正确的。

带有 CRC 校验结果的数据帧结构如表 1-2 所示。

表 1-2 带有 CRC 校验结果的数据帧结构

$M(x)$:k 位信息码元	$r(x)$:$n-k$ 位校验码元

CRC 检验位生成与检测工作包括以下基本步骤。

(1) 使用一个多项式表示给定的一组信息位($m_{k-1},m_{k-2},\cdots,m_1,m_0$):$M(x)=m_{k-1}x^{k-1}+m_{k-2}x^{k-2}+\cdots+m_1x+m_0$;可以看出,给出的任意一组信息位都可以对应一个 $M(x)$ 多项式。

(2) 将 $M(x)$ 乘以 x^r,得到 $x^rM(x)$。

(3) 将 $x^r M(x)$ 除以生成多项式 $g(x)$，得到余式 $r(x)$。$r(x)$ 对应的 r 位码元就是校验码元。

(4) 将 $x^r M(x)$ 和 $r(x)$ 组合(拼接)在一起就可以得到最终编码后的输出数据：$C(x) = x^r M(x) + r(x)$。

(5) 接收端收到的数字序列为 $R(x)$，如果传输过程中出现了误码，$R(x)$ 就会与 $C(x)$ 不同。使用 $R(x)$ 除以 $g(x)$，如果得到的余式为 0 则说明没有发生传输错误，否则就说明发生了误码。

CRC 校验检错的工作原理不是本书讨论的重点，这里不做进一步的分析。在以太网 MAC 帧中采用的 CRC-32 生成多项式为

$$g(x) = x^{32} + x^{26} + x^{23} + x^{22} + x^{16} + x^{12} + x^{11} + x^{10} + x^8 + x^7 + x^5 + x^4 + x^2 + x + 1$$

图 1-6 是一个并行 CRC-32 校验运算电路。图中的 d[7:0] 是输入的用户数据，它是按照字节的方式输入的。load_ini 是在对一个新的数据包开始校验计算之前对电路进行初始化的控制信号，经过初始化后，电路内部 32 比特寄存器的值改变为全 1。calc 是电路运算指示信号，在整个数据帧输入和 CRC 校验结果输出的过程中其都应该保持有效(高电平有效)。d_valid 为 1 时表示当前输入的是需要进行校验运算的有效数据。crc[7:0] 是电路输出的 CRC 校验运算结果，它是按照字节方式，在有效数据输入完成后开始输出的，一共有 4 个有效字节。crc_reg[31:0] 是内部寄存器的值，具体使用时不需要该输出。

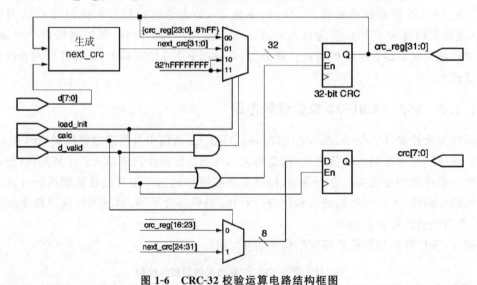

图 1-6　CRC-32 校验运算电路结构框图

下面是以太网循环冗余校验电路的设计代码：

```
module crc32_8023 (
clk,
reset,
d,
load_init,
calc,
d_valid,
crc_reg,
```

```
crc
);
input              clk;
input              reset;
input      [7:0]   d;
input              load_init;
input              calc;
input              d_valid;
output     [31:0]  crc_reg;
reg        [31:0]  crc_reg;
output     [7:0]   crc;
reg        [7:0]   crc;
wire       [2:0]   ctl;
wire       [31:0]  next_crc;
wire       [31:0]  i;
assign  i = crc_reg;
always @(posedge clk or posedge reset)
    if(reset)  crc_reg <= 32'hffffffff;
    else begin
        case(ctl)  //{load_init,calc,d_valid}
        3'b000,
        3'b010:  begin  crc_reg <= crc_reg;   crc <= crc;   end
        3'b001:  begin
            crc_reg <= {crc_reg[23:0],8'hff};
            crc <= ~{crc_reg[16],crc_reg[17],crc_reg[18],crc_reg[19],
                crc_reg[20],crc_reg[21],crc_reg[22],crc_reg[23]};
            end  //[16:23];
        3'b011:  begin
            crc_reg <= next_crc[31:0];
            crc <= ~{next_crc[24],next_crc[25],next_crc[26],next_crc[27],
                next_crc[28],next_crc[29],next_crc[30],next_crc[31]};
            end  //[24:31];
        3'b100,
        3'b110:  begin
            crc_reg <= 32'hffffffff;
            crc <= crc;
            end
        3'b101:  begin
            crc_reg <= 32'hffffffff;
            crc <= ~{crc_reg[16],crc_reg[17],crc_reg[18],crc_reg[19],
                crc_reg[20],crc_reg[21],crc_reg[22],crc_reg[23]};
            end  //[16:23];
        3'b111: begin
            crc_reg <= 32'hffffffff;
            crc <= ~{next_crc[24],next_crc[25],next_crc[26],next_crc[27],
                next_crc[28],next_crc[29],next_crc[30],next_crc[31]};
            end  //[24:31];
        endcase
        end
assign next_crc[0] = d[7]^i[24]^d[1]^i[30];
assign next_crc[1] = d[6]^d[0]^d[7]^d[1]^i[24]^i[25]^i[30]^i[31];
```

```
assign next_crc[2] = d[5]^d[6]^d[0]^d[7]^d[1]^i[24]^i[25]^i[26]^i[30]^i[31];
assign next_crc[3] = d[4]^d[5]^d[6]^d[0]^i[25]^i[26]^i[27]^i[31];
assign next_crc[4] = d[3]^d[4]^d[5]^d[7]^d[1]^i[24]^i[26]^i[27]^i[28]^i[30];
assign next_crc[5] = d[0]^d[1]^d[2]^d[3]^d[4]^d[6]^d[7]^i[24]^i[25]^i[27]^i[28]^i[29]^
                     i[30]^i[31];
assign next_crc[6] = d[0]^d[1]^d[2]^d[3]^d[5]^d[6]^i[25]^i[26]^i[28]^i[29]^i[30]^i[31];
assign next_crc[7] = d[0]^d[2]^d[4]^d[5]^d[7]^i[24]^i[26]^i[27]^i[29]^i[31];
assign next_crc[8] = d[3]^d[4]^d[6]^d[7]^i[24]^i[25]^i[27]^i[28]^i[0];
assign next_crc[9] = d[2]^d[3]^d[5]^d[6]^i[1]^i[25]^i[26]^i[28]^i[29];
assign next_crc[10] = d[2]^d[4]^d[5]^d[7]^i[2]^i[24]^i[26]^i[27]^i[29];
assign next_crc[11] = i[3]^d[3]^i[28]^d[4]^i[27]^d[6]^i[25]^d[7]^i[24];
assign next_crc[12] = d[1]^d[2]^d[3]^d[5]^d[6]^d[7]^i[4]^i[24]^i[25]^i[26]^i[28]^i[29]^
                      i[30];
assign next_crc[13] = d[0]^d[1]^d[2]^d[4]^d[5]^d[6]^i[5]^i[25]^i[26]^i[27]^i[29]^i[30]^
                      i[31];
assign next_crc[14] = d[0]^d[1]^d[3]^d[4]^d[5]^i[6]^i[26]^i[27]^i[28]^i[30]^i[31];
assign next_crc[15] = d[0]^d[2]^d[3]^d[4]^i[7]^i[27]^i[28]^i[29]^i[31];
assign next_crc[16] = d[2]^d[3]^d[7]^i[8]^i[24]^i[28]^i[29];
assign next_crc[17] = d[1]^d[2]^d[6]^i[9]^i[25]^i[29]^i[30];
assign next_crc[18] = d[0]^d[1]^d[5]^i[10]^i[26]^i[30]^i[31];
assign next_crc[19] = d[0]^d[4]^i[11]^i[27]^i[31];
assign next_crc[20] = d[3]^i[12]^i[28];
assign next_crc[21] = d[2]^i[13]^i[29];
assign next_crc[22] = d[7]^i[14]^i[24];
assign next_crc[23] = d[1]^d[6]^d[7]^i[15]^i[24]^i[25]^i[30];
assign next_crc[24] = d[0]^d[5]^d[6]^i[16]^i[25]^i[26]^i[31];
assign next_crc[25] = d[4]^d[5]^i[17]^i[26]^i[27];
assign next_crc[26] = d[1]^d[3]^d[4]^d[7]^i[18]^i[28]^i[27]^i[24]^i[30];
assign next_crc[27] = d[0]^d[2]^d[3]^d[6]^i[19]^i[29]^i[28]^i[25]^i[31];
assign next_crc[28] = d[1]^d[2]^d[5]^i[20]^i[30]^i[29]^i[26];
assign next_crc[29] = d[0]^d[1]^d[4]^i[21]^i[31]^i[30]^i[27];
assign next_crc[30] = d[0]^d[3]^i[22]^i[31]^i[28];
assign next_crc[31] = d[2]^i[23]^i[29];
assign ctl = {load_init,calc,d_valid};
endmodule
```

下面是电路的测试代码：

```
`timescale 1ns/1ns
module crc_test();
reg  clk,reset;
reg [7:0]d;
reg  load_init;
reg  calc;
reg data_valid;
wire [31:0]crc_reg;
wire [7:0] crc;
initial
    begin
        clk = 0;
        reset = 0;
```

```verilog
            load_init = 0;
            calc = 0;
            data_valid = 0;
            d = 0;
    end
always   begin   #10 clk = 1; #10 clk = 0; end
always
    begin
        crc_reset;
        crc_cal;
    end
task crc_reset;
    begin
        reset = 1;
        repeat(2)@(posedge clk);
        #5;
        reset = 0;
        repeat(2)@(posedge clk);
    end
endtask


task crc_cal;
    begin
        repeat(5) @(posedge clk);
        //------------------------------------------------------------
        // 通过 load_init = 1 对 CRC 计算电路进行初始化
        //------------------------------------------------------------
        #5;   load_init = 1;   repeat(1)@(posedge clk);
        //------------------------------------------------------------
        // 设置 load_init = 0,data_valid = 1,calc = 1
        // 开始对输入数据进行 CRC 校验运算
        //------------------------------------------------------------
        #5;   load_init = 0;   data_valid = 1;   calc = 1;   d = 8'haa;
        repeat(1)@(posedge clk);
        #5;   data_valid = 1;   calc = 1;   d = 8'hbb;   repeat(1)@(posedge clk);
        #5;   data_valid = 1;   calc = 1;   d = 8'hcc;   repeat(1)@(posedge clk);
        #5;   data_valid = 1;   calc = 1;   d = 8'hdd;   repeat(1)@(posedge clk);
        //------------------------------------------------------------
        // 设置 load_init = 0,data_valid = 1,calc = 0
        // 停止对数据进行 CRC 校验运算,开始输出
        // 计算结果
        //------------------------------------------------------------
        #5;   data_valid = 1;   calc = 0;   d = 8'haa;
        repeat(1)@(posedge clk);
        #5;   data_valid = 1;   calc = 0;   d = 8'hbb;
        repeat(1)@(posedge clk);
        #5;   data_valid = 1;   calc = 0;   d = 8'hcc;
        repeat(1)@(posedge clk);
        #5;   data_valid = 1;   calc = 0;   d = 8'hdd;
        repeat(1)@(posedge clk);
        #5;   data_valid = 0;
```

```
            repeat(10)@(posedge clk);
        end
    endtask

crc32_8023  my_crc_test(.clk(clk),.reset(reset),.d(d),.load_init(load_init),.calc(calc),
    .d_valid(data_valid),.crc_reg(crc_reg),  .crc(crc));
endmodule
```

图 1-7 是电路的仿真结果。图中①是电路进行 CRC 校验计算之前对电路进行初始化操作的过程,经过初始化之后,crc_reg 内部数值为全 1。②是对输入数据 aa-> bb-> cc-> dd 进行运算操作的过程,此时 calc 和 data_valid 均为 1。③是输出计算结果的过程,CRC 校验运算结果 a7、01、b4 和 55 先后被输出。

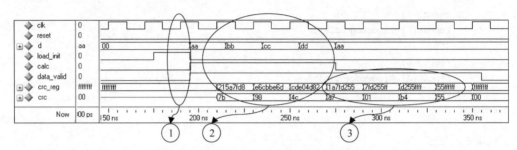

图 1-7　CRC-32 校验运算电路仿真结果

在接收方向上,可以采用相同的电路进行校验检查,判断是否在传输过程中发生了差错。具体工作时,可以边接收用户数据边进行校验运算,当一个完整的 MAC 帧接收完成后(此时接收数据帧中的校验结果也参加了校验运算),如果当前校验电路的 crc_reg 值为 0xC704DD7B(对于以太网中使用的 CRC-32 校验,无论原始数据是什么,正确接收时校验和都是此固定数值),说明没有发生错误,否则说明 MAC 帧有错。

1.1.4　mac_r 电路设计

1.1.4.1　mac_r 的基本设计需求

mac_r 电路要实现的基本功能如下:

(1)通过 MII 接口正确识别出完整的 MAC 帧。MAC 帧的前导码用于供接收电路的物理收发器进行时钟同步,会消耗掉部分比特,所以在 MII 接口侧,剩余前导码的长度会发生变化,要求 mac_r 能够正确识别一个帧的开始。

(2)能够识别出长度低于最小值(64 字节)的超短帧。一个以太网帧最短为 64 字节,小于 64 字节的帧为非法帧,应该能够给出相应的告警状态。

(3)能够识别出长度大于最大值(1518 字节)的超长帧。一个以太网帧最大长度为 1518 字节,大于 1518 字节的帧为非法帧,应该能够给出相应的告警状态。

(4)发现半字节错误。MII 接口数据总线宽度为 4 位,两个有效的时钟周期传送一个字节,如果帧结束时长度不是完整的字节长度,那么应给出相应的告警信息。这类错误通过 CRC-32 校验合并检测,即出现半字节错误时,CRC-32 校验一定也是错误的。

（5）对接收的以太网帧进行 CRC-32 校验运算,电路应该能够正确检测出以太网帧中的 CRC-32 校验错误并给出相应的告警信息。

（6）物理层冲突处理。由于以太网交换机大量使用,不再需要考虑共享介质型以太网中存在的冲突问题。

（7）将接收以太网帧在与后级电路的接口队列中进行排队缓存,产生与之对应的指针信息。

1.1.4.2　设计思路

对于 mac_r 这类对接收的数据帧进行处理的电路,有一些共性的规律可循,本电路的具体设计思路如下:

（1）将数据帧从输入到输出的过程看作一个对数据帧进行加工和处理的流水线。

（2）输入的数据帧进入由多组移位寄存器构成的并行移位寄存器组,供后续 4 位到 8 位的变换和 CRC-32 校验运算使用。

（3）根据移位寄存器组中的信息,产生供接收状态机和数据处理使用的各种内部控制信号,例如:

dv_sof:根据 MII 接口中 rx_dv 的变化产生的判断 MAC 帧开始的信号;

dv_eof:根据 MII 接口中 rx_dv 的变化产生的判断 MAC 帧结束的信号;

sfd:根据 MII 接口中 rx_dv 的变化以及输入数据值产生的 sfd 信号;

nib_cnt_clr:根据 MII 接口中 rx_dv 的变化产生的接收计数器清零控制信号;

byte_dv:指示当前移位寄存器组中缓存了一个完整的字节,供各种处理电路使用。

（4）设计接收状态机,基于接收数据及伴随产生的各类控制信号,进行数据帧接收过程的控制。

（5）基于接收状态机、接收数据及伴随产生的各类控制信号,进行 CRC-32 接收校验运算。

（6）接收状态机在完成一个完整数据帧接收后产生供后级使用的数据帧指针,其中包括数据帧长度以及数据帧长度是否合法(占用指针的比特位 14,1 表示有错误,0 表示无错误)、CRC-32 校验结果是否正确(占用指针的比特位 15,1 表示有错误,0 表示没有错误)等状态信息。

实际电路设计时,硬件描述语言描述的是数字系统中的各个电路单元,它们是真正全并行工作的,这与采用高级语言进行的软件编程是完全不同的。常规的软件程序中,所有语句按照程序流程依次执行,是串行执行的。硬件描述语言在很多情况下描述的是同时动作的电路,是真正全并行的,有时代码的编写顺序与最终的仿真结果是无关的。采用硬件描述语言进行代码设计时,很多情况下需要进行时序控制和调整,通常的做法是先编写主要数据流程和控制流程,然后采用增加寄存器等方式进行时序调整,有时甚至需要"凑"出所需的时序关系。

还有一点需要注意,硬件代码由于具有全并行、各类信号之间可能存在复杂时序关系等特点,因此分析已有的代码时可能不容易直接看出其逻辑功能,建议从其内部状态机跳转关系和仿真波形入手进行分析。

1.1.4.3　mac_r 的设计

下面是 mac_r 的代码及相应的注释说明:

```verilog
`timescale 1ns / 1ps
module mac_r(
input              rstn,
input              clk,

input              rx_clk,
input              rx_dv,
input       [3:0]  rx_d,

input              data_fifo_rd,
output      [7:0]  data_fifo_dout,
input              ptr_fifo_rd,
output      [15:0] ptr_fifo_dout,
output             ptr_fifo_empty
);
parameter DELAY = 2;
parameter CRC_RESULT_VALUE = 32'hc704dd7b;
// ============================================
//generte a pipeline of input rx_d and rx_dv.
// ============================================
reg     [3:0]   rx_d_reg0;
reg     [3:0]   rx_d_reg1;
reg             rx_dv_reg0;
reg             rx_dv_reg1;
always @(posedge rx_clk or negedge rstn)
    if(!rstn)begin
        rx_d_reg0 <= #DELAY 0;
        rx_d_reg1 <= #DELAY 0;
        rx_dv_reg0 <= #DELAY 0;
        rx_dv_reg1 <= #DELAY 0;
        end
    else begin
        rx_d_reg0 <= #DELAY rx_d;
        rx_d_reg1 <= #DELAY rx_d_reg0;
        rx_dv_reg0 <= #DELAY rx_dv;
        rx_dv_reg1 <= #DELAY rx_dv_reg0;
        end
// ============================================
//generte internal control signals.
// ============================================
wire dv_sof;
wire dv_eof;
wire sfd;
assign  dv_sof = rx_dv_reg0  & !rx_dv_reg1;
assign  dv_eof = !rx_dv_reg0 &  rx_dv_reg1;
assign  sfd = rx_dv_reg0  & (rx_d_reg0 == 4'b1101);

wire            nib_cnt_clr;
reg     [11:0]  nib_cnt;
always @(posedge rx_clk  or negedge rstn)
    if(!rstn)nib_cnt <= #DELAY 0;
```

```
        else if(nib_cnt_clr) nib_cnt <= #DELAY 0;
        else nib_cnt <= #DELAY nib_cnt + 1;

wire        byte_dv;
assign   byte_dv = nib_cnt[0];


wire    [7:0]     data_fifo_din;
wire              data_fifo_wr;
wire    [11:0]    data_fifo_depth;
reg     [15:0]    ptr_fifo_din;
reg               ptr_fifo_wr;
wire              ptr_fifo_full;
wire              bp;
assign   bp = (data_fifo_depth > 2578) | ptr_fifo_full;
reg               fv;
wire    [31:0]    crc_result;
// ================================================
//main state.
// ================================================
reg     [2:0]     state;
always @(posedge rx_clk   or negedge rstn)
    if(!rstn)begin
        state <= #DELAY 0;
        ptr_fifo_din <= #DELAY 0;
        ptr_fifo_wr <= #DELAY 0;
        fv <= #DELAY 0;
        end
    else begin
        case(state)
        0: begin
            if(dv_sof& !bp)begin
                if(!sfd) begin
                    state <= #DELAY 1;
                    end
                else begin
                    state <= #DELAY 2;
                    fv <= #2 1;
                    end
                end
            end
        1:begin
            if(rx_dv_reg0)begin
                if(sfd) begin
                    fv <= #2 1;
                    state <= #DELAY 2;
                    end
                end
            else state <= #DELAY 0;
            end
        2:begin
            if(dv_eof)begin
```

```
            fv <= #2 0;
            ptr_fifo_din[11:0] <= #DELAY {1'b0, nib_cnt[11:1]};
            if((nib_cnt[11:1] < 64) | (nib_cnt[11:1] > 1518)) ptr_fifo_din[14] <= #DELAY 1;
            else ptr_fifo_din[14] <= #DELAY 0;
            if(crc_result == CRC_RESULT_VALUE) ptr_fifo_din[15] <= #DELAY 1'b0;
            else ptr_fifo_din[15] <= #DELAY 1'b1;
            ptr_fifo_wr <= #DELAY 1;
            state <= #DELAY 3;
            end
        end
    3: begin
        ptr_fifo_wr <= #DELAY 0;
        state <= #DELAY 0;
        end
    endcase
    end
assign   nib_cnt_clr = (dv_sof & sfd) | ((state == 1) & sfd);
assign   data_fifo_din = {rx_d_reg0[3:0], rx_d_reg1[3:0]};
assign   data_fifo_wr = rx_dv_reg0 & nib_cnt[0] & fv;
// ================================================
//modules used.
// ================================================
crc32_8023 u_crc32_8023(
    .clk(rx_clk),
    .reset(!rstn),
    .d(data_fifo_din),
    .load_init(dv_sof),
    .calc(data_fifo_wr),
    .d_valid(data_fifo_wr),
    .crc_reg(crc_result),
    .crc()
    );

afifo_w8_d4k u_data_fifo (
    .rst(!rstn),                        // input rst
    .wr_clk(rx_clk),                    // input wr_clk
    .rd_clk(clk),                       // input rd_clk
    .din(data_fifo_din),                // input [7:0] din
    .wr_en(data_fifo_wr & fv),          // input wr_en
    .rd_en(data_fifo_rd),               // input rd_en
    .dout(data_fifo_dout)               // output [7:0]
    .full(),                            // output full
    .empty(),                           // output empty
    .rd_data_count(),                   // output[11:0] rd_data_count
    .wr_data_count(data_fifo_depth)     // output [11:0] wr_data_count
    );

afifo_w16_d32 u_ptr_fifo (
    .rst(!rstn),                        // input rst
    .wr_clk(rx_clk),                    // input wr_clk
    .rd_clk(clk),                       // input rd_clk
```

```
    .din(ptr_fifo_din),              // input [15 : 0] din
    .wr_en(ptr_fifo_wr),             // input wr_en
    .rd_en(ptr_fifo_rd),             // input rd_en
    .dout(ptr_fifo_dout),            // output [15 : 0] dout
    .full(ptr_fifo_full),            // output full
    .empty(ptr_fifo_empty)           // output empty
    );
endmodule
```

1.1.5 mac_r 测试台代码设计

根据接收电路的功能和具体特点,需要编写 testbench 对其进行仿真验证。对于功能较为复杂的 testbench,编写时应该建立一个仿真项列表,列出需要进行的仿真功能,避免仿真缺项。

对于本电路来说,需要进行的基本仿真项如表 1-3 所示。

表 1-3 仿真项列表

项目编号	验证内容	验证方法及说明	验证结果
1	不等长前导码对电路的影响	前导码用于供接收电路的物理收发器进行时钟同步,会消耗掉部分比特,所以在 MII 接口侧长度会发生变化。要求 mac_r 能够正确识别	能够正确识别
2	帧起始定界符插入错误	插入正确的帧起始定界符和错误的帧起始定界符,验证其是否可以正确处理	正常接收正确的帧起始定界符,丢弃错误的帧起始定界符
3	超短帧	一个以太网数据帧最短为 64 字节,小于 64 字节的帧为非法帧,应该能够给出相应的告警状态	收到小于 64 字节的数据帧,ptr[14]为 1,表示帧长错误
4	超长帧	一个以太网数据帧最大长度为 1518 字节,大于 1518 字节的帧为非法帧,应该能够给出相应的告警状态	收到大于 1518 字节的数据帧,ptr[14]为 1
5	半字节错误	MII 接口数据总线宽度为 4,两个有效的时钟周期传送一个字节,如果帧结束时长度不是完整的字节长度,那么应给出相应的告警信息	发生半字节错误时,同时会出现 CRC-32 校验错误,通过 ptr[15]给出错误指示
6	CRC-32 校验错误、线路异常处理	发送数据中插入 CRC-32 校验错误,电路应该能够正确检测出并给出相应的告警信息	有 CRC-32 校验错误时,ptr[15]为 1
7	正常数据帧的处理	对于正确接收的数据帧应该进行符合要求的处理并给出正确的状态信息	能正常处理

下面给出了两种 testbench 编写方法。

设计方案 1:

```
`timescale 1ns / 1ps
module mac_r_tb;
```

```verilog
// 下面是输入到被验证电路中的信号
reg rstn;
reg clk;
reg rx_clk;
reg rx_dv;
reg [3:0] rx_d;
reg data_fifo_rd;
reg ptr_fifo_rd;

// 下面是被验证电路的输出信号
wire [7:0] data_fifo_dout;
wire [15:0] ptr_fifo_dout;
wire ptr_fifo_empty;

always #20    rx_clk = ~rx_clk;
always #5     clk = !clk;
//定义一块存储器,用于存储待发送的数据帧并对其进行初始化
reg [7:0]    mem_send    [2047:0];
integer      m;
initial begin
    m = 0;
    for(m = 0;m < 2_000;m = m + 1) mem_send[m] = 0;
    m = 0;
    end

//例化被测试的电路
mac_r u_mac_r (
    .rstn(rstn),
    .clk(clk),
    .rx_clk(rx_clk),
    .rx_dv(rx_dv),
    .rx_d(rx_d),
    .data_fifo_rd(data_fifo_rd),
    .data_fifo_dout(data_fifo_dout),
    .ptr_fifo_rd(ptr_fifo_rd),
    .ptr_fifo_dout(ptr_fifo_dout),
    .ptr_fifo_empty(ptr_fifo_empty)
    );

initial begin
    //对所有寄存器类型的变量赋初值
    rstn = 0;
    clk = 0;
    rx_clk = 0;
    rx_dv = 0;
    rx_d = 0;
    data_fifo_rd = 0;
    ptr_fifo_rd = 0;

    // 等待100ns到全局复位结束
    #100;
```

```
        rstn = 1;
        // 添加测试激励
        #100;
        // 发送长度为 100 字节(不含 4 字节 CRC-32 校验值)、无 CRC-32 错误插入的测试帧
        send_mac_frame(100,48'hf0f1f2f3f4f5,48'he0e1e2e3e4e5,16'h0800,1'b0);
        repeat(22)@(posedge rx_clk);   // 两个帧之间等待 22 个时钟周期加上后面任务中的延迟,共
                                       // 24 个时钟周期
        // 发送长度为 100 字节(不含 4 字节 CRC-32 校验值)、有 CRC-32 错误插入的测试帧
        send_mac_frame(100,48'hf0f1f2f3f4f5,48'he0e1e2e3e4e5,16'h0800,1'b1);
        repeat(22)@(posedge rx_clk);
        // 发送长度为 59 字节(不含 4 字节 CRC-32 校验值)、有 CRC-32 错误插入的测试帧
        send_mac_frame(59,48'hf0f1f2f3f4f5,48'he0e1e2e3e4e5,16'h0800,1'b1);
        repeat(22)@(posedge rx_clk);
        // 发送长度为 1515 字节(不含 4 字节 CRC-32 校验值)、有 CRC-32 错误插入的测试帧
        send_mac_frame(1515,48'hf0f1f2f3f4f5,48'he0e1e2e3e4e5,16'h0800,1'b1);
    end
// 为 CRC-32 校验值生成有关的寄存器和信号
reg          load_init;
reg          calc_en;
reg          d_valid;
reg [7:0]    crc_din;
wire [7:0]   crc_out;
wire [31:0]  crc_reg;
// 为 CRC-32 校验值生成有关的寄存器赋初值
initial begin
    load_init = 0;
    calc_en = 0;
    crc_din = 0;
    d_valid = 0;
    end
// 测试帧生成任务
task send_mac_frame;
input    [10:0]   length;              // 测试帧长度,不含 CRC-32 校验值
input    [47:0]   da;                  // 目的 MAC 地址
input    [47:0]   sa;                  // 源 MAC 地址
input    [15:0]   len_type;            // 长度类型字段
input             crc_error_insert;    // 控制测试帧中是否插入错误的 CRC-32 校验值
integer           i;                   // 内部使用,用于作为循环控制变量
reg      [7:0]    mii_din;             // 内部使用,数据寄存器
reg      [31:0]   fcs;                 // 内部使用,存储 CRC-32 校验和的寄存器
begin
    fcs = 0;
    rx_d = 0;
    rx_dv = 0;
    repeat(1)@(posedge rx_clk);
    #2;
    load_init = 1;
    repeat(1)@(posedge rx_clk);
    #2;
    load_init = 0;
    // 产生 15 个半字节的前导码,可以修改该值,进行不同前导码长度下的测试
```

```
//此处没有修改
rx_dv = 1;
rx_d = 8'h5;
repeat(15)@(posedge rx_clk);
#2;
//产生半字节的帧起始定界符,可以修改该值,看 mac_r 是否可以进行正确处理
//此处没有修改
rx_d = 8'hd;
repeat(1)@(posedge rx_clk);
#2;
//发送数据帧
for(i = 0;i < length;i = i + 1)begin
    //emac head
    if      (i == 0)  mii_din = da[47:40];
    else if (i == 1)  mii_din = da[39:32];
    else if (i == 2)  mii_din = da[31:24];
    else if (i == 3)  mii_din = da[23:16];
    else if (i == 4)  mii_din = da[15:8] ;
    else if (i == 5)  mii_din = da[7:0]  ;
    else if (i == 6)  mii_din = sa[47:40];
    else if (i == 7)  mii_din = sa[39:32];
    else if (i == 8)  mii_din = sa[31:24];
    else if (i == 9)  mii_din = sa[23:16];
    else if (i == 10) mii_din = sa[15:8] ;
    else if (i == 11) mii_din = sa[7:0]  ;
    else if (i == 12) mii_din = len_type[15:8];
    else if (i == 13) mii_din = len_type[7:0];
    else mii_din = { $ random} % 256;
    mem_send[i] = mii_din;
    //start to send data.
    rx_d = mii_din[3:0];
    calc_en = 1;
    crc_din = mii_din[7:0];
    d_valid = 1;
    repeat(1)@(posedge rx_clk);
    #2;
    rx_d = mii_din[7:4];
    calc_en = 0;
    crc_din = mii_din[7:0];
    d_valid = 0;
    repeat(1)@(posedge rx_clk);
    #2;
    end
//发送数据帧的校验值
d_valid = 1;
if(!crc_error_insert) crc_din = crc_out[7:0];
else crc_din = ~crc_out[7:0];
rx_d = crc_din[3:0];
repeat(1)@(posedge rx_clk);
#2;
d_valid = 0;
```

```
            rx_d = crc_din[7:4];
            repeat(1)@(posedge rx_clk);
            #2;
            d_valid = 1;
            if(!crc_error_insert) crc_din = crc_out[7:0];
            else crc_din = ~crc_out[7:0];
            rx_d = crc_din[3:0];
            repeat(1)@(posedge rx_clk);
            #2;
            d_valid = 0;
            rx_d = crc_din[7:4];
            repeat(1)@(posedge rx_clk);
            #2;
            d_valid = 1;
            if(!crc_error_insert) crc_din = crc_out[7:0];
            else crc_din = ~crc_out[7:0];
            rx_d = crc_din[3:0];
            repeat(1)@(posedge rx_clk);
            #2;
            d_valid = 0;
            rx_d = crc_din[7:4];
            repeat(1)@(posedge rx_clk);
            #2;
            d_valid = 1;
            if(!crc_error_insert) crc_din = crc_out[7:0];
            else crc_din = ~crc_out[7:0];
            rx_d = crc_din[3:0];
            repeat(1)@(posedge rx_clk);
            #2;
            d_valid = 0;
            rx_d = crc_din[7:4];
            repeat(1)@(posedge rx_clk);
            #2;
            rx_dv = 0;
        end
    endtask
    //例化 crc32_8023,产生校验值
    crc32_8023 u_crc32_8023(
        .clk(rx_clk),
        .reset(!rstn),
        .d(crc_din[7:0]),
        .load_init(load_init),
        .calc(calc_en),
        .d_valid(d_valid),
        .crc_reg(crc_reg),
        .crc(crc_out)
        );
endmodule
```

下面是 testbench 设计方案 2。它在前面 testbench 的基础上,采用 task 进行 CRC-32 校验值生成,完整的代码如下。需要说明的是,采用 task 或 function 进行 CRC-32 校验计

算,采用和被测电路不同的方式计算校验值,有利于验证 CRC-32 计算标准的一致性,避免被测电路和 testbench 采用同一个电路计算校验值造成电路本身有错却无法被发现的情况。

```verilog
`timescale 1ns / 1ps
module mac_r_tb;
// 下面是输入到被验证电路中的信号
reg rstn;
reg clk;
reg rx_clk;
reg rx_dv;
reg [3:0] rx_d;
reg data_fifo_rd;
reg ptr_fifo_rd;
// 下面是被验证电路的输出信号
wire [7:0] data_fifo_dout;
wire [15:0] ptr_fifo_dout;
wire ptr_fifo_empty;
always #20     rx_clk = ~rx_clk;
always #5      clk = !clk;
//定义一块存储器,用于存储待发送的数据帧并对其进行初始化
reg [7:0]    mem_send    [2047:0];
integer      m;
initial begin
    m = 0;
    for(m = 0;m < 2_000;m = m + 1) mem_send[m] = 0;
    m = 0;
    end
//例化被测试的电路
mac_r u_mac_r (
    .rstn(rstn),
    .clk(clk),
    .rx_clk(rx_clk),
    .rx_dv(rx_dv),
    .rx_d(rx_d),
    .data_fifo_rd(data_fifo_rd),
    .data_fifo_dout(data_fifo_dout),
    .ptr_fifo_rd(ptr_fifo_rd),
    .ptr_fifo_dout(ptr_fifo_dout),
    .ptr_fifo_empty(ptr_fifo_empty)
    );
initial begin
    //对所有寄存器类型的变量赋初值
    rstn = 0;
    clk = 0;
    rx_clk = 0;
    rx_dv = 0;
    rx_d = 0;
    data_fifo_rd = 0;
    ptr_fifo_rd = 0;
```

```
// 等待 100ns 到全局复位结束
#100;
rstn = 1;
// 添加测试激励
#100;
//发送长度为 100 字节(不含 4 字节 CRC-32 校验值)、无 CRC-32 错误插入的测试帧
send_mac_frame(100,48'hf0f1f2f3f4f5,48'he0e1e2e3e4e5,16'h0800,1'b0);
repeat(22)@(posedge rx_clk);
//发送长度为 100 字节(不含 4 字节 CRC-32 校验值)、有 CRC-32 错误插入的测试帧
send_mac_frame(100,48'hf0f1f2f3f4f5,48'he0e1e2e3e4e5,16'h0800,1'b1);
repeat(22)@(posedge rx_clk);
//发送长度为 59 字节(不含 4 字节 CRC-32 校验值)、有 CRC-32 错误插入的测试帧
send_mac_frame(59,48'hf0f1f2f3f4f5,48'he0e1e2e3e4e5,16'h0800,1'b1);
repeat(22)@(posedge rx_clk);
//发送长度为 1515 字节(不含 4 字节 CRC-32 校验值)、有 CRC-32 错误插入的测试帧
send_mac_frame(1515,48'hf0f1f2f3f4f5,48'he0e1e2e3e4e5,16'h0800,1'b1);
end
task send_mac_frame;
input   [10:0]  length;
input   [47:0]  da;
input   [47:0]  sa;
input   [15:0]  len_type;
input           crc_error_insert;
integer         i;
reg     [7:0]   mii_din;
reg     [31:0]  fcs;
begin
    fcs = 0;
    rx_d = 0;
    rx_dv = 0;
    repeat(1)@(posedge rx_clk);
    #2;
    repeat(1)@(posedge rx_clk);
    #2;
    rx_dv = 1;
    rx_d = 8'h5;
    repeat(15)@(posedge rx_clk);
    #2;
    rx_d = 8'hd;
    repeat(1)@(posedge rx_clk);
    #2;
    for(i = 0;i < length;i = i + 1)begin
        //emac head
        if      (i == 0)  mii_din = da[47:40];
        else if (i == 1)  mii_din = da[39:32];
        else if (i == 2)  mii_din = da[31:24];
        else if (i == 3)  mii_din = da[23:16];
        else if (i == 4)  mii_din = da[15:8] ;
        else if (i == 5)  mii_din = da[7:0]   ;
        else if (i == 6)  mii_din = sa[47:40];
        else if (i == 7)  mii_din = sa[39:32];
```

```
            else if (i == 8)  mii_din = sa[31:24];
            else if (i == 9)  mii_din = sa[23:16];
            else if (i == 10) mii_din = sa[15:8] ;
            else if (i == 11) mii_din = sa[7:0]   ;
            else if (i == 12) mii_din = len_type[15:8];
            else if (i == 13) mii_din = len_type[7:0];
            else mii_din = { $ random} % 256;
            mem_send[ i] = mii_din;
            calc_crc(mii_din, fcs);
            //start to send data.
            rx_d = mii_din[3:0];
            repeat(1)@(posedge rx_clk);
            #2;
            rx_d = mii_din[7:4];
            repeat(1)@(posedge rx_clk);
            #2;
            end
        if(crc_error_insert)fcs = ~fcs;
        rx_d = fcs[3:0];
        repeat(1)@(posedge rx_clk);
        #2;
        rx_d = fcs[7:4];
        repeat(1)@(posedge rx_clk);
        #2;
        rx_d = fcs[11:8];
        repeat(1)@(posedge rx_clk);
        #2;
        rx_d = fcs[15:12];
        repeat(1)@(posedge rx_clk);
        #2;
        rx_d = fcs[19:16];
        repeat(1)@(posedge rx_clk);
        #2;
        rx_d = fcs[23:20];
        repeat(1)@(posedge rx_clk);
        #2;
        rx_d = fcs[27:24];
        repeat(1)@(posedge rx_clk);
        #2;
        rx_d = fcs[31:28];
        repeat(1)@(posedge rx_clk);
        #2;
        rx_dv = 0;
        repeat(1)@(posedge rx_clk);
        m = m + 14;
        end
    endtask
    //下面是进行 CRC-32 校验运算的 task,它使用 for 循环语句计算 8 个比特的校验值
    task calc_crc;
    input   [7:0]    data;
    inout   [31:0]   fcs;
```

```
reg     [31:0] crc;
reg            crc_feedback;
integer        i;
begin
    crc = ~fcs;
    for (i = 0; i < 8; i = i + 1)
    begin
        crc_feedback = crc[0] ^ data[i];
        crc[0]       = crc[1];
        crc[1]       = crc[2];
        crc[2]       = crc[3];
        crc[3]       = crc[4];
        crc[4]       = crc[5];
        crc[5]       = crc[6]  ^ crc_feedback;
        crc[6]       = crc[7];
        crc[7]       = crc[8];
        crc[8]       = crc[9]  ^ crc_feedback;
        crc[9]       = crc[10] ^ crc_feedback;
        crc[10]      = crc[11];
        crc[11]      = crc[12];
        crc[12]      = crc[13];
        crc[13]      = crc[14];
        crc[14]      = crc[15];
        crc[15]      = crc[16] ^ crc_feedback;
        crc[16]      = crc[17];
        crc[17]      = crc[18];
        crc[18]      = crc[19];
        crc[19]      = crc[20] ^ crc_feedback;
        crc[20]      = crc[21] ^ crc_feedback;
        crc[21]      = crc[22] ^ crc_feedback;
        crc[22]      = crc[23];
        crc[23]      = crc[24] ^ crc_feedback;
        crc[24]      = crc[25] ^ crc_feedback;
        crc[25]      = crc[26];
        crc[26]      = crc[27] ^ crc_feedback;
        crc[27]      = crc[28] ^ crc_feedback;
        crc[28]      = crc[29];
        crc[29]      = crc[30] ^ crc_feedback;
        crc[30]      = crc[31] ^ crc_feedback;
        crc[31]      =          crc_feedback;
    end
    fcs = ~crc;
    end
endtask
endmodule
```

图 1-8 是 testbench 的仿真波形。可以看出,在方框 1 中 ptr_fifo_din 的值为十六进制数 0068(第 16 位为 0,无 CRC-32 运算校验错误;第 15 位为 0,无超短帧或超长帧错误),对应测试代码的第一个 send_mac_frame,其发送长度为 100 字节(不含 4 字节 CRC-32 校验值)、无 CRC-32 错误插入的测试帧。方框 2 中 ptr_fifo_din 的最高位为 1,有 CRC-32 运算

校验错误,对应第二个 send_mac_frame。方框 3 中 ptr_fifo_din 值为 c03f,即第 16 位和第 15 位都为 1,既有 CRC-32 校验运算错误又出现了超短帧和超长帧错误,对应测试代码的第三个和第四个测试帧。

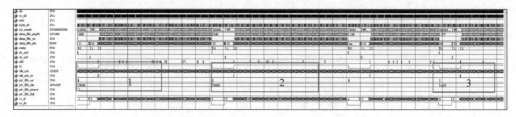

图 1-8　mac_r 的 testbench 仿真波形

1.2　发送 MAC 控制器设计

1.2.1　mac_t 的 MII 接口

图 1-9 是 MII 接口发送部分的工作时序。与 mac_t 相连接的上一级电路是处理器接口电路,其内部包括由发送数据缓冲区和发送指针缓冲区构成的接口队列。当前级电路有数据帧需要通过 MII 接口发送时,其接口队列的指针缓冲区非空。mac_t 首先从上一级电路中的指针 FIFO 中读出当前发送指针,根据指针所给出的待发送数据帧的长度值,将数据依次从数据缓冲区中读出,并按照 MII 接口时序将数据帧发出。在发送 MAC 帧时,发送电路需要首先发送前导码,然后发送帧起始定界符,此后是用户数据部分(包括目的 MAC 地址、源 MAC 地址、类型/长度字段、净荷),最后发送电路计算生成的 CRC-32 校验值。由于本电路主要连接以太网交换机等网络设备,不考虑外部冲突问题,因此在发送过程中不会出现由于冲突而导致重发的问题。

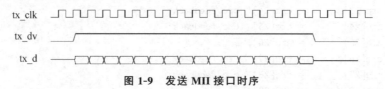

图 1-9　发送 MII 接口时序

1.2.2　mac_t 电路设计

mac_t 电路的主要功能描述如下:

(1) 检查前级电路发送接口队列的指针缓冲区是否为空,如果非空,则读出接口队列的队首指针,获取当前待发送数据帧的长度信息。

(2) 发送电路首先根据规范发送 MAC 帧的前导码,然后发送帧起始定界符。

(3) 此后发送电路开始将用户数据帧从接口数据 FIFO 中读出并按照 MII 接口规范发送,发送的同时计算 CRC-32 校验值。

(4) 如果用户数据长度较短,小于 60 字节(不包括 4 字节的 CRC-32 校验值),那么发送电路需要在用户数据发送完成后进行数据填充,使之最小长度达到 60 字节。

（5）发送电路最后发送 CRC-32 校验值。

（6）CRC-32 发送完成后，需要根据规范插入帧间等待时间，供收方对数据帧进行处理。根据规范，需要等待 24 个时钟周期。

在具体设计发送电路时需要注意以下几点：

（1）发送电路的工作时钟为来自 MII 接口的 tx_clk，它不是系统工作时钟。

（2）MII 接口数据位宽为 4 位，而接口数据 FIFO 的位宽为 8 位，此时需要进行数据位宽的变换。

（3）在具体设计发送电路时，可按照发送数据帧的生成为主线设计主控制状态机。可以用如下文字对发送主状态机的功能进行描述：

- 在空闲状态，查看发送队列的指针 FIFO 是否为空，如果为空则等待，否则读出队首的指针，然后进入前导码发送状态。
- 在前导码发送状态中，在发送计数器的控制下，根据规范发送特定数量的前导码，发送完成后发送帧起始定界符，然后进入用户数据帧发送状态。
- 在用户数据帧发送状态，根据待发送数据帧长度，依次将数据帧读出并按照 MII 发送接口时序发送数据。用户数据帧发送完成后，如果已发送数据长度小于 60 字节，则进行数据填充。此后，状态机进入发送 CRC-32 校验值的状态。
- 在 CRC-32 校验值发送状态下，发送校验结果。此后进入帧间等待状态。
- 在帧间等待状态，在计数器的控制下完成规范要求的帧间等待时钟周期数，然后回到空闲状态。

另外需要说明的是，mac_t 代码本身的逻辑功能是比较复杂的，为了有利于电路模块化，便于梳理清晰的设计思路，在设计中将整个电路划分为两部分，中间采用一个简单的内部队列（包括数据缓冲区和指针缓冲区）隔离。第一部分是生成完整的 MAC 帧，包括插入前导码、帧起始定界符、填充数据（数据帧长度小于 60 字节时）、进行 CRC-32 校验运算并插入到帧尾，此时的位宽保持为 8 位。第二部分在内部队列之后，其主要功能是将 8 位的数据转换为 4 位，按照 MII 接口规范输出，此后插入固定的帧间隔。这种设计方式会消耗掉一些存储资源，但有利于提高设计的模块化水平，便于调试。

根据以上对电路功能的描述，可以设计 mac_t.v 代码，如下所示。

```verilog
`timescale 1ns / 1ps
module mac_t(
input                 rstn,
input                 clk,

input                 tx_clk,
output  reg           tx_dv,
output  reg [3:0]     tx_d,

output  reg           data_fifo_rd,
input       [7:0]     data_fifo_din,
output  reg           ptr_fifo_rd,
input       [15:0]    ptr_fifo_din,
input                 ptr_fifo_empty
    );
```

```verilog
parameter   DELAY = 2;

reg   [10:0]    cnt;
reg   [10:0]    pad_cnt;
reg             crc_init;
wire  [7:0]     crc_din;
reg             crc_cal;
reg             crc_dv;
wire  [31:0]    crc_result;
wire  [7:0]     crc_dout;

//以下为内部队列的相关信号
reg [7:0]       data_fifo_din_1;
reg             data_fifo_wr_1;
reg             data_fifo_rd_1;
wire[7:0]       data_fifo_dout_1;
wire[11:0]      data_fifo_depth_1;

reg [15:0]      ptr_fifo_din_1;
reg             ptr_fifo_wr_1;
reg             ptr_fifo_rd_1;
wire[15:0]      ptr_fifo_dout_1;
wire            ptr_fifo_full_1;
wire            ptr_fifo_empty_1;
//bp_1为内部反压信号,当内部队列无法容纳一个完整的最大MAC帧时,停止向该队列发送数据帧
wire            bp_1;
assign          bp_1 = ptr_fifo_full_1 | (data_fifo_depth_1 > 2570);
//说明: 2570 = 4096 - 1518 - 8,这里8为MAC帧的前导码和帧起始字段长度

reg   [2:0]     state;
always @(posedge clk or negedge rstn)
    if(!rstn)begin
        state <= #DELAY 0;
        ptr_fifo_rd        <= #DELAY 0;
        data_fifo_rd       <= #DELAY 0;
        cnt                <= #DELAY 0;
        pad_cnt            <= #DELAY 0;
        crc_init           <= #DELAY 0;
        crc_cal            <= #DELAY 0;
        crc_dv             <= #DELAY 0;
        data_fifo_din_1    <= #DELAY 0;
        data_fifo_wr_1     <= #DELAY 0;
        ptr_fifo_din_1     <= #DELAY 0;
        ptr_fifo_wr_1      <= #DELAY 0;
        end
    else begin
        crc_init  <= #DELAY 0;
        ptr_fifo_rd <= #DELAY 0;
        case(state)
        //空闲状态
```

```
0:begin
    ptr_fifo_wr_1 <= #DELAY 0;
    data_fifo_wr_1 <= #DELAY 0;
    if(!ptr_fifo_empty & !bp_1) begin
        ptr_fifo_rd <= #DELAY 1;
        crc_init <= #DELAY 1;
        data_fifo_wr_1 <= #DELAY 1;
        data_fifo_din_1 <= #DELAY 8'h55;
        cnt <= #DELAY 7;
        state <= #DELAY 1;
        end
    end
//插入前导码和帧起始定界符
1:begin
    if(cnt > 1) cnt <= #DELAY cnt - 1;
    else begin
        data_fifo_din_1 <= #DELAY 8'hd5;
        data_fifo_rd <= #DELAY 1;
        //在写入帧起始定界符后,将 cnt 更新为待发送数据帧长度
        cnt <= #DELAY ptr_fifo_din[10:0];
        state <= #DELAY 2;
        end
    end
//过渡状态,等待数据帧第一个数值被读出接口队列的 data_fifo
2:begin
    cnt <= #DELAY cnt - 1;
    if(cnt < 60) pad_cnt <= #DELAY 60 - cnt;
    else pad_cnt <= #DELAY 0;
    data_fifo_wr_1 <= #DELAY 0;
    state <= #DELAY 3;
    end
//将待发送数据帧持续从接口队列中读出并写入中间队列
3:begin
    data_fifo_wr_1   <= #DELAY 1;
    data_fifo_din_1 <= #DELAY data_fifo_din;
    crc_cal         <= #DELAY 1;
    crc_dv          <= #DELAY 1;
    if(cnt > 1) cnt  <= #DELAY cnt - 1;
    else begin
        data_fifo_rd  <= #DELAY 0;
        cnt           <= #DELAY 0;
        state         <= #DELAY 4;
        end
    end
//过渡状态,将数据帧的最后一个字节写入
4:begin
    data_fifo_wr_1    <= #DELAY 1;
    data_fifo_din_1   <= #DELAY data_fifo_din;
    state             <= #DELAY 5;
    end
//如果 pad_cnt 大于 0,进行数据填充
```

```
                5:begin
                    if(pad_cnt) begin
                        cnt              <= #DELAY pad_cnt;
                        data_fifo_wr_1  <= #DELAY 1;
                        data_fifo_din_1 <= #DELAY 8'b0;
                        state            <= #DELAY 6;
                        end
                    else begin
                        data_fifo_wr_1  <= #DELAY 0;
                        crc_cal          <= #DELAY 0;
                        cnt              <= #DELAY 4;
                        state            <= #DELAY 7;
                        end
                    end
                //持续进行数据填充,填充结束后进入 CRC-32 校验值插入状态
                6:begin
                    if(cnt > 1) cnt <= #DELAY cnt - 1;
                    else begin
                        data_fifo_wr_1   <= #DELAY 0;
                        crc_cal           <= #DELAY 0;
                        cnt               <= #DELAY 4;
                        state             <= #DELAY 7;
                        end
                    end
                //进行 CRC-32 校验值插入
                7:begin
                        data_fifo_wr_1         <= #DELAY 1;
                        data_fifo_din_1        <= #DELAY crc_dout;
                        if(cnt == 1)   crc_dv  <= #DELAY 0;
                        if(cnt > 0)     cnt    <= #DELAY cnt - 1;
                        else begin
                            data_fifo_wr_1     <= #DELAY 0;
                            ptr_fifo_din_1     <= #DELAY ptr_fifo_din + 12 + pad_cnt;
                            ptr_fifo_wr_1      <= #DELAY 1;
                            state              <= #DELAY 0;
                            end
                    end
                endcase
                end
    crc32_8023 u_crc32_8023(
        .clk(clk),
        .reset(!rstn),
        .d(crc_din),
        .load_init(crc_init),
        .calc(crc_cal),
        .d_valid(crc_dv),
        .crc_reg(crc_result),
        .crc(crc_dout)
        );
    assign   crc_din = data_fifo_din_1;
```

```
afifo_w8_d4k u_data_fifo_1 (
    .rst(!rstn),                            // input rst
    .wr_clk(clk),                           // input wr_clk
    .rd_clk(tx_clk),                        // input rd_clk
    .din(data_fifo_din_1),                  // input [7 : 0] din
    .wr_en(data_fifo_wr_1),                 // input wr_en
    .rd_en(data_fifo_rd_1),                 // input rd_en
    .dout(data_fifo_dout_1),                // output [7 : 0] dout
    .full(),                                // output full
    .empty(),                               // output empty
    .rd_data_count(),                       // output[11:0] rd_data_count
    .wr_data_count(data_fifo_depth_1)       // output [11 : 0] wr_data_count
    );

afifo_w16_d32 u_ptr_fifo_1 (
    .rst(!rstn),                            // input rst
    .wr_clk(clk),                           // input wr_clk
    .rd_clk(tx_clk),                        // input rd_clk
    .din(ptr_fifo_din_1),                   // input [15 : 0] din
    .wr_en(ptr_fifo_wr_1),                  // input wr_en
    .rd_en(ptr_fifo_rd_1),                  // input rd_en
    .dout(ptr_fifo_dout_1),                 // output [15 : 0] dout
    .full(ptr_fifo_full_1),                 // output full
    .empty(ptr_fifo_empty_1)                // output empty
    );
//状态机 state_t 用于将已经组装成功的 MAC 帧读出,按照 MII 发送接口规范发出
reg     [10:0]  cnt_t;
reg     [2:0]   state_t;
reg             data_fifo_rd_1_reg_0;
reg             data_fifo_rd_1_reg_1;
reg             tx_sof;

always @(posedge tx_clk or negedge rstn)
    if(!rstn) begin
        state_t               <= #DELAY 0;
        cnt_t                 <= #DELAY 0;
        data_fifo_rd_1        <= #DELAY 0;
        ptr_fifo_rd_1         <= #DELAY 0;
        data_fifo_rd_1_reg_0  <= #DELAY 0;
        data_fifo_rd_1_reg_1  <= #DELAY 0;
        tx_sof                <= #DELAY 0;
        end
    else begin
        ptr_fifo_rd_1         <= #DELAY 0;
        data_fifo_rd_1_reg_0  <= #DELAY data_fifo_rd_1;
        data_fifo_rd_1_reg_1  <= #DELAY data_fifo_rd_1_reg_0;
        tx_sof                <= #DELAY 0;
        case(state_t)
        //空闲状态,若内部队列指针 FIFO 非空则读出指针
        0:begin
            if(!ptr_fifo_empty_1) begin
```

```verilog
                                      ptr_fifo_rd_1 <= #DELAY 1;
                                      state_t <= #DELAY 1;
                                  end
                              end
                //等待一个时钟周期
                1:state_t <= #DELAY 2;
                //开始读出数据
                2:begin
                    cnt_t       <= #DELAY ptr_fifo_dout_1[10:0];
                    data_fifo_rd_1 <= #DELAY 1;
                    tx_sof      <= #DELAY 1;
                    state_t <= #DELAY 3;
                end
                //由于读出一个字节后需要两个时钟周期发送,因此等待一个时钟周期
                3:begin
                    data_fifo_rd_1 <= #DELAY 0;
                    state_t <= #DELAY 4;
                end
                //持续读出数据帧
                4:begin
                    if(cnt_t > 1) begin
                        data_fifo_rd_1 <= #DELAY 1;
                        cnt_t <= #DELAY cnt_t - 1;
                        state_t <= #DELAY 3;
                    end
                    else begin
                        data_fifo_rd_1 <= #DELAY 0;
                        //完成数据帧发送后需要在两个帧之间插入帧间等待时间
                        cnt_t <= #DELAY 24;
                        state_t <= #DELAY 5;
                    end
                end
                //帧间等待结束后返回空闲状态
                5:begin
                    if(cnt_t > 0) cnt_t <= #DELAY cnt_t - 1;
                    else begin
                        cnt_t      <= #DELAY 0;
                        state_t <= #DELAY 0;
                    end
                end
                endcase
                end
    wire     tx_dv_i;
    assign   tx_dv_i = data_fifo_rd_1_reg_0 |  data_fifo_rd_1_reg_1;
    //下面的状态机跟随 state_t,按照 MII 接口规范发送数据帧
    reg     [1:0]    state_tx;
    always @(posedge tx_clk or negedge rstn)
        if(!rstn) begin
            state_tx <= #DELAY 0;
            tx_dv <= #DELAY 0;
            tx_d <= #DELAY 0;
```

```
                end
            else begin
                tx_dv <= #DELAY tx_dv_i;
                case(state_tx)
                0:begin
                    if(tx_sof)state_tx <= #DELAY 1;
                    end
                1:begin
                    if(data_fifo_rd_1_reg_0)        tx_d <= #DELAY data_fifo_dout_1[3:0];
                    else if(data_fifo_rd_1_reg_1)   tx_d <= #DELAY data_fifo_dout_1[7:4];
                    else begin
                        tx_d <= #DELAY 0;
                        state_tx <= #DELAY 0;
                        end
                    end
                endcase
                end
endmodule
```

完成发送电路设计后,需要对其进行仿真验证,具体包括以下几方面:

(1) MII 接口时序是否正确。

(2) 分析正常数据帧发送工作波形,检查前导码、帧起始定界符、用户数据帧和 CRC-32 的发送过程是否正确。分析帧间隔插入操作是否正常。

(3) 分析长度低于 60 字节(不含 CRC-32 校验值)的数据帧发送是否正确。

下面是 mac_t_tb.v 代码:

```
`timescale 1ns / 1ps
module mac_t_tb;
// Inputs
reg rstn;
reg clk;
reg tx_clk;
// Outputs
wire tx_dv;
wire [3:0] tx_d;
always #5 clk = ~clk;
always #20 tx_clk = ~tx_clk;            //产生 25MHz 的 MII 接口发送时钟
// Instantiate the Unit Under Test (UUT)
reg     [7:0]   data_fifo_din;
reg             data_fifo_wr;
wire            data_fifo_rd;
wire    [7:0]   data_fifo_dout;
wire    [11:0]  data_fifo_depth;

reg     [15:0]  ptr_fifo_din;
reg             ptr_fifo_wr;
wire            ptr_fifo_rd;
wire    [15:0]  ptr_fifo_dout;
wire            ptr_fifo_full;
wire            ptr_fifo_empty;
```

```verilog
mac_t u_mac_t_pad (
    .rstn(rstn),
    .clk(clk),
    .tx_clk(tx_clk),
    .tx_dv(tx_dv),
    .tx_d(tx_d),
    .data_fifo_rd(data_fifo_rd),
    .data_fifo_din(data_fifo_dout),
    .ptr_fifo_rd(ptr_fifo_rd),
    .ptr_fifo_din(ptr_fifo_dout),
    .ptr_fifo_empty(ptr_fifo_empty)
);

initial begin
    // Initialize Inputs
    rstn = 0;
    clk = 0;
    tx_clk = 0;

    data_fifo_din = 0;
    data_fifo_wr = 0;
    ptr_fifo_din = 0;
    ptr_fifo_wr = 0;

    // Wait 100ns for global reset to finish
    #100;
    rstn = 1;
    // Add stimulus here
    #1000;
    send_frame(100);
    send_frame(58);
    send_frame(60);
    send_frame(1514);
end

task send_frame;
input  [10:0]  len;
integer        i;
begin
    $display ("start to send frame");
    repeat(1)@(posedge clk);
    #2;
    while(ptr_fifo_full | (data_fifo_depth > 2578)) repeat(1)@(posedge clk);
    #2;
    for(i = 0; i < len; i = i + 1)begin
        data_fifo_wr = 1;
        data_fifo_din = ($random) % 256;
        repeat(1)@(posedge clk);
        #2;
        end
```

```
        data_fifo_wr = 0;
        ptr_fifo_din = {5'b0,len[10:0]};
        ptr_fifo_wr = 1;
        repeat(1)@(posedge clk);
        #2;
        ptr_fifo_wr = 0;
        $display ("end to send frame");
        end
    endtask

sfifo_w8_d4k u_data_fifo (
    .clk(clk),                              // input clk
    .rst(!rstn),                            // input rst
    .din(data_fifo_din),                    // input [7 : 0] din
    .wr_en(data_fifo_wr),                   // input wr_en
    .rd_en(data_fifo_rd),                   // input rd_en
    .dout(data_fifo_dout),                  // output [7 : 0] dout
    .full(),                                // output full
    .empty(),                               // output empty
    .data_count(data_fifo_depth)            // output [11 : 0] data_count
    );

sfifo_w16_d32 u_ptr_fifo (
    .clk(clk),                              // input clk
    .rst(!rstn),                            // input rst
    .din(ptr_fifo_din),                     // input [15 : 0] din
    .wr_en(ptr_fifo_wr),                    // input wr_en
    .rd_en(ptr_fifo_rd),                    // input rd_en
    .dout(ptr_fifo_dout),                   // output [15 : 0] dout
    .full(ptr_fifo_full),                   // output full
    .empty(ptr_fifo_empty),                 // output empty
    .data_count()                           // output [4 : 0] data_count
    );
endmodule
```

1.3　处理器接口电路设计

　　处理器接口电路负责从 mac_r 的接收队列中读取数据帧以及向 mac_t 发送数据帧。CPU 接口的具体信号、接口时序与其外部所连接的处理器类型密切相关,由具体的 CPU 外部总线类型决定。CPU 的外部总线类型很多,有类似于 PCI、PCIe 这类高性能计算机系统中的高速总线,也有嵌入式系统中常用的低速外围总线。本例中假定处理器为 ARM 处理器,外部使用的是异步总线,其数据吞吐率较低,但接口时序简单。

　　在计算机系统中,CPU 可以寻址的空间由地址总线的宽度决定。例如,某处理器的地址总线宽度为 32 位,则其可以寻址的空间为 4G 字节。CPU 的寻址空间一部分分配给 CPU 内部的存储区、一部分分配给总线上的外围设备,主体部分分配给系统的内存。CPU 访问不同的地址时,实际访问的是系统中的不同器件。CPU 把一部分寻址空间分配给其外围总线上的设备,具体空间大小由总线的地址宽度决定。例如,CPU 总线的地址位宽为 20位,则其寻址空间为 1M 字节。对于总线设备,处理器分配给它的地址空间怎样使用由电路自身决定,可以非常灵活,在下面的代码中可以看到不同的应用类型。

cpu_interface 电路的接口信号定义及各部分的功能请参考电路代码注释。

```verilog
`timescale 1ns/1ns
module cpu_interface(
input           clk,              //接口电路的系统工作时钟
input           rstn,             //接口电路的系统复位信号,低电平有效
// 处理器接口信号
input           nwr0_nwe,         //处理器总线上低电平有效的写控制信号
input   [9:0]   ba,               //处理器总线的地址总线,位宽为 10 位,寻址深度为 1K 字节
input           ncs4,             //处理器总线的片选信号,低电平有效
input           nrd_noe,          //处理器总线的读/输出使能信号,低电平有效
inout   [15:0]  bd,               //处理器总线的 16 位双向数据总线
output  reg     interrupt_n,      //处理器总线的中断信号,低电平有效
// ======================================
//下面是 cpu_interface 与 mac_t 的接口信号
// ======================================
input           tx_data_fifo_rd,  //mac_t 发出的发送数据 FIFO 读信号
output  [7:0]   tx_data_fifo_dout, //cpu_interface 电路中发送数据 FIFO 的输出端口
input           tx_ptr_fifo_rd,   //mac_t 发出的发送指针 FIFO 读信号
output  [15:0]  tx_ptr_fifo_dout, //cpu_interface 电路中发送指针 FIFO 的输出端口
output          tx_ptr_fifo_empty, //cpu_interface 电路中发送指针 FIFO 空指示信号
// ======================================
//下面是 cpu_interface 与 mac_r 的接口信号
// ======================================
output  reg     rx_data_fifo_rd,  //cpu_interface 给 mac_r 的接收数据 FIFO 读信号
input   [7:0]   rx_data_fifo_din, //cpu_interface 从 mac_r 接收数据 FIFO 读入的数据
output  reg     rx_ptr_fifo_rd,   // cpu_interface 给 mac_r 的接收指针 FIFO 读信号
input   [15:0]  rx_ptr_fifo_din,  //cpu_interface 从 mac_r 接收指针 FIFO 读入的指针
input           rx_ptr_fifo_empty //cpu_interface 从 mac_r 接收指针 FIFO 空指示信号
);


// ============================================================
//           cpu interface
// cpu_wr_en:  根据总线接口产生的内部写信号,一次写操作只在 1 个时钟周期内保持 1
// cpu_rd_en:  根据总线接口产生的内部读信号,一次读操作只在 1 个时钟周期内保持 1
//cpu_addr:   根据总线接口产生的内部地址信号,由于内部读写访问的数据位宽为 16 位,
//            而总线地址是对字节寻址的,因此忽略总线地址 ba 的最低位得到内部寻址
//            的地址
//cpu_dout:   内部寄存器,通过三态门与外部数据总线相连
//cpu_din  :  内部信号线,通过三态门与外部数据总线相连
// ============================================================
wire     cpu_wr_en;   //根据总线接口产生的内部写信号,一次写操作只在 1 个时钟周期内保持 1
wire     cpu_rd_en;
wire  [8:0]   cpu_addr;
//总线上一次可以访问两个字节,在内部可以对一个 16 位的寄存器进行读写,内部是连续编址的,
//因此忽略总线地址的最低位
assign   cpu_addr[8:0] = ba[9:1];
```

```
reg      [15:0]  cpu_dout;
wire     [15:0]  cpu_din;
//下面两行代码用于描述双向数据总线 bd 的操作方式
assign  bd = (!nrd_noe&!ncs4)?cpu_dout:16'bz; //bd 为双向总线,读操作选中本电路时输出
                                      //cpu_dout,否则输出高阻态
assign   cpu_din = (nrd_noe)?bd:16'b0;          //非总线读操作时 cpu_din 的取值由 bd 总线决定


// ====================================================================
//下面的电路使用电路的系统时钟 clk 对处理器总线进行跨时钟域同步化操作,使用了级联的寄存
//器作为同步器.需要注意的是,处理器的异步读写操作脉冲的宽度通常是可配置的,其需要一定的
//宽度,确保同步器正常工作。经过同步器处理后得到的内部读写信号 cpu_wr_en 和 cpu_rd_en 只
//保持一个时钟周期,且与 clk 处于同一个时钟域
// ====================================================================
reg     nwr0_nwe_reg0,nwr0_nwe_reg1,nwr0_nwe_reg2;
reg     ncs4_reg0,ncs4_reg1;
reg     nrd_noe_reg0,nrd_noe_reg1,nrd_noe_reg2;
always @(posedge clk)
    begin
        nwr0_nwe_reg0 <= #2 nwr0_nwe;
        nwr0_nwe_reg1 <= #2 nwr0_nwe_reg0;
        nwr0_nwe_reg2 <= #2 nwr0_nwe_reg1;
        ncs4_reg0  <= #2  ncs4;
        ncs4_reg1  <= #2  ncs4_reg0;
        nrd_noe_reg0 <= #2 nrd_noe;
        nrd_noe_reg1 <= #2 nrd_noe_reg0;
        nrd_noe_reg2 <= #2 nrd_noe_reg1;
        end
assign cpu_wr_en = !nwr0_nwe_reg1 & nwr0_nwe_reg2 & !ncs4_reg1 & !ncs4;
assign cpu_rd_en = !nrd_noe_reg1  & nrd_noe_reg2 & !ncs4_reg1 & !ncs4;
// ============================================================
//   电路具体操作要点
//(1)  int_mask 是中断掩码寄存器,此处只有一个中断源,因此位宽为 1 位,其为 0 时,NIC 的
//中断被屏蔽,无法向 CPU 产生中断;其为 1 时,如果 NIC 收到了数据帧,可以向处理器发出中断请求
//(2)  int_vector 是中断向量,此处只有一个中断源,因此位宽为 1 位。如果中断源有多个,其位宽
//需要增加
//(3)  chip_id 是一个可读写的寄存器,其初始值用作 NIC 的身份号,此处其可以进行读写操作
// ============================================================
reg         int_mask;
reg         int_vector;
reg     [15:0]  chip_id;

reg         tx_data_fifo_wr;
reg     [7:0]   tx_data_fifo_din;
wire    [11:0]  tx_data_fifo_depth;
reg         tx_ptr_fifo_wr;
reg     [15:0]  tx_ptr_fifo_din;
wire        tx_ptr_fifo_full;

always @(posedge clk or negedge rstn)
    if(!rstn)begin
```

```verilog
        cpu_dout                   <= #2 0;
        interrupt_n                <= #2 1'b1;
        int_mask                   <= #2 1'b1;        //系统完成复位后,中断是打开的
        int_vector                 <= #2 1'b0;
        chip_id                    <= #2 16'haa55;
        tx_data_fifo_wr            <= #2 0;
        tx_data_fifo_din           <= #2 0;
        tx_ptr_fifo_wr             <= #2 0;
        tx_ptr_fifo_din            <= #2 0;
        rx_data_fifo_rd            <= #2 0;
        rx_ptr_fifo_rd             <= #2 0;
        end
    else begin
        int_vector <= #2 !rx_ptr_fifo_empty & int_mask;
        if(int_vector) interrupt_n <= #2 0;
        else interrupt_n           <= #2 1;
        if(cpu_wr_en)begin
            case(cpu_addr[7:0])
            8'h00:chip_id[15:0]    <= #2 cpu_din[15:0];
            8'h01:int_mask         <= #2 cpu_din[0];
            //对地址 8'h11 的写操作可将数据总线的低 8 位写入 tx_data_fifo_din 寄存器;
            //对 8'h12 的写操作,会使得 tx_data_fifo_wr 在一个时钟周期内保持为 1,
            //然后在 else 分支中将其清零,这样就通过一个总线写操作产生了一个对发送
            //数据 FIFO 的写控制信号,将 tx_data_fifo_din 写入发送数据 FIFO 中
            //其他写入操作类似
            8'h11:tx_data_fifo_din[7:0]  <= #2 cpu_din[7:0];
            8'h12:tx_data_fifo_wr        <= #2 1'b1;
            8'h13:tx_ptr_fifo_din[15:0]  <= #2 cpu_din[15:0];
            8'h14:tx_ptr_fifo_wr         <= #2 1'b1;
            endcase
            end
        else if(cpu_rd_en) begin
            case(cpu_addr[8:0])
            8'h00:cpu_dout[15:0]<= #2 chip_id[15:0];
            8'h01:cpu_dout[15:0]<= #2 {15'b0, int_mask};
            8'h02:cpu_dout[15:0]<= #2 {15'b0, int_vector};
            //对 8'h15 和 8'h16 地址的读操作可以读出发送数据缓冲区占用深度和指针缓冲区是
            //否已满,如果不足以容纳一个待发送数据帧,则 CPU 会进行等待,直到可以发送
            8'h15:cpu_dout[15:0]<= #2 {4'b0, tx_data_fifo_depth[11:0]};
            8'h16:cpu_dout[15:0]<= #2 {15'b0, tx_ptr_fifo_full};

            //CPU 收到中断请求后,开始对接收数据缓冲区进行读操作时,其首先对
            //地址 8'h20 进行读操作,用于产生位宽为 1 个时钟周期的接收指针
            //FIFO 读控制信号,使得指针从指针 FIFO 中被读出,然后对地址 8'h21 进行读操作,
            //读出当前指针值
            8'h20:rx_ptr_fifo_rd   <= #2 1;
            8'h21:cpu_dout[15:0]   <= #2 rx_ptr_fifo_din[15:0];
            //CPU 读出接收数据帧对应的指针后,根据其长度开始对接收数据帧
            //进行读操作,具体操作方式是先对 8'h22 进行读操作,产生数据 FIFO 读信号,然后对
            //8'h23 进行读操作,读出接收的数据
            //对 8'h24 进行读操作可以查看当前接收指针 FIFO 是否为空
```

```
            8'h22:rx_data_fifo_rd   <= #2 1;
            8'h23:cpu_dout[15:0]    <= #2 {8'b0,rx_data_fifo_din[7:0]};
            8'h24:cpu_dout[15:0]    <= #2 {15'b0,rx_ptr_fifo_empty};
            endcase
            end
        //下面的 else 分支用于对前面的读写控制信号赋缺省值,使它们都只在 1 个时钟周期内保
        //持为 1
        else begin
            tx_data_fifo_wr            <= #2 1'b0;
            tx_ptr_fifo_wr             <= #2 1'b0;
            rx_ptr_fifo_rd             <= #2 1'b0;
            rx_data_fifo_rd            <= #2 1'b0;
            end
        end


sfifo_w8_d4k u_cpu_tx_data_fifo (
    .clk(clk),
    .rst(!rstn),
    .din(tx_data_fifo_din[7:0]),
    .wr_en(tx_data_fifo_wr),
    .rd_en(tx_data_fifo_rd),
    .dout(tx_data_fifo_dout),
    .full(),
    .empty(),
    .data_count(tx_data_fifo_depth[11:0])
    );
sfifo_w16_d32 u_cpu_tx_ptr_fifo (
    .clk(clk),
    .rst(!rstn),
    .din(tx_ptr_fifo_din[15:0]),
    .wr_en(tx_ptr_fifo_wr),
    .rd_en(tx_ptr_fifo_rd),
    .dout(tx_ptr_fifo_dout[15:0]),
    .full(tx_ptr_fifo_full),
    .empty(tx_ptr_fifo_empty),
    .data_count()
    );
endmodule
```

1.4　NIC 顶层设计文件及仿真分析

下面是 NIC 的顶层设计文件,其结构非常简单,包括 mac_r、mac_t 和 cpu_interface 三个电路模块,只要将其正确连接即可。

```
module nic(
input           clk,
input           rstn,
// cpu interface
input           nwr0_nwe,
```

```
    input       [9:0]       ba,
    input                   ncs4,
    input                   nrd_noe,
    inout       [15:0]      bd,
    output                  interrupt_n,
    // MII interface
    input       [3:0]       MII_RXD,
    input                   MII_RX_DV,
    input                   MII_RX_CLK,

    output      [3:0]       MII_TXD,
    output                  MII_TX_EN,
    input                   MII_TX_CLK
    );

    wire                    tx_data_fifo_rd;
    wire        [7:0]       tx_data_fifo_dout;
    wire                    tx_ptr_fifo_rd;
    wire        [15:0]      tx_ptr_fifo_dout;
    wire                    tx_ptr_fifo_empty;

    wire                    rx_data_fifo_rd;
    wire        [7:0]       rx_data_fifo_din;
    wire                    rx_ptr_fifo_rd;
    wire        [15:0]      rx_ptr_fifo_din;
    wire                    rx_ptr_fifo_empty;

cpu_interface u_cpu_interface(
    .clk(clk),
    .rstn(rstn),
    .nwr0_nwe(nwr0_nwe),
    .ba(ba),
    .ncs4(ncs4),
    .nrd_noe(nrd_noe),
    .bd(bd),
    .interrupt_n(interrupt_n),
    .tx_data_fifo_rd(tx_data_fifo_rd),
    .tx_data_fifo_dout(tx_data_fifo_dout),
    .tx_ptr_fifo_rd(tx_ptr_fifo_rd),
    .tx_ptr_fifo_dout(tx_ptr_fifo_dout),
    .tx_ptr_fifo_empty(tx_ptr_fifo_empty),
    .rx_data_fifo_rd(rx_data_fifo_rd),
    .rx_data_fifo_din(rx_data_fifo_din),
    .rx_ptr_fifo_rd(rx_ptr_fifo_rd),
    .rx_ptr_fifo_din(rx_ptr_fifo_din),
    .rx_ptr_fifo_empty(rx_ptr_fifo_empty)
    );

mac_r u_mac_r(
    .clk(clk),
    .rstn(rstn),
```

```
    .rx_clk(MII_RX_CLK),
    .rx_d(MII_RXD),
    .rx_dv(MII_RX_DV),
    .data_fifo_rd(rx_data_fifo_rd),
    .data_fifo_dout(rx_data_fifo_din),
    .ptr_fifo_rd(rx_ptr_fifo_rd),
    .ptr_fifo_dout(rx_ptr_fifo_din),
    .ptr_fifo_empty(rx_ptr_fifo_empty)
    );

mac_t u_mac_t(
    .clk(clk),
    .rstn(rstn),
    .tx_clk(MII_TX_CLK),
    .tx_d(MII_TXD),
    .tx_dv(MII_TX_EN),
    .data_fifo_rd(tx_data_fifo_rd),
    .data_fifo_din(tx_data_fifo_dout),
    .ptr_fifo_rd(tx_ptr_fifo_rd),
    .ptr_fifo_din(tx_ptr_fifo_dout),
    .ptr_fifo_empty(tx_ptr_fifo_empty)
    );
endmodule
```

下面是针对 NIC 的仿真代码。需要注意的是，仿真代码中通过编写 cpu_wr 和 cpu_rd 等任务模拟 CPU 对 NIC 中的寄存器进行读写访问以及进行数据收发操作。通过编写 cpu_send_frame 和 cpu_rcv_frame 等任务，模拟运行在 CPU 上的 NIC 驱动程序进行数据帧的收发。

```
`timescale 1ns / 1ps
module nic_tb;
// Inputs
reg         clk;
reg         rstn;
reg         nwr0_nwe;
reg [9:0]   ba;
reg         ncs4;
reg         nrd_noe;
reg [3:0]   MII_RXD;
reg         MII_RX_DV;
reg         MII_RX_CLK;
reg         MII_TX_CLK;

// Outputs
wire        interrupt_n;
wire [3:0]  MII_TXD;
wire        MII_TX_EN;

//interface of crc module
reg         calc_en;
```

```verilog
reg [7:0]    crc_din;
reg          load_init;
reg          d_valid;
wire[31:0]   crc_reg;
wire[7:0]    crc_out;
initial begin
    calc_en = 0;
    crc_din = 0;
    load_init = 0;
    d_valid = 0;
    end
```

// 双向信号,用于模拟 CPU 总线上双向数据总线的操作
```verilog
wire [15:0] bd;
reg  [15:0] bd_in;
reg  [15:0] bd_out;
initial begin
    bd_in = 0;
    bd_out = 0;
    end
assign bd = (!nwr0_nwe)?bd_in:16'bz;
```

//生成 MAC 控制器的接收时钟和发送时钟
```verilog
always begin
    #20;
    MII_RX_CLK = ~MII_RX_CLK;
    MII_TX_CLK = ~MII_TX_CLK;
    end
```

//生成系统工作时钟,此处时钟频率为 100MHz
```verilog
always #5 clk = ~clk;
```

// Instantiate the Unit Under Test (UUT)
```verilog
nic u_nic (
    .clk(clk),
    .rstn(rstn),
    .nwr0_nwe(nwr0_nwe),
    .ba(ba),
    .ncs4(ncs4),
    .nrd_noe(nrd_noe),
    .bd(bd),
    .interrupt_n(interrupt_n),
    .MII_RXD(MII_RXD),
    .MII_RX_DV(MII_RX_DV),
    .MII_RX_CLK(MII_RX_CLK),
    .MII_TXD(MII_TXD),
    .MII_TX_EN(MII_TX_EN),
    .MII_TX_CLK(MII_TX_CLK)
);

initial begin
```
//注意,处理器总线上控制信号的初始值为 1,因为这些信号是低电平有效的

```
        clk = 0;
        rstn = 0;
        nwr0_nwe = 1;
        ba = 0;
        ncs4 = 1;
        nrd_noe = 1;

        MII_RXD = 0;
        MII_RX_DV = 0;
        MII_RX_CLK = 0;
        MII_TX_CLK = 0;

        // Wait 100 ns for global reset to finish
        #100;
        rstn = 1;
        // Add stimulus here
        repeat(5)@(posedge MII_RX_CLK);
        send_mac_frame(11'd100,48'hffffffffffff,48'he0e1e2e3e4e5,16'h0806,1'b0);
        #20000;
        cpu_send_frame(100);
        end

always cpu_rcv_frame;
//cpu_loop_frame用于收发环回测试,与cpu_rcv_frame 2选1进行
//always cpu_loop_frame;


//下面一个任务模拟CPU通过接口总线对FPGA内部地址进行读操作
task cpu_rd;
input  [8:0]  address;
begin
    repeat(1)@(posedge clk);
    #2;
    ncs4 = 0;
    nrd_noe = 0;
    ba = {address[8:0],1'b0};
    repeat(6)@(posedge clk);
    #2;
    ncs4 = 1;
    nrd_noe = 1;
    bd_out = bd;
    repeat(2)@(posedge clk);
    end
endtask


//下面一个任务模拟CPU通过接口总线对FPGA内部地址进行写操作
task cpu_wr;
input  [8:0]   address;
input  [15:0]  data;
begin
    repeat(1)@(posedge clk);
    #2;
```

```
            ncs4 = 0;
            nwr0_nwe = 0;
            ba = {address[8:0],1'b0};
            bd_in = data;
            repeat(8)@(posedge clk);
            #2;
            ncs4 = 1;
            nwr0_nwe = 1;
            ba = 10'b0;
        end
endtask

//模拟运行在 CPU 上的驱动程序发送数据帧,此时的 frame_len 不包括 CRC-32 校验值,
//CRC-32 校验值由 mac_t 添加
task cpu_send_frame;
input  [15:0]  frame_len;     //crc is not included
integer        i;
// tx_bp: 内部寄存器,用于记录 NIC 中发送缓冲区反压状态
// tx_data_fifo_bp: 内部寄存器,用于记录 NIC 中发送数据缓冲区剩余深度是否可以存储一个最大
//发送帧
reg            tx_bp;
reg            tx_data_fifo_bp;
reg            tx_ptr_fifo_full;
reg    [7:0]   temp;
begin
    i = 0;
    //CPU 发送数据帧之前需要先检查发送数据缓冲区是否可以容纳一个最大帧,
    //以及发送指针缓冲区是否非满,只有这两个条件同时满足时才能够发送数据帧,
    //否则需要进行等待
    tx_bp = 0;
    repeat(1)@(posedge clk);
    //读出发送数据 FIFO 的当前深度,计算剩余空间是否可以容纳一个最大帧
    cpu_rd(8'h15);
    if(bd_out > 2582) tx_data_fifo_bp = 1;    //2582 = 4096-1514,这里不包括 CRC-32 校验值
    else tx_data_fifo_bp = 0;
    //读出发送指针 FIFO 的深度状态,看发送指针缓冲区是否已满
    cpu_rd(16);
    if(bd_out) tx_ptr_fifo_full = 1;
    else tx_ptr_fifo_full = 0;
    tx_bp = tx_data_fifo_bp | tx_ptr_fifo_full;
    //如果可以发送,则继续,否则循环读出发送队列状态,判断是否可发送
    while(tx_bp) begin
        cpu_rd(8'h15);
        if(bd_out > 2582) tx_data_fifo_bp = 1;
        else tx_data_fifo_bp = 0;
        cpu_rd(16);
        if(bd_out) tx_ptr_fifo_full = 1;
        else tx_ptr_fifo_full = 0;
        tx_bp = tx_data_fifo_bp | tx_ptr_fifo_full;
        end
    //如果可以发送,按照输入的帧长发送数据帧,数据帧中的数据随机产生
```

```
//数据写入发送数据 FIFO 的操作通过循环对 8'h11 和 8'h12 写入实现
for(i = 0;i < frame_len;i = i + 1)begin
    temp = { $ random} % 255;
    cpu_wr(8'h11,{8'b0,temp[7:0]});
    cpu_wr(8'h12,1'b1);
    end
//待发送数据帧写入发送数据 FIFO 后,对 8'h13 和 8'h14 操作,写入其对应的指针
cpu_wr(8'h13,frame_len);
cpu_wr(8'h14,1'b1);
end
endtask
```

```
//CPU 接收数据帧的任务
task cpu_rcv_frame;
reg  [15:0]   rcv_ptr;
reg  [15:0]   length;
reg  [15:0]   i;
begin
    rcv_ptr = 0;
    length = 0;
    i = 0;
    repeat(1)@(posedge clk);
    //模拟 CPU 的数据接收操作,先监视中断是否有效,如果有中断请求,则开始接收操作过程
    while( interrupt_n) repeat(1)@(posedge clk);
    #2;
    //通过读地址 8'h20 产生接收指针读信号,通过读地址 8'h21 读出指针值
    //这里没有对指针中的接收帧状态信息进行判断,因为这是上层软件的工作,无论上层怎样处
    //理当前数据帧,都需要先将其读出
    cpu_rd(8'h20);
    cpu_rd(8'h21);
    rcv_ptr = bd_out;
    length = {4'b0,bd_out[11:0]};
    //根据读出指针中的长度信息,循环进行读操作,将数据帧读出
    for(i = 0;i < length;i = i + 1)begin
        //读出接收数据 FIFO 中的一个数据
        cpu_rd(8'h22);
        cpu_rd(8'h23);
        end
    end
endtask
```

```
//CPU 接收数据帧并将其发送到 mac_t,以进行环回测试的任务
task cpu_loop_frame;
reg  [15:0]  rcv_ptr;
reg  [15:0]  length;
reg  [15:0]  i;
begin
    rcv_ptr = 0;
    length = 0;
    i = 0;
    repeat(1)@(posedge clk);
```

```
                    //模拟 CPU 的数据接收操作,先监视中断是否有效,如果有中断请求,则开始接收过程
                    while(interrupt_n) repeat(1)@(posedge clk);
                    #2;
                    //通过读地址 8'h20 产生接收指针读信号,通过读 8'h21 读出指针值
                    //这里没有对指针中的接收帧状态信息进行判断,因为这是上层软件的工作,无论上层怎样处
                    //理当前数据帧,都需要先将其从 NIC 中读出
                    cpu_rd(8'h20);
                    cpu_rd(8'h21);
                    rcv_ptr = bd_out;
                    length = {4'b0,bd_out[11:0]};
                    for(i = 0;i < length;i = i + 1)begin
                        //读出接收数据 FIFO 中的一个数据
                        cpu_rd(8'h22);
                        cpu_rd(8'h23);
                        //下面的代码将接收数据帧(不含 CRC-32 校验值)写入发送数据缓冲区
                        if(i < length - 4)begin
                            cpu_wr(8'h11,bd_out);
                            cpu_wr(8'h12,1'b1);
                            end
                        end
                    //将接收的数据帧长度 - 4 写入发送指针 FIFO
                    length = length - 4;
                    cpu_wr(8'h13,length);
                    cpu_wr(8'h14,1'b1);
                    end
                endtask
                //通过 MII 端口发送数据帧给 mac_r
                task send_mac_frame;
                input    [10:0]  length;            //测试帧长度,不含 CRC-32 校验和
                input    [47:0]  da;                //目的 MAC 地址
                input    [47:0]  sa;                //源 MAC 地址
                input    [15:0]  len_type;          //长度类型字段
                input            crc_error_insert;
                integer          i;
                reg      [7:0]   mii_din;
                reg      [31:0]  fcs;
                begin
                    MII_RX_DV = 0;
                    MII_RXD = 0;
                    fcs = 0;
                    #2;
                    //初始化 CRC-32 校验运算电路内部寄存器
                    load_init = 1;
                    repeat(1)@(posedge MII_RX_CLK);
                    load_init = 0;
                    MII_RX_DV = 1;
                    //发送前导码和帧起始定界符
                    MII_RXD = 4'h5;
                    repeat(15)@(posedge MII_RX_CLK);
                    MII_RXD = 4'hd;
                    repeat(1)@(posedge MII_RX_CLK);
```

```
//发送数据帧
for(i = 0; i < length; i = i + 1)begin
    //产生 MAC 帧的帧头
    if      (i == 0)  mii_din = da[47:40];
    else if (i == 1)  mii_din = da[39:32];
    else if (i == 2)  mii_din = da[31:24];
    else if (i == 3)  mii_din = da[23:16];
    else if (i == 4)  mii_din = da[15:8] ;
    else if (i == 5)  mii_din = da[7:0]   ;
    else if (i == 6)  mii_din = sa[47:40];
    else if (i == 7)  mii_din = sa[39:32];
    else if (i == 8)  mii_din = sa[31:24];
    else if (i == 9)  mii_din = sa[23:16];
    else if (i == 10) mii_din = sa[15:8] ;
    else if (i == 11) mii_din = sa[7:0]   ;
    else if (i == 12) mii_din = len_type[15:8];
    else if (i == 13) mii_din = len_type[7:0];
    //产生 MAC 帧的数据
    else mii_din = { $ random} % 256;
    //start to send data
    MII_RXD = mii_din[3:0];
    calc_en = 1;
    crc_din = mii_din[7:0];
    d_valid = 1;
    repeat(1)@(posedge MII_RX_CLK);
    d_valid = 0;
    calc_en = 0;
    crc_din = mii_din[7:0];
    MII_RXD = mii_din[7:4];
    repeat(1)@(posedge MII_RX_CLK);
    end
    //发送 CRC-32 校验值
d_valid = 1;
if(!crc_error_insert) crc_din = crc_out[7:0];
else crc_din = ~crc_out[7:0];
MII_RXD = crc_din[3:0];
repeat(1)@(posedge MII_RX_CLK);
d_valid = 0;
MII_RXD = crc_din[7:4];
repeat(1)@(posedge MII_RX_CLK);

d_valid = 1;
if(!crc_error_insert) crc_din = crc_out[7:0];
else crc_din = ~crc_out[7:0];
MII_RXD = crc_din[3:0];
repeat(1)@(posedge MII_RX_CLK);
d_valid = 0;
MII_RXD = crc_din[7:4];
repeat(1)@(posedge MII_RX_CLK);

d_valid = 1;
```

```
            if(!crc_error_insert) crc_din = crc_out[7:0];
            else crc_din = ~crc_out[7:0];
            MII_RXD = crc_din[3:0];
            repeat(1)@(posedge MII_RX_CLK);
            d_valid = 0;
            MII_RXD = crc_din[7:4];
            repeat(1)@(posedge MII_RX_CLK);

            d_valid = 1;
            if(!crc_error_insert) crc_din = crc_out[7:0];
            else crc_din = ~crc_out[7:0];
            MII_RXD = crc_din[3:0];
            repeat(1)@(posedge MII_RX_CLK);
            d_valid = 0;
            MII_RXD = crc_din[7:4];
            repeat(1)@(posedge MII_RX_CLK);
            MII_RX_DV = 0;
            end
        endtask
//CRC-32 校验运算电路
        crc32_8023 u1_crc32_8023(
            .clk(MII_RX_CLK),
            .reset(!rstn),
            .d(crc_din[7:0]),
            .load_init(load_init),
            .calc(calc_en),
            .d_valid(d_valid),
            .crc_reg(crc_reg),
            .crc(crc_out)
            );
        endmodule
```

图 1-10 是通过 MII 接口向 mac_r 发送数据帧的仿真波形,数据帧中包括前导码、帧起始定界符以及数据帧自身,可以看出其符合 MII 接口规范。图 1-11 是 mac_r 接收数据帧并向接收队列中写入数据和指针的仿真波形,可以看出,接收数据缓冲区深度为 16'h68(十进制 104)字节(含 CRC-32 校验值),这与发送任务中指定的帧长 100(不含 CRC-32 校验值)相吻合,同时指针值也是 104。图 1-12 是通过 MII 接口接收数据帧并通过 CPU 接口读出的仿真波形,可以看出,mac_r 接收一个数据帧后,中断信号 interrupt_n 由 1 跳变为 0,等到接收指针被读出后,interrupt_n 由 0 跳变为 1,然后 CPU 通过总线接口将数据帧完整读出。图 1-13 是 CPU 接口发出数据帧并通过 mac_t 的 MII 接口输出的仿真波形,可以看出,CPU 首先向发送缓冲区写入一个数据帧,然后向发送指针缓冲区写入对应的指针,然后 mac_t 将该数据帧发出。

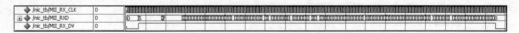

图 1-10　通过 MII 接口向 mac_r 发送数据帧的仿真波形

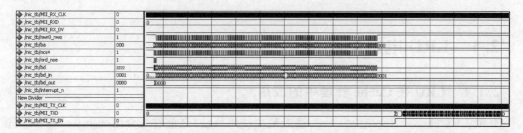

/nic_tb/u_nic/u_mac_r/data_fifo_din	00	00	55	f						00
/nic_tb/u_nic/u_mac_r/data_fifo_wr	0									
/nic_tb/u_nic/u_mac_r/data_fifo_depth	059	000								068
/nic_tb/u_nic/u_mac_r/ptr_fifo_din	0068	0000								0068
/nic_tb/u_nic/u_mac_r/ptr_fifo_wr	0	0000								0068
/nic_tb/u_nic/u_mac_r/ptr_fifo_full	0									

图 1-11 mac_r 接收数据帧并向接收队列中写入数据和指针的仿真波形

/nic_tb/MII_RX_CLK	0	
/nic_tb/MII_RXD	0	0
/nic_tb/MII_RX_DV	0	
/nic_tb/nwr0_nwe	1	
/nic_tb/ba4	000	000
/nic_tb/ncs4	1	
/nic_tb/nrd_noe	1	
/nic_tb/bd	zzzz	
/nic_tb/bd_in	0001	0000
/nic_tb/bd_out	0000	0000
/nic_tb/interrupt_n	1	

图 1-12 通过 MII 接口接收数据帧并通过 CPU 接口读出的仿真波形

/nic_tb/MII_RX_CLK	0	
/nic_tb/MII_RXD	0	0
/nic_tb/MII_RX_DV	0	
/nic_tb/nwr0_nwe	1	
/nic_tb/ba	000	
/nic_tb/ncs4	1	
/nic_tb/nrd_noe	1	
/nic_tb/bd	zzzz	
/nic_tb/bd_in	0001	0001
/nic_tb/bd_out	0000	0000
/nic_tb/interrupt_n	1	
New Divider		
/nic_tb/MII_TX_CLK	0	
/nic_tb/MII_TXD	0	0
/nic_tb/MII_TX_EN	0	

图 1-13 CPU 接口发出数据帧并通过 mac_t 的 MII 接口输出的仿真波形

## 第2章

LRU算法与电路实现

2.1　LRU 电路的功能

2.1.1　LRU 在 Cache 管理中的应用

介绍 LRU(Least Recently Used,最近最少使用算法)之前首先介绍一下 Cache,即高速缓冲存储器,它是 LRU 电路的重要应用场合之一。

在计算机系统中存在着不同类型的存储器,包括位于 CPU 内部的 Cache,基于动态存储器的内存,以及大容量硬盘。其中 Cache 位于 CPU 内部,容量有限,但访问速度最快;内存(也称为主存)为高速电子器件,容量通常可以达到几 GB,存储着与当前运行程序有关的指令和数据,访问速度不如 Cache,但也相对较快;硬盘的存储容量可以达到 TB 级别,属于非易失存储器,但访问速度相对更慢。

CPU 在运行程序时,会把硬盘中的程序加载到内存中,从内存中将当前执行的指令和数据读入 CPU 执行,然后将执行结果再写入内存中。通常来说,当前 CPU 正在使用的指令和数据,近期还可能会多次使用,这些指令和数据附近的内存区域也可能会被多次访问。基于此,在访问某一块存储区域后,CPU 会将其复制到 Cache 中,以后访问该区域的指令或者数据时,就不用再从内存中取出了,可以直接在 Cache 中进行查找,这样可以有效提升系统性能。从图 2-1 中可以看到,在计算机系统中,CPU 对其直接寻址的寄存器的访问速度最快,可以在一个时钟周期内实现访问;其次是 Cache,可以在几个时钟周期内实现访问;普通内存可以在几十个或几百个时钟周期内实现访问。虽然 Cache 的访问速度快,但是其存储容量小,所以 Cache 中存储的数据应为 CPU 接下来要多次使用的数据,这样可以提高处理性能,最大限度地发挥 Cache 的作用。

CPU 内部的 Cache 空间是有限的,当 Cache 写满后要继续写入指令和数据时需要覆盖其中的部分存储区域,具体覆盖哪个区域要根据一定的算法来决定,相关算法主要包括以下3 种。

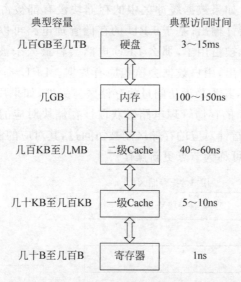

図 2-1　不同存储器存储容量及典型访问时间

（1）LRU 算法。LRU 是一种常见的缓存管理算法。LRU 算法的思想是，如果一个数据在最近一段时间没有被访问到，那么可以认为在将来它被访问的可能性也很小。因此，当 Cache 空间被占满需要进行部分清理时，最近没有被访问过的数据应最先被清理掉。

（2）FIFO(First-In-First-Out)算法。FIFO 算法是一种比较容易理解和实现的算法。它的思想是始终优先清理最先进入 Cache 的数据。

（3）LFU(Least Frequently Used)算法。LFU 算法的思想是，如果一个数据在最近一段时间被访问到的频率最低，那么可以认为在将来它被访问的可能性也很小。因此，当空间满时，访问频率最小的数据最先被清理。

Cache 可以被分割成大量的基本存储块，每个存储块有一个地址指针，LRU 算法可以对地址指针进行管理。当指令和数据需要存储在 Cache 中时，基于 LRU 算法的 LRU 电路确定可以使用哪些存储块，也就是说 LRU 电路可以确定哪些存储块中的数据最近被访问的最少。当该数据块中被存入新的指令和数据后，该存储块对应的指针被 LRU 算法确定为最近使用过的指针。此时的 LRU 电路主要有如下功能。

（1）返回最老存储块的地址。LRU 电路会将 Cache 中存储块的地址以环形链表结构存储，当需要在 Cache 中存储数据时，Cache 的写入电路会向 LRU 发起请求，LRU 会将最久未被访问过的地址作为应答输出。

（2）插入地址。当 CPU 访问 Cache 中的某个数据块后，会向 LRU 电路发起请求，将刚访问过的数据块的指针更新为最近刚使用的地址。

图 2-2 是一个基于 LRU 的存储器结构示意图，由用户数据存储区和 LRU 电路组成。图中包括 N 个存储块，每个存储块对应着一个指针，分别为 ptr_0～ptr_N−1，这里并不关心每个存储块的存储容量。LRU 电路由 LRU 链表存储区和 LRU 链表管理状态机组成。当外部电路希望将数据存储到某个存储块中时，它首先访问 LRU 电路，获取一个用于存储数据的自由指针，根据该指针可以得到存储块的访问地址。LRU 电路中，链表存储区中可以存储 N 个节点，每个节点中可以存储一个数据块的指针，节点在链表存储区中的存储地

址自身也可以作为指针。如果数据缓冲区中的存储块没有都被占用，那么 LRU 电路可以将一个未占用存储块的指针输出，基于 LRU 的存储管理电路可以将用户数据写入该存储块中。如果所有存储块都被占用了，那么 LRU 电路会将最久未被访问过的存储区的指针（通常称为最老的指针）输出，用户数据会覆盖原有数据。LRU 提供指针后，该指针会被插入到 LRU 链表头部，表示其为最近访问过的存储区。另外，如果用户电路访问了数据存储区的某个区域，基于 LRU 的存储管理电路会获取该存储块对应的指针，并向 LRU 电路发起指针插入操作，表示该指针对应的存储区刚被访问过，其对应的链表节点应该更新为最近访问的节点，这一操作也可称为节点更新操作。

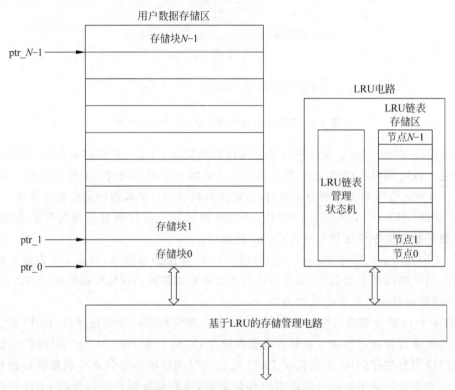

图 2-2　基于 LRU 的存储器结构图

2.1.2　LRU 电路在路由查找中的应用

　　LRU 电路的另一个用途是对查找表进行管理。例如，在以太网交换机这类网络设备中都存在转发表，为了降低芯片规模，转发表的容量通常都较小，如 1K、2K 等。目前的以太网交换机中都会采用转发表老化技术，只存储当前处于活跃状态的计算机的转发表项。此时，每个进入转发表的表项（存储着以太网的目的 MAC 地址及对应的输出端口）都有一个生存时间（例如 300s），老化管理电路每秒都会扫描所有的表项，将生存时间减 1，当某个表项的生存时间减到 0 时，将该表项清除，清理出来的存储空间供新建立的表项使用。我们也可以考虑使用 LRU 算法，此时，每个存储表项对应着一个 LRU 节点，LRU 节点之间构成链表结构。如果有新表项到达，转发表管理电路会向 LRU 申请一个自由节点，该节点给出的是可用存储空间的地址，转发表管理电路会将新表项写入该存储位置。对于 LRU 来说，如果此时转发表尚未满,那么它给出的是一个尚未被占用的表项存储空间;如果转发表已满,那么 LRU 给出的是当前最老表项的存储位置,新表项会覆盖最老的表项。

LRU 并不关心每个表项已经存在的绝对时间,只需要知道哪个表项是现有表项中最老的。如果新到达的数据帧进行输出端口查找时命中了某个现有表项,那么转发表管理电路会向 LRU 电路发出申请,将该表项更新为最近刚使用过的表项。

图 2-3 是一个基于 LRU 的转发表查找电路的结构图,由用户转发表存储区和 LRU 电路组成。图中包括 N 个转发表项,每个转发表项对应着一个指针,分别为 ptr_0～ptr_N-1,每个表项的存储内容通常包括目的地址、输出端口号等。LRU 电路由 LRU 链表存储区和 LRU 链表管理状态机组成。当外部电路希望将一个转发表项存储到某个存储区域时,它首先访问 LRU 电路,获取一个用于存储表项的自由指针,根据该指针可以得到表项的存储位置。LRU 电路中,链表存储区中可以存储 N 个节点,每个节点中可以存储一个表项的指针,节点在链表存储区中的存储地址自身也可以作为指针。如果用户转发表存储区没有被全部占用,那么 LRU 电路可以将一个未占用表项存储区的指针输出,用于存储新到达的表项。如果所有表项存储区都被占用了,那么 LRU 电路会将最久未被访问过的表项指针输出,用户数据会覆盖原有数据。LRU 电路提供指针后,该指针会被插入到 LRU 链表头部,表示其指向最近访问过的存储区。另外,如果用户电路访问了用户转发表存储区的某个区域,基于 LRU 的查找表电路会获取该表项对应的指针,通知 LRU 电路某个指针所指向的表项刚被访问过,其对应的节点应该更新为最近访问的节点,这一操作称为节点插入操作(也称为节点更新操作)。

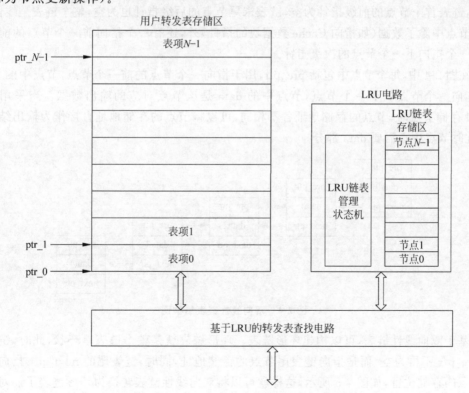

图 2-3 基于 LRU 的转发表查找电路结构图

2.2 LRU算法原理

　　LRU算法的核心思想是,如果数据最近被访问过,那么将来被访问的概率也更高,因此我们需要知道哪个数据刚刚被访问、哪个数据最久未被访问,需要写入数据时,就将最久未被访问的数据覆盖,因为将来该数据被访问的概率最低。要实现这种算法,最直观的想法就是给LRU电路管理的每个节点设置一个时间戳,记录相应数据最近一次被访问的时间。当存储资源用尽,新的数据到来时,就将时间戳最老的指针对应的存储区占用,然后将对应的指针打上当前时间戳,成为最新的。使用时间戳方案最大的问题是需要对LRU电路所管理的数据单元(如地址指针)的时间戳遍历一遍才能找到最老的,耗费的时间较长。另一种LRU算法不使用时间戳记录上次访问的时间,它使用环形链表结构来得到最久未使用数据的存储地址,这是我们分析的重点。

　　介绍该算法前首先要说明什么是双向链表。双向链表就像锁链一样,由很多环连在一起构成,环就是锁链的基本组成单元。与此类似,双向链表的基本组成部分是存储节点(简称节点)。锁链中的每一环都不是独立的,都与前面和后面的环相连;同样,双向链表中的每个节点也不是独立的,也与前、后单元相连,这种连接关系用前向和后向指针来建立,这里的指针是节点的存储地址。每个节点除了存储数据(即数据块的指针)外还存储一个前级指针和一个次(后)级指针。前级指针是前一个节点的地址,次级指针是下一个节点的地址,这样就将本来没有关系的存储节点通过前后级指针连接为一条链表。图2-4是一个线性双向链表,链表首个节点的前级指针为空,链表末尾节点的后级指针也为空,整个链表是线性的。每个节点中除了数据(如指向Cache数据块的指针)外,还有一个指向前一个节点的前级指针和一个指向下一个节点的次级指针。

　　在图2-4中,每个节点中包括pre_ptr,用于指向一个节点的前一个节点,节点中的next_ptr指向一个节点的下一个节点,节点中的data是该节点对应的输出数据。当采用一块RAM存储节点时,节点的存储地址各不相同,可以将节点的存储地址直接作为输出结果使用,此时节点中不需要data部分。

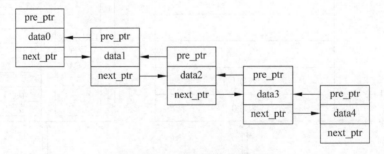

图 2-4　双向线性链表结构图

　　基于双向线性链表,可以构建环形链表。环形链表就是整个链表呈环状,此时,链表头的pre_ptr不再为空,而是指向链表尾节点的存储地址,同时,链表尾的next_ptr指向链表头节点的存储位置,如图2-5所示,这样就可以将双向线性链表转换为环形链表了。对于环形链表,只需要定义一个指向链表头的头指针即可,不需要定义专门的尾指针。

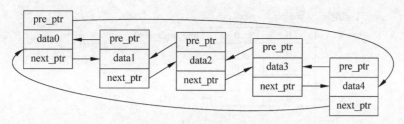

图 2-5 环形链表结构图

LRU 的算法原理如图 2-6 所示，这里假设 LRU 电路只管理着 5 个节点。图中每一个步骤的具体操作如下：

（1）如图 2-6(a) 所示，电路复位并完成初始化后，LRU 节点存储器被清零。LRU 节点存储器深度为 5，每个节点中存储着指向前一个节点的 pre_ptr 和指向下一个节点的 next_ptr，每个节点的存储地址是 LRU 电路输入和输出的具体值，对应着外部电路的 5 个存储块或者转发表的 5 个表项。表中的 free_node_id 用于指出当前可用的自由节点，该自由节点对应的外部资源目前处于空闲状态，未被占用；LRU_free_node 是外部有请求时实际输出的值，此处为 LRU 电路中自由节点的存储地址。

（2）如图 2-6(b) 所示，当外部电路发出第 1 个获取可用自由指针的请求（get_free_node_req）置 1 时，链表为空，所有节点对应的外部资源（存储块或转发表项存储区）均为空，此时 LRU 电路通过 LRU_free_node 信号输出节点 0 在链表存储区中的存储地址 0，通过将 get_free_node_ack 置 1，表示当前输出的就是可用外部资源的指针；同时，头指针值为 0，表示当前头节点为 0；free_node_id 的值由 0 增加为 1，表示下一个自由节点为 1。

（3）如图 2-6(c) 所示，当外部电路发出第 2 个获取可用自由指针请求（get_free_node_req）时，此时链表中只有一个被占用的节点，仍然有未占用的外部资源，LRU 电路通过 LRU_free_node 信号输出节点 1 在链表存储区中的存储地址 1，通过将 get_free_node_ack 置 1，表示当前输出的就是可用外部资源的指针；同时，头指针值置为 1，表示当前头节点为 1；free_node_id 的值由 1 增加为 2，表示下一个自由节点为 2。此时两个节点中存储的指针值如图中所示，节点 1 的前级节点和后级节点都是节点 0，节点 0 的前级节点和后级节点都是 1。

（4）如图 2-6(d) 所示，当外部电路发出第 3 个获取可用自由指针的请求（get_free_node_req）时，链表中有 2 个被占用的节点，仍然有未占用的外部资源，LRU 电路通过 LRU_free_node 信号输出节点 2 在链表存储区中的存储地址 2，通过将 get_free_node_ack 置 1，表示当前输出的就是可用外部资源的指针；同时，头指针值置为 2，表示当前头节点为 2；free_node_id 的值由 2 增加为 3，表示下一个自由节点为 3。此时 3 个节点中存储的指针值如图中所示，节点 2 插入到了节点 0 和节点 1 之间，成为最新节点。

（5）如图 2-6(e) 所示，当外部电路发出第 4 个获取可用自由指针的请求（get_free_node_req）时，链表中有 3 个被占用的节点，仍然有未占用的外部资源，LRU 电路通过 LRU_free_node 信号输出节点 3 在链表存储区中的存储地址 3，通过将 get_free_node_ack 置 1，表示当前输出的就是可用外部资源的指针；同时，头指针值置为 3，表示当前头节点为 3；free_node_id 的值由 3 增加为 4，表示下一个自由节点为 4。此时 4 个节点中存储的指针值如图中所示，节点 3 插入到了节点 0 和节点 2 之间，成为最新节点。

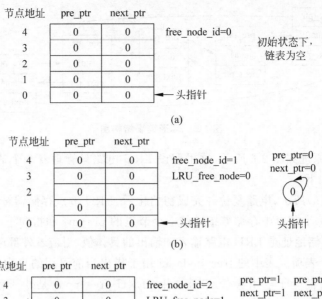

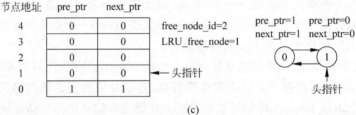

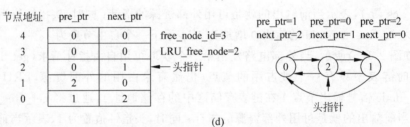

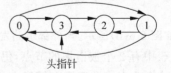

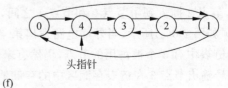

图 2-6 LRU 的算法原理

节点地址	pre_ptr	next_ptr
4	2	3
3	4	1
2	0	4
1	3	0
0	1	2

free_node_id=5
free_node_id=5
LRU_free_node=2
◀── 头指针

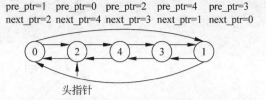

(g)

图 2-6 （续）

（6）如图 2-6(f)所示，当外部电路发出第 5 个获取可用自由指针的请求（get_free_node_req）时，链表中有 4 个被占用的节点，仍然有未占用的外部资源，LRU 电路通过 LRU_free_node 信号输出节点 4 在链表存储区中的存储地址 4，通过将 get_free_node_ack 置 1，表示当前输出的就是可用外部资源的指针；同时，头指针值置为 4，表示当前头节点为 4；free_node_id 的值由 4 增加为 5，它已经和表深度相等了，不再增加。此时 5 个节点中存储的指针值如图中所示，节点 4 插入到了节点 0 和节点 3 之间，成为最新节点。

此后，如果外部电路继续请求自由指针，那么 LRU 电路中已经没有空闲节点了，LRU 电路会依次输出链表中最老的节点，即 0、1、2、3 等，每次输出后，头指针会依次指向 0、1、2、3 等。

（7）如图 2-6(g)所示，当外部电路对节点 2 对应的存储器或转发表项进行操作后，向 LRU 电路发出节点插入请求（也称为节点更新请求），用于将 LRU 电路中现有的节点 2 设置为头节点。此时，其操作方式是先将节点 2 从环形链表中拆出来，然后将节点 3 和节点 1 连接起来；此后，将节点 2 插入到头节点和尾节点之间，即插入到节点 0 和节点 4 之间。

图 2-7 更形象地表示了图 2-6(a)～(f)中各操作对应的环形链表；图 2-8 是将节点 2 从环形链表中拆出，又插入到链表头时对应的环形链表结构。

对于 LRU 算法的电路实现，以 Cache 为例，进一步明确以下几点：

（1）环形链表的节点存储在一块 RAM 中，该 RAM 的深度与节点数相同，每个存储单元存储一个节点，每个节点的存储地址具有唯一性，对应着 LRU 电路外部的一个存储块、查找表项或者其他资源。例如，节点地址为 3，那么就对应着 Cache 中的存储块 3，如果链表中地址 3 为链表尾节点，说明 Cache 中的存储块 3 是目前最久未访问过的。

（2）当 LRU 链表未满（即 Cache 未被全部占用）时增加新节点，使用初始值为 0 的一个寄存器（如上面例子中的 free_node_id），递增记录输出节点值，同时 LRU 中的链表深度不断增加，直至链表长度达到存储深度。

（3）LRU 链表占满（即 Cache 被全部占用）后，如果有新的存储需求，那么 LRU 电路会将头节点的前一个节点（即尾节点）的存储地址输出，新到达的数据会覆盖其对应的存储空间。同时 LRU 中头节点指针会指向原来的尾节点，使之成为当前的最新节点。

（4）某个中间节点对应的 Cache 空间被访问后，其对应的节点通过节点插入（更新）操作成为当前的头节点。

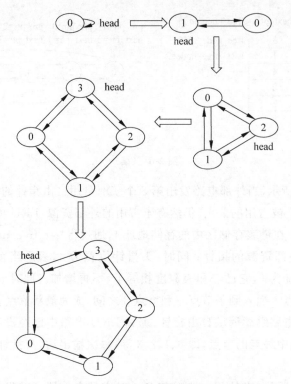

图 2-7 连续 5 次请求对应的环形链表

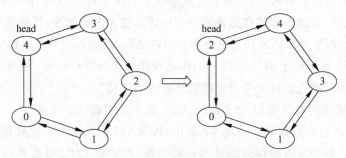

图 2-8 将节点 2 更新为最新节点时的环形链表

2.3 LRU 电路实现

2.3.1 电路符号图

LRU 电路的符号如图 2-9 所示。

参见表 2-1,电路接口中除时钟信号和复位信号外主要分为两部分。

(1) 向 LRU 电路申请空闲节点(指针)的信号。

外部电路通过这些信号向 LRU 电路申请一个空闲节点(自由指针),它指向一个可用的数据块。

get_free_node_req 用于向 LRU 发起获取自由指针的请求;

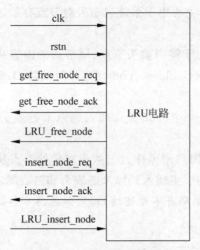

图 2-9　LRU 电路符号图

表 2-1　LRU 电路端口定义

接 口 名 称	I/O 类型	位宽/位	含 义
clk	I	1	系统时钟
rstn	I	1	复位信号,低电平有效
get_free_node_req	I	1	获取自由节点请求信号
get_free_node_ack	O	1	获取自由节点应答信号
LRU_free_node	O	16	获取的自由节点
insert_node_req	I	1	节点插入(更新)请求,注意这里待插入的节点是在链表中已经存在的节点。由于外部电路对该节点对应的资源(如数据存储区)进行了访问,使得该节点成为最近被使用过的节点,需要在链表中将其更新为最新节点
insert_node_ack	O	1	节点插入(更新)应答,表示请求被接受
LRU_insert_node	I	16	待插入(更新)的节点。它指向的外部资源刚被访问或使用过,因此它对应的链表中的节点应该更新为最新节点

get_free_node_ack 为 LRU 成功获取地址后给出的应答信号;

LRU_free_node 为获取的 16 位地址信息(本设计中,自由节点的位宽为 16 位,实际使用低 10 位)。

(2) 外部电路对某个存储块中的数据进行访问后,向 LRU 发出链表更新请求的信号。

insert_node_req 为插入新节点请求,此请求将一个链表中已有的节点更新为最近使用过的节点;

insert_node_ack 为节点插入(更新)成功应答;

LRU_insert_node 为要插入(更新)的 16 位节点地址。

2.3.2　电路状态图

为了便于进行代码分析,这里给出了代码中的状态跳转图,如图 2-10 所示,图中没有标出全部跳转条件,具体条件参见具体代码及相应的注释。该状态机主要包括以下分支:

（1）状态 0～20 的分支，主要用于系统启动后对节点存储区进行初始化，将所有节点存储区都清零。

（2）状态 0～4 的分支用于将当前头节点、尾节点的内容从节点存储区读出，存储在寄存器 LRU_latest_node 和 LRU_oldest_node 中，为后续输出最老节点、新链表头插入等操作做准备。

（3）状态 15～17 用于将一个已知节点插入到原来链表头和链表尾之间，成为新的链表头。

（4）状态 5～14 用于将用户刚操作过的数据对应的节点从原来的链表中拆出来，然后通过状态 15～17 将拆出来的节点插入到原来链表头和链表尾之间，成为新的链表头。

注意：状态机中的状态编码并不是连续的，例如状态 6 和状态 7 没有出现，这并不影响电路功能。

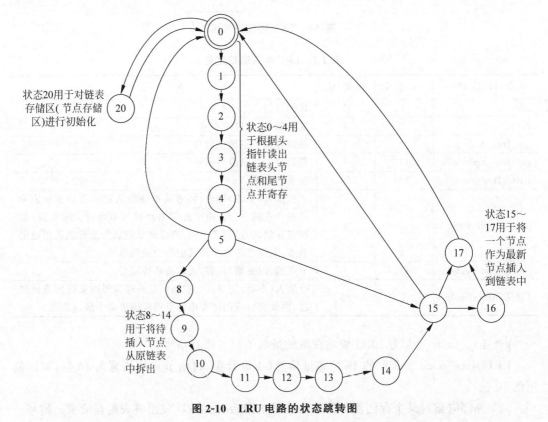

状态20用于对链表存储区(节点存储区)进行初始化

状态0～4用于根据头指针读出链表头节点和尾节点并寄存

状态15～17用于将一个节点作为最新节点插入到链表中

状态8～14用于将待插入节点从原链表中拆出

图 2-10　LRU 电路的状态跳转图

LRU 电路代码如下，可以对照前面的流程图分析理解代码的功能。

```verilog
`timescale 1ns / 1ps
module lru(
input                   clk,
input                   rstn,
//下面 3 个信号供外部电路获取可用自由节点(指针)
input                   get_free_node_req,
output   reg            get_free_node_ack,
output   reg   [15:0]   LRU_free_node,
```

//下面 3 个信号供外部电路申请将一个链表中现有的节点(指针)更新为最近使用过的节点(指针)
```verilog
input                    insert_node_req,
output   reg             insert_node_ack,
input             [15:0] LRU_insert_node
); parameter   NODE_DEPTH = 1024;


reg         [4:0]     state;
reg                   LRU_wr;
reg         [15:0]    LRU_head;
reg                   LRU_init;
reg         [15:0]    LRU_addr;   //LRU 存储器地址,低 10 位有效,现为 16 位,便于后续扩展
reg         [31:0]    LRU_din;         //LRU 存储器数据输入
wire        [31:0]    LRU_dout;        //LRU 存储器数据输出
reg                   LRU_one_node;    //指示当前链表中只有一个节点
reg         [15:0]    free_node_id;   //用于记录当前未使用节点的编号,详见代码中的说明
reg         [31:0]    LRU_latest_node;  //寄存链表中最新节点的内容
reg         [31:0]    LRU_oldest_node;  //寄存链表中最老节点的内容
reg         [31:0]    LRU_node_i;       //寄存链表中节点 i 中的内容
reg         [31:0]    LRU_node_next_i;  //寄存链表中节点 i 的下一个节点的内容
reg         [31:0]    LRU_node_pre_i;   //寄存链表中节点 i 的前一个节点的内容
always@(posedge clk or negedge rstn)begin
    if(!rstn)begin
        state <= #2 0;
        LRU_wr <= #2 0;
        LRU_addr <= #2 0;
        LRU_din <= #2 0;
        LRU_init <= #2 1;
        LRU_node_i <= #2 0;
        LRU_node_next_i <= #2 0;
        LRU_node_pre_i <= #2 0;
        LRU_latest_node <= #2 0;
        LRU_oldest_node <= #2 0;
        LRU_one_node <= #2 0;
        get_free_node_ack <= #2 0;
        LRU_free_node <= #2 0;
        insert_node_ack <= #2 0;
        free_node_id <= #2 0;
        LRU_head <= #2 0;
        end
    else begin
        get_free_node_ack <= #2 0;
        insert_node_ack <= #2 0;
        LRU_wr <= #2 0;
        case(state)
        0:begin
            LRU_wr <= #2 0;
            if(LRU_init) begin
                LRU_wr <= #2 1;
                LRU_addr <= #2 0;
                LRU_din <= #2 0;
                state <= #2 20;
```

```
              end
          else begin
              LRU_addr <= #2 LRU_head;
              state <= #2 1;
              end
          end
1:state <= #2 2;                 //等待一个时钟周期,等待节点存储器输出头节点内容
// =======================================================
//使用 LRU_latest_node 存储当前最新节点(头节点)中的内容
//头节点的[31:16]指向其前级节点,即最老的节点,链表尾节点
//使用 LRU_oldest_node 存储当前尾节点中的内容
// =======================================================
2:begin
      LRU_latest_node <= #2 LRU_dout;        //将链表头节点寄存
      LRU_addr <= #2 LRU_dout[31:16];        //读 RAM 中的链表尾节点
      state <= #2 3;
      end
3:state <= #2 4;                 //等待一个时钟周期,等待节点存储器输出尾节点的内容
4:begin
      LRU_oldest_node <= #2 LRU_dout;        //将链表尾节点内容寄存
      state <= #2 5;
      end
5:begin
      // =======================================================
      //收到 get_free_node_req 请求时:
      //free_node_id 初始值为 0,最大取值为 NODE_DEPTH-1,此处为 1023;
      //系统复位后,free_node_id 为 0,表示用户可以申请得到的第一个节点为 0;
      //外部用户每申请 1 次,free_node_id 值增加 1,链表长度也递增,直至
      //free_node_id 的值达到 NODE_DEPTH-1,此后收到获取节点请求时,
      //所有节点都是已经被占用的节点,需要将最老的节点取出
      // =======================================================
      if(get_free_node_req)begin
          //自由节点尚未被全部占用,直接将 free_node_id 作为自由节点输出
          get_free_node_ack <= #2 1;
          if(free_node_id < NODE_DEPTH)begin
              LRU_free_node <= #2 free_node_id[15:0];
              free_node_id <= #2 free_node_id+1;
              LRU_addr <= #2 LRU_head;
              state <= #2 15;   //跳到状态 15,将输出的自由节点插入到链表中
              end
          //如果没有未占用的自由节点,则将最老节点,即最新节点 LRU_latest_node
          //的前级节点输出,同时将该节点赋予 LRU_head,使之成为最新节点
          else begin
              LRU_head        <= #2 LRU_latest_node[31:16];
              LRU_free_node   <= #2 LRU_latest_node[31:16];
              state <= #2 0;
              end
          end
      // =======================================================
      //收到 insert_node_req 请求时:
      //如果待插入的节点 LRU_insert_node 就是当前的头节点,那么无须做任何操作;
```

```
        //如果待插入的节点是最老的节点,那么将 LRU_insert_node 直接赋予 LRU_head
        //即可;
        //如果待插入的节点是一个中间节点,那么操作较为复杂,需要先将其从原有的环路
        //中拆出来,然后再插入链表头部的最新节点和最老节点之间。状态 8～14 用于
        //将待插入节点从当前链表中拆出来,状态 15～17 用于将拆出的节点插入链表
        //的最新节点和最老节点之间
        // ========================================================
        else if(insert_node_req)begin            //插入请求
            insert_node_ack <= #2 1;
            //如果待插入节点为链表的头节点,那么无须任何操作
            if(LRU_insert_node == LRU_head)
                state <= #2 0;
            //如果待插入的节点为链表的尾节点,那么将其设为链表头即可
            else if(LRU_insert_node == LRU_latest_node[31:16])begin
                LRU_head <= #2 LRU_insert_node;
                state <= #2 0;
                end
            //如果待插入节点为中间节点,那么应首先将其从链表中读出来
            else begin
                LRU_free_node <= #2 LRU_insert_node;
                LRU_addr <= #2 LRU_insert_node;
                state <= #2 8;
                end
            end
    end
//////////////////////////////////////////////////////////////////
8:state <= #2 9;                                 //等待一个时钟周期
9:begin
    //用 LRU_node_i 存储待插入节点的内容
    LRU_node_i <= #2 LRU_dout[31:0];
    LRU_addr <= #2 LRU_dout[31:16];              //读取待插入节点的前一节点
    state <= #2 10;
    end
10:state <= #2 11;                               //等待一个时钟周期
11:begin
    LRU_node_pre_i <= #2 LRU_dout;               //将前一节点的内容寄存
    LRU_addr <= #2 LRU_node_i[15:0];             //读取待插入节点的下一节点
    state <= #2 12;
    end
12:state <= #2 13;                               //等待一个时钟周期
13:begin
    LRU_node_next_i <= #2 LRU_dout;              //将后节点内容寄存
    // ========================================================
    //更新待插入节点的前节点,将它与待插入节点的下一节点连接,此时的地址
    //为 LRU_node_i[31:16],它是待插入节点的前一节点,写入的数据为前
    //一节点的高位(即保持原值)和当前待插入节点的下一节点
    // ========================================================
    LRU_addr <= #2 LRU_node_i[31:16];
    LRU_din <= #2 {LRU_node_pre_i[31:16],LRU_node_i[15:0]};
    LRU_wr <= #2 1;
    state <= #2 14;
```

```
        end
14:begin
    // ■-------------------------------------------------------
    //更新待插入节点的后节点,将它与待插入节点的前一节点连接,此时的地址
    //为 LRU_node_i[15:0],它是待插入节点的下一节点,写入的数据为待
    //插入节点的高位及下一节点的低位(即低位保持原值)
    //更新完成后,待插入节点的前后节点将实现连接
    // =======================================================
    LRU_addr <= #2 LRU_node_i[15:0];
    LRU_din <= #2 {LRU_node_i[31:16],LRU_node_next_i[15:0]};   //更改前级
                                                              //指针
    LRU_wr <= #2 1;
    state <= #2 15;
    end
// ===========================================================
//状态 15~17 的功能是将一个节点插入到现有环形链表的最老节点和最新节点之间,
//该节点成为当前的最新节点。进行节点插入时,需要区分以下情况:
//(1)当前链表为空,新插入节点的前一节点和后一节点都是其自身;
//(2)当前链表中只有一个节点,新插入节点的前一节点和后一节点都是现有的这个节点;
//     原有的一个节点的前一节点和后一节点都是新插入的节点;
//(3)当前链表中有多于一个节点,新插入节点的前一节点是最老的节点,下一节点是
//     原来最新的节点;原来最老节点的下一个节点改为新插入节点;原来最新节点
//     的前一个节点是当前的最新节点
// ===========================================================
15:begin
    //下面更新原来的最新节点,它的地址是 LRU_oldest_node[15:0]
    LRU_addr <= #2 LRU_oldest_node[15:0];
    //链表头为空并且自由指针为 1,说明链表中一个节点也没有
    if(LRU_head == 0&free_node_id == 1)begin
        LRU_head <= #2 LRU_free_node;
        //因为只有一个节点,所以该节点前后级都指向自己
        LRU_din <= #2 {LRU_free_node[15:0],LRU_free_node[15:0]};
        LRU_wr <= #2 1;
        LRU_one_node <= #2 1;
        state <= #2 0;
        end
    else begin
        if(LRU_one_node)begin            //原链表中只有一个节点
            LRU_din <= #2 {LRU_free_node[15:0],LRU_free_node[15:0]};
            LRU_wr <= #2 1;
            LRU_one_node <= #2 0;
            state <= #2 17;
            end
        else begin
            LRU_wr <= #2 1;
            // =================================================
            //注意,此时待插入的节点是从链表中间拆出来的,待插入节点的值已经
            //赋给了 LRU_free_node[15:0]
            //更改原链表头节点,其后级指针不变,前级指针指向新节点
            // =================================================
            LRU_din <= #2 {LRU_free_node[15:0],LRU_latest_node[15:0]};
```

```verilog
                              state <= #2 16;
                          end
                      end
                  end
          16:begin
              //下面更新原来的尾节点,它的地址是 LRU_latest_node[31:16]
              LRU_addr <= #2 LRU_latest_node[31:16];
              //更改链表尾节点,前级指针不变,后级指针指向新节点
              LRU_din <= #2 {LRU_oldest_node[31:16],LRU_free_node[15:0]};
              LRU_wr <= #2 1;
              state <= #2 17;
              end
          17:begin
              //下面建立新的头节点,它的前节点是原尾节点,即 LRU_latest_node[31:16]
              //后节点是原头节点,即 LRU_oldest_node[15:0]
              LRU_addr <= #2 LRU_free_node;          //新的头节点的地址
              LRU_wr <= #2 1;
              LRU_din <= #2 {LRU_latest_node[31:16],LRU_oldest_node[15:0]};
              LRU_head <= #2 LRU_free_node;
              state <= #2 0;
              end
          // =================================================================
          //状态 20 用于对 LRU 存储器进行初始化,所有节点存储空间均写入 0
          // =================================================================
          20:begin
              if(LRU_addr < NODE_DEPTH - 1) begin      //将表中全写 0
                  LRU_addr <= #2 LRU_addr + 1;
                  LRU_din <= #2 0;
                  LRU_wr <= #2 1;
                  end
              else begin
                  LRU_wr <= #2 0;
                  LRU_init <= #2 0;
                  state <= #2 0;
                  end
              end
          endcase
      end
  end
//下面是 Xilinx FPGA 开发环境中生成的 RAM 核,其位宽为 32 位,深度为 1K
ram_w32_d1k u_LRU (
.clka(clk),
.wea(LRU_wr),
.addra(LRU_addr[9:0]),
.dina(LRU_din[31:0]),
.douta(LRU_dout[31:0])
);
endmodule
```

2.4 LRU 电路的仿真验证平台设计

测试代码中编写了两个任务 get_lru_task、insert_lru_task。get_lru_task 测试节点申请，insert_lru_task 测试节点插入。测试代码中，初始化完成后首先使用 get_lru_task 申请 5 个节点，随后使用 insert_lru_task 插入 2 个节点。

```verilog
`timescale 1ns / 1ps
module lru_tb;
// Inputs
reg clk;
reg rstn;
reg get_free_node_req;
reg insert_node_req;
reg [15:0] LRU_insert_node;

// Outputs
wire get_free_node_ack;
wire [15:0] LRU_free_node;
wire insert_node_ack;
always #5 clk = ~clk;
// Instantiate the Unit Under Test (UUT)
lru uut (
    .clk(clk),
    .rstn(rstn),
    .get_free_node_req(get_free_node_req),
    .get_free_node_ack(get_free_node_ack),
    .LRU_free_node(LRU_free_node),
    .insert_node_req(insert_node_req),
    .insert_node_ack(insert_node_ack),
    .LRU_insert_node(LRU_insert_node)
);

initial begin
    // Initialize Inputs
    clk = 0;
    rstn = 0;
    get_free_node_req = 0;
    insert_node_req = 0;
    LRU_insert_node = 0;
    // Wait 100 ns for global reset to finish
    #100;
    get_free_node_req = 0;
    insert_node_req = 0;
    repeat(10)@(posedge clk);
    rstn = 1;
    //调用 get_lru_task,连续 5 次向 LRU 电路申请自由节点
    get_lru_task(5);
    repeat(20)@(posedge clk);
```

```
//调用 insert_lru_task,将节点 2 插入,使之在链表中成为最新节点
insert_lru_task(2);
repeat(20)@(posedge clk);
//调用 insert_lru_task,将节点 0 插入,使之在链表中成为最新节点
insert_lru_task(0);
repeat(20)@(posedge clk);
end
```

//下面是 get_lru_task 任务的代码,它可以按照用户给出的 get_cnt 值,连续向 LRU 电路申请自由节点

```
task get_lru_task;                          //地址获取任务
input       [10:0]   get_cnt;               //获取地址个数
integer      i;
begin
    for(i = 0;i < get_cnt;i = i + 1)begin   //for 循环,每次循环获取一个节点
        get_free_node_req = 1;
        while(!get_free_node_ack) repeat(1)@(posedge clk);
        #2;
        get_free_node_req = 0;
        repeat(1)@(posedge clk);
        end
    end
endtask
```

//下面是 insert_lru_task 任务的代码,用于申请将链表中已有的节点更新为最新节点

```
task     insert_lru_task;
input   [9:0] insert_node;                  //待插入的节点地址
integer      i;
begin
    repeat(1)@(posedge clk);
    #2;
    insert_node_req = 1;                    //发起插入请求
    LRU_insert_node = insert_node;
    while(!insert_node_ack) repeat(1)@(posedge clk);
    #2;
    insert_node_req = 0;
    end
endtask
endmodule
```

2.5 LRU 电路仿真分析

2.5.1 LRU 中的链表建立操作仿真

下面是对所编写 testbench 用 ModelSim 仿真得到的波形。图 2-11 为调用 get_lru_task 任务得到的波形图,方框 1 中是我们需要观察的信号,包括 get_free_node_req(获取自由节点请求)、get_free_node_ack(获取自由节点应答)、LRU_free_node(获取的节点),图中的 LRU_head 用于寄存环形链表头节点的地址。仿真过程中,get_lru_task 携带的参数为 5,表示连续 5 次发出 get_free_node_req,同时收到 5 次 get_free_node_ack,此处我们只对前两次的请求进行分析。方框 2 是第一次请求的结果,可以看到 get_free_node_ack 出现高电

平前 get_free_node_req 请求会一直为 1，直到收到应答（get_free_node_ack 置 1 并保持 1 个时钟周期），同时 LRU_free_node 将获取的地址 16'h0000 输出。方框 3 中是 LRU_head 的值，为 16'h0000，保持原来的初始值，结果正确。此时链表结构如图 2-12(a) 所示。接下来是第二次请求，方框 4 中 LRU_free_node 为 16'h0001，结果正确。输出新节点地址后，方框 5 中 LRU_head 变为 16'h0001，结果正确。此时链表结构如图 2-12(b) 所示。后面的三次请求这里不做进一步详细说明，对应的链表结构如图 2-12(c)、(d)、(e) 所示。在 lru.v 的代码中，链表深度为 1024，节点地址为 0~1023，对于前 1024 个获取节点的请求，环形链表的长度会从 0 增加到 1024，因为链表中存在未被占用的空节点，对应外部电路存在着未被占用的资源。

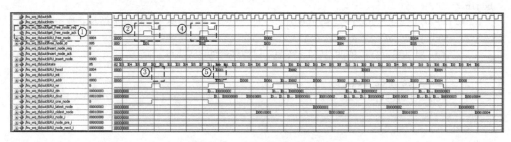

图 2-11　获取地址仿真图

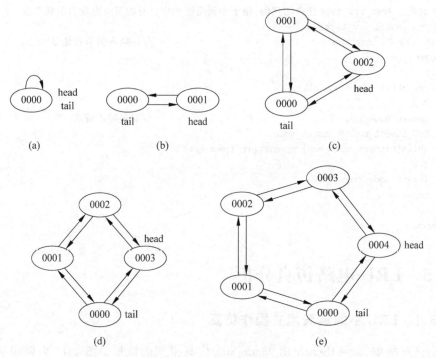

图 2-12　环形链表更新图

2.5.2　LRU 中的链表更新操作

如果外部电路对某个存储空间或某个查找表项进行了操作，那么相关资源对应的 LRU 节点需要更新为最新节点，通过节点插入操作来实现。在测试代码中，通过 insert_lru_task(2)

实现插入节点 2 的操作,具体仿真波形如图 2-13 所示。lru. v 在具体操作时,首先将节点 2
从双向链表中拆出来,然后插入到链表头部。当前链表头为 16'h0004,链表尾为 16'h0000,
16'h0002 为链表的中间节点。具体操作时,首先要把节点 2 的内容读出并寄存到 LRU_
node_i 中。如图 2-13(a)所示,方框 1 中的 LRU_addr 为要插入的地址 16'h0002,等待一个
时钟周期后 LRU_dout 输出地址 16'h0002 中存储的内容,该内容为 32'h00030001,说明节
点 16'h0002 前面节点的地址为 16'h0003,后面节点的地址为 16'h0001,随后方框 2 中 LRU_
node_i 将该值寄存。然后再将前面节点的内容读出并寄存,可以看到方框 3 中 LRU_addr
的值变为 16'h0002 的前节点地址 16'h0003,16'h0003 中的内容为 32'h00040002,节点
16'h0003 前节点地址为 16'h0004,后节点地址为 16'h0002。在方框 4 中,LRU_node_pre_i
变为 32'h00040002。最后读取中间节点 16'h0002 的后节点内容,方框 5 中 LRU_addr 值变
为 16'h0002 的后节点地址 16'h0001,等待数据读出后方框 6 中将 16'h0001 内存储的数据
32'h00020000 寄存到 LRU_node_next_i 中。

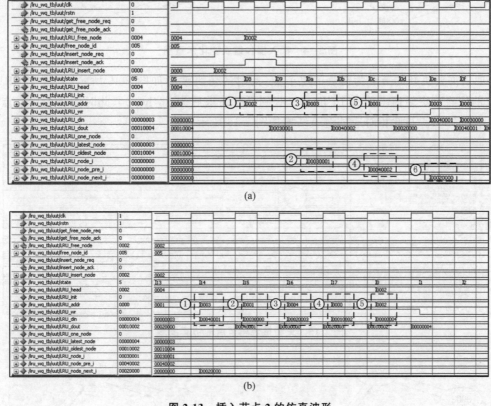

(a)

(b)

图 2-13　插入节点 2 的仿真波形

　　完成上述操作后,接下来要把节点 2 从链表中拆出来并插入到原链表的头和尾之间,如
图 2-13(b)所示。具体做法是,将 16'h0002 的前后节点 16'h0001 和 16'h0003 相连。方框 1
中 LRU_addr 为 16'h0003,LRU_din 为 32'h000040001,写入后将 16'h0003 的后节点更改
为 16'h0001,前节点不变。方框 2 中 LRU_addr 为 16'h0001,LRU_din 为 32'h00030000,写
入后将 16'h0001 的前节点更改为 16'h0003,后节点不变,这样就实现了节点 1 和 3 的连接。
此后,要把节点 2 插入到头节点 4 和尾节点 0 之间。方框 3 中 LRU_addr 为 16'h0004,LRU_

din 为 32'h00020003,写入后将 16'h0004 的前节点更改为 16'h0002,后节点不变。方框 4 中 LRU_addr 为 16'h0000,LRU_din 为 32'h00010002,写入后将 16'h0000 的后节点更改为 16'h0002,前节点不变。最后方框 5 中 LRU_addr 为 16'h0002,LRU_din 为 32'h00000004,写入后将 16'h0002 的前节点更改为 16'h0000,后节点更改为 16'h0004。到此时为止,地址 16'h0002 的更新操作全部完成,可以看到,现在的链表头为 16'h0002,链表尾保持不变。

图 2-14 为环形链表更新前后的变化。

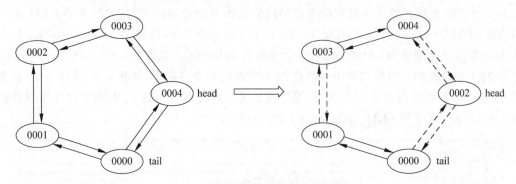

图 2-14 插入操作链表变化示意图

如果需要更新的节点为链表的尾节点,此时的仿真波形如图 2-15 所示,方框中 LRU_ head 的值收到更新请求前为 16'h0002,收到更新请求后为 16'h0000,此时的链表尾节点更新为 16'h0001。与此相对应的链表结构如图 2-16 所示。

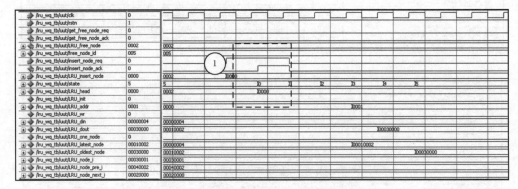

图 2-15 更新链表尾节点的仿真波形

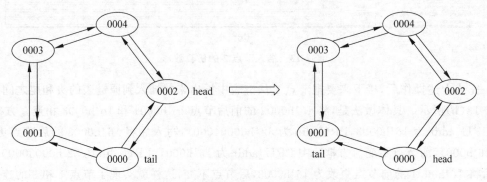

图 2-16 更新链表尾节点后的链表结构

## 第3章

典型帧同步电路

帧同步电路是通信系统中的基本电路,本章将重点分析 E1 串行帧同步电路和同步数字体系(Synchronous Digital Hierarchy,SDH)中的 STM-16 并行帧同步电路,相关设计思路可以广泛应用于同类电路设计中。

3.1 PDH E1 帧同步电路

在传输系统中,需要利用帧同步电路从接收的数据流中检测发送端固定插入的某个特殊的码型以实现帧同步。只有在正确实现帧同步后,才能够对一个帧中所包括的不同时隙以及信息进行有效识别和区分。下面以通信系统中常用的 E1 帧同步电路为例进行分析。

E1 是我国和欧洲采取的一种数字复用传输体制,它的帧结构如图 3-1 所示。它的每一

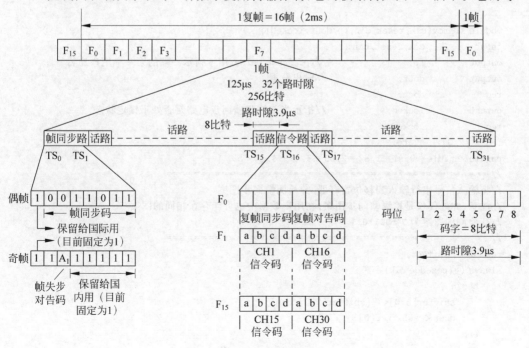

图 3-1　E1 帧结构

帧包括 32 个时隙(Time Slot,TS),每个时隙内传送 8 个比特,其中偶数帧时隙 0 的低 7 个比特反复发送帧同步码,用于供接收端进行数据同步。在接收端,只有先实现了帧同步才能够准确区分出哪 8 个比特是一组、分别属于哪个时隙,所以完善的同步电路非常重要。

图 3-2 是帧同步电路的电路符号图,图 3-3 是帧同步电路状态机。在建立帧同步时,为了避免被数据流中与同步码具有相同码型的数据所干扰,只有连续 3 次在同一位置都发现帧同步码时才认为建立了同步;在建立同步后,为了避免传输误码的影响,只有连续 3 次在应该出现帧同步码而未出现时才认为帧同步丢失。这种保护机制可以使电路的可靠性大大提高。

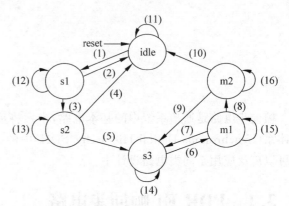

(1): fp_pattern为"1"
(3),(5),(7),(9): fp_pattern&(cnt==511)为"1"
(2),(4),(6),(8),(10): fp_pattern&(cnt==511)为"0"
(11): fp_pattern为"0"
(12),(13),(15),(16): cnt==511为"0"
(14): fp_pattern&(cnt==511)为"1"或cnt==511为"0"

图 3-2　E1 帧同步电路符号图　　　　图 3-3　E1 帧搜索电路状态机

```
module E1_rcv(clk, reset, din, fp, dout, locked);
    input       clk, reset, din;
    output      fp;                  //fp: frame pulse,用于指示一帧的第一个用户比特
    output      dout;                //输出数据
    reg         dout;
    output      locked;             //指示当前接收帧同步电路是否处于锁定状态
    reg         locked;
    reg  [2:0]  state;
    parameter idle = 0, s1 = 1, s2 = 2, s3 = 3, m1 = 4, m2 = 5;
    // ================================================
    //将输入信号串行输入到移位寄存器,并检测帧同步图案
    //注意,此处仅仅是检测帧同步图案,在用户数据中也可能存在相同的图案
    //待检测的图案为 7'b0011011
    // ================================================
    reg [6:0] shifter;
    always @ (posedge clk)
        begin
            shifter[6:0] <= {shifter[5:0], din};
            dout <= shifter[0];
        end
```

```
assign fp_pattern = (shifter[6:0] == 7'b0011011)?1:0;
//计数器 cnt 用于进行帧长计数
reg [8:0] cnt;
wire cnt_clr;
always @(posedge clk or posedge reset)
    if(reset)cnt <= 0;
    else if(cnt_clr) cnt <= 0;
    else if(cnt < 511) cnt <= cnt + 1;
    else cnt <= 0;
assign cnt_clr = ((state == idle)&&fp_pattern)?1:0;
//帧同步搜索状态机
always @(posedge clk or posedge reset)
    if(reset)begin
        state <= 0;
        locked <= 0;
        end
    else
        case(state)
        idle:begin
            locked <= 0;
            if(fp_pattern)    state <= s1;
            else   state <= idle;
            end
        s1:begin
            if(cnt == 511)begin
                if(fp_pattern) state <= s2;
                else state <= idle;
                end
            else state <= s1;
            end
        s2:begin
            if(cnt == 511)begin
                if(fp_pattern) begin state <= s3;locked <= 1;end
                else state <= idle;
                end
            else state <= s2;
            end
        s3:begin
            if(cnt == 511)begin
                if(fp_pattern) state <= s3;
                else state <= m1;
                end
            else state <= s3;
            end
        m1:begin
            if(cnt == 511)begin
                if(fp_pattern) state <= s3;
                else state <= m2;
                end
            else state <= m1;
            end
```

```
            m2:begin
                if(cnt == 511)begin
                    if(fp_pattern) state <= s3;
                    else begin
                        state <= idle;
                        locked <= 0;
                        end
                    end
                else state <= s2;
                end
            default: state <= idle;
            endcase
    assign fp = locked&fp_pattern&(cnt == 511);
    endmodule
```

对这段代码进行有效验证时需要考虑状态机各个路径的完全覆盖和输入数据的随机性。为了完全覆盖所有状态机路径，我们需要仔细设计多个测试序列；为了实现数据的随机化，我们使用系统任务 $random 产生随机数据。下面是具体的验证代码。

```
`timescale 1ns / 1ps
module e1_rcv_test_v;
reg clk;
reg reset;
reg din;
wire fp;
wire dout;
wire locked;
reg [6:0] frame_pattern;
integer m;
always begin   #20 clk = 1;   #20 clk = 0;   end
initial begin
    clk = 0;   reset = 1;din = 0;
    #100;     reset = 0;
    repeat(1)@(posedge clk);
    #2;
    //测试 idle -> s1 -> idle 路径
    frame_pattern = 7'b1101100;
    send_frame_fixed(frame_pattern);
    send_frame_fixed(~frame_pattern);
    //测试 idle -> s1 -> s2 -> idle 路径
    send_frame_fixed(frame_pattern);
    send_frame_fixed(frame_pattern);
    send_frame_fixed(~frame_pattern);
    //测试 idle -> s1 -> s2 -> s3 -> m1 -> s3 路径
    send_frame_fixed(frame_pattern);
    send_frame_fixed(frame_pattern);
    send_frame_fixed(frame_pattern);
    send_frame_fixed(~frame_pattern);
    send_frame_fixed(frame_pattern);
    //测试 idle -> s1 -> s2 -> s3 -> m1 -> m2 -> s3 路径
    send_frame_fixed(frame_pattern);
```

```
        send_frame_fixed(frame_pattern);
        send_frame_fixed(frame_pattern);
        send_frame_fixed(~frame_pattern);
        send_frame_fixed(~frame_pattern);
        send_frame_fixed(frame_pattern);
        //测试 idle->s1->s2->s3->m1->m2->idle 路径
        send_frame_fixed(frame_pattern);
        send_frame_fixed(frame_pattern);
        send_frame_fixed(frame_pattern);
        send_frame_fixed(~frame_pattern);
        send_frame_fixed(~frame_pattern);
        send_frame_fixed(~frame_pattern);
        //发送用户数据为随机数的 E1 帧
        for(m = 0;m <= 100;m = m + 1) send_frame_random(frame_pattern);
    end
//发送 E1 帧的任务,用户数据为固定值
task send_frame_fixed;
input [6:0] frame_pattern;
reg [9:0] i,j;
reg [7:0] data;
begin
    for(i = 0;i < 64;i = i + 1)begin
        data = 8'b10011001;
        for(j = 0;j <= 7;j = j + 1)begin
            repeat(1)@(posedge clk);
            #2;
            if(i == 0) begin
                if(j == 0) din = 0;
                else din = frame_pattern[j - 1];
                end
            else din = data[j];
            end
        end
    end
endtask
//发送 E1 帧的任务,用户数据为随机数
task send_frame_random;
input [6:0] frame_pattern;
reg [9:0] i,j;
reg [7:0] data;
begin
    for(i = 0;i < 64;i = i + 1)begin
        data = $ random % 256;
        for(j = 0;j <= 7;j = j + 1)begin
            repeat(1)@(posedge clk);
            #2;
            if(i == 0) begin
                if(j == 0) din = 0;
                else din = frame_pattern[j - 1];
                end
            else din = data[j];
            end
        end
    end
```

```
endtask
E1_rcv u1 (.clk(clk), .reset(reset), .din(din), .fp(fp), .dout(dout), .locked(locked));
endmodule
```

这段测试代码中包括两个 E1 帧发送任务：一个发送的是固定的用户数据，可以用于测试状态机所有的跳转流程；另一个是发送随机数据的，用户数据在 $0 \sim 255$ 范围内以等概率出现，使仿真过程更接近于实际。

3.2 SDH 帧同步电路

SDH 传输系统中，同样需要在数据帧接收方进行帧同步。STM-N 的帧结构如图 3-4 所示，每一帧包括 9 行和 $270 \times N$ 列。对于 STM-1，$N=1$，一帧包括 9 行、270 列。STM-N 帧包括 4 部分：位于左上侧的段开销区（再生段开销）、左下侧的段开销区（复用段开销）、再生段开销和复用段开销之间的管理单元指针区和位于右侧的净荷区。图 3-4 的下方给出了 STM-N 帧的基本参数和说明。

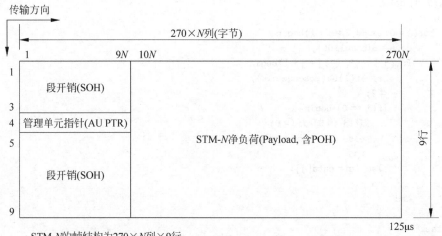

· STM-N的帧结构为$270 \times N$列×9行
· 重复周期为125μs
· 分为3个主要区域(SOH, AU PTR, Payload)
· 目前N只取1, 4, 16和64

图 3-4　STM-N 的帧结构

图 3-5 给出了 STM-N 数据帧的发送与接收处理过程，这里以 $N=1$ 为例进行分析。发送时，一个 STM-1 帧从第一行开始发送，连续发送 9 行，形成发送字节流，此时字节流的时钟频率为 19.44MHz。在线路发送侧，使用了 SerDes（串并-并串转换芯片），19.44MHz 的时钟经过 8 倍频，形成 155.52MHz 的线路时钟，将并行的字节流变换为串行的比特流，然后经过电-光转换发送至光纤线路。在接收方向上，输入的 STM-1 光信号经过光-电转换、接收放大、时钟恢复和判决后得到 155.52Mbps 的数据流和 155.52MHz 的接收时钟，此时需要进行 STM-1 的帧同步以寻找接收数据流的字节边界和帧边界，然后将接收数据流串并变换为 19.44Mbps 的字节流，从中可以恢复出 STM-1 的完整帧结构，以便于进行开销和净荷处理。

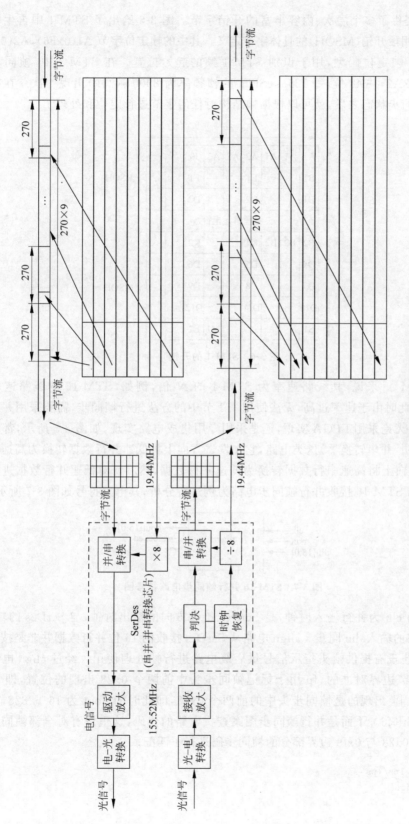

图 3-5 STM-1 数据帧的发送和接收过程

　　SDH 中提供了多个层次、内容丰富的开销字节。图 3-6 给出了 STM-1 中再生段开销(RSOH)和复用段开销(MSOH)的具体字节定义。其中的帧定位字节 A1(0xF6)，A2(0x28)组合序列构成了帧定位码型，用于识别 STM-1 帧的起始位置。在 STM-1 中，帧同步码为 A1A1A1A2A2A2，共 48 位，每 125μs(SDH 的帧频率为 8000 帧/秒)出现一次。在接收方向上，进入帧同步状态之后，就可以根据帧结构对任何字节进行定位和处理了。

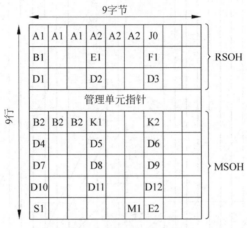

图 3-6　STM-1 的开销

　　对于 STM-N 来说，其线路速率为 STM-1 的 N 倍，例如，STM-16 的线路速率约为 2.488Gbps。此时由于速率过高，无法使用 3.1 节中的方法进行帧同步，需要采用并行方式实现帧同步。无论采用 FPGA 实现，还是采用专用集成电路实现，如图 3-5 所示，都需要使用 SerDes(串并-并串转换器)这类电路，它在发送方向上将低速并行数据转换为高速串行数据；在接收方向上将高速串行数据转换为低速并行数据，然后针对低速并行数据进行同步查找。下面以 STM-16 接收并行帧同步电路为例进行分析，其电路符号如图 3-7 所示。

图 3-7　STM-16 并行帧同步电路符号图

　　电路中的 clk 为并行输入时钟，是 SerDes 接收方向的输出时钟，与 SerDes 的输出，即并行同步电路的输入 din 同步。align 电路从 SerDes 接收的 16 位并行数据并非是按照字节边界对准的，也没有提供帧头指示信号供后级电路进行帧处理使用。经过 align 电路处理后，dout 为字节边界对准的，fp 用于标记帧同步头中前两个 0x28 出现的位置，即 fp 为 1时，dout[15:0]上出现的是帧同步头中的前两个 0x28，即此时的 dout 为 16'h2828，其前一个数据为 16'hf6f6。下面是并行帧同步图案查找电路的代码，这里没有对全部帧同步头进行匹配，只对 0x28 与 0xf6 边界部分的帧同步码进行了匹配。

```
`timescale 1ns/1ps
module align(
input            clk,
input            rstn,
```

```
input        [15:0]    din,
output   reg           locked,
output       [15:0]    dout,
output                 fp
);
//使用两个寄存器将输入的并行数据进行移位寄存
reg  [15:0]  reg0,reg1,data;
always @(posedge clk) begin
    reg0 <= #2 din;
    reg1 <= #2 reg0;
    end
// ============================================================
//基于被寄存的数据,按照16种可能的帧起始位置组合出16个信号,
//其中必然有一个是按照所需的字节边界对准的。sel用于从16个组合
//信号中选出一个进行帧同步。sel初始值为0,在足够长的时间内如果
//无法实现帧同步,则sel增加为1,继续进行帧同步,直到sel增加到
//15。如果仍不能实现帧同步,则循环进行。如果sel在取某个值时
//实现了帧同步,帧同步电路进入锁定状态,那么sel保持此时的值
//下面的g0~gf是16种输入数据的拼接组合方式,帧同步状态机会通
//过sel依次对这16种组合进行选择和帧同步检测
// ============================================================
reg  [3:0]   sel;
wire [15:0]  g0,g1,g2,g3,g4,g5,g6,g7,g8,g9,ga,gb,gc,gd,ge,gf;
assign g0 = reg1;
assign g1 = {reg1[14:0],reg0[15]};
assign g2 = {reg1[13:0],reg0[15:14]};
assign g3 = {reg1[12:0],reg0[15:13]};
assign g4 = {reg1[11:0],reg0[15:12]};
assign g5 = {reg1[10:0],reg0[15:11]};
assign g6 = {reg1[9:0],reg0[15:10]};
assign g7 = {reg1[8:0],reg0[15:9]};
assign g8 = {reg1[7:0],reg0[15:8]};
assign g9 = {reg1[6:0],reg0[15:7]};
assign ga = {reg1[5:0],reg0[15:6]};
assign gb = {reg1[4:0],reg0[15:5]};
assign gc = {reg1[3:0],reg0[15:4]};
assign gd = {reg1[2:0],reg0[15:3]};
assign ge = {reg1[1:0],reg0[15:2]};
assign gf = {reg1[0],reg0[15:1]};

always @(posedge clk)
    case(sel)
    4'h0:data <= #2 g0;
    4'h1:data <= #2 g1;
    4'h2:data <= #2 g2;
    4'h3:data <= #2 g3;
    4'h4:data <= #2 g4;
    4'h5:data <= #2 g5;
    4'h6:data <= #2 g6;
    4'h7:data <= #2 g7;
    4'h8:data <= #2 g8;
```

```
        4'h9:data <= #2 g9;
        4'ha:data <= #2 ga;
        4'hb:data <= #2 gb;
        4'hc:data <= #2 gc;
        4'hd:data <= #2 gd;
        4'he:data <= #2 ge;
        4'hf:data <= #2 gf;
    endcase
// =================================================================
//使用寄存器对当前选择的数据进行寄存,判断是否符合帧同步图案要求,
//如果符合帧同步图案,则 fp 输出 1,否则输出 0。此处产生帧同步脉冲
//的条件是(data1 == 16'hf6f6)&(data0 == 16'h2828)
// =================================================================
reg  [15:0]  data0,data1;
always @(posedge clk)begin
    data0 <= #2 data;
    data1 <= #2 data0;
    end
assign  fp = (data1 == 16'hf6f6)&(data0 == 16'h2828);
assign dout = data0;


//下面是进行帧字节计数的计数器,每计满一帧的长度时产生一个帧脉冲,
//此时,fp 为 1。对于 STM-16,一个帧的长度为 38880 字节,目前数据位宽
//为 2 字节,因此计数值为 0~19439
reg  [2:0]    state;
reg  [14:0]   cnt;
wire          fp_cnt;
assign  fp_cnt = (cnt == 19439)?1:0;
// ========================================================
//下面的代码用于设置 shift_cnt 计数器,如果其计满 10 个帧长度的时间内
//没有实现帧同步,则增加 sel 的值。如果实现了同步锁定,则其不再计数,
//sel 值也保持不变
// ========================================================
reg  [18:0]  shift_cnt;
always @(posedge clk or negedge rstn)
    if(!rstn)begin
        sel <= #2 0;
        shift_cnt <= #2 0;
        end
    else begin
        if(!locked) begin
            if(shift_cnt == 194400) begin //194400 为接收 10 个帧时的计数值
                shift_cnt <= #2 0;
                if(sel == 4'b1111) sel <= #2 0;
                else sel <= #2 sel + 1;
                end
            else begin
                shift_cnt <= #2 shift_cnt + 1;
                end
            end
        end
```

```
// ========================================================
//下面是帧同步状态机,其工作机制与 E1 串行帧同步电路相同
// ========================================================
always @(posedge clk or negedge rstn)
    if(!rstn)begin
        state <= #2 0;
        locked <= #2 0;
        cnt <= #2 0;
        end
    else begin
        case(state)
        0:begin
            if(fp_cnt) cnt <= #2 0;
            else cnt <= #2 cnt + 1;
            if(fp)begin
                cnt <= #2 0;
                state <= #2 1;
                end
            end
        1:begin
            cnt <= #2 cnt + 1;
            if(fp_cnt)begin
                if(fp) begin
                    cnt <= #2 0;
                    state <= #2 2;
                    end
                else begin
                    cnt <= #2 0;
                    state <= #2 0;
                    end
                end
            end
        2:begin
            cnt <= #2 cnt + 1;
            if(fp_cnt)begin
                if(fp) begin
                    cnt <= #2 0;
                    state <= #2 3;
                    end
                else begin
                    cnt <= #2 0;
                    state <= #2 0;
                    end
                end
            end
        3:begin
            cnt <= #2 cnt + 1;
            if(fp_cnt)begin
                if(fp) begin
                    cnt <= #2 0;
                    locked <= #2 1;
```

```verilog
                            state <= #2 3;
                        end
                    else begin
                        cnt <= #2 0;
                        state <= #2 4;
                        end
                    end
                end
            4:begin
                cnt <= #2 cnt + 1;
                if(fp_cnt)begin
                    if(fp) begin
                        cnt <= #2 0;
                        locked <= #2 1;
                        state <= #2 3;
                        end
                    else begin
                        cnt <= #2 0;
                        state <= #2 0;
                        end
                    end
                end
        endcase
        end
endmodule
// ========================================================
//下面是并行帧同步电路的测试代码
// ========================================================
`timescale 1ns / 1ps
module align_tb;
// Inputs
reg         clk;
reg         rstn;
reg [15:0]  din;
always #5 clk = ~clk;
// Outputs
wire        locked;
wire [15:0] dout;
wire        fp;
//下面是例化的 align 电路
align uut (
    .clk(clk),
    .rstn(rstn),
    .din(din),
    .locked(locked),
    .dout(dout),
    .fp(fp)
);
initial begin
    // Initialize Inputs
    clk = 0;
```

```
        rstn = 0;
        din = 0;
        // Wait 100 ns for global reset to finish
        #100;
        rstn = 1;
        repeat(100) @(posedge clk);
        #1;
        // Add stimulus here
        forever   frame_gen;
end


// =====================================================
//此信号为辅助信号,用于标识所生成测试帧的起始位置,便于
//观察仿真波形,找到仿真激励的帧起始位置
// =====================================================
reg       pulse;
initial pulse = 0;
// =====================================================
//下面的任务用于生成测试帧,帧同步电路将 16'hf6f6 和
//16'h2828 之间的边界作为帧同步检测的边界,下面的任务模拟
//din,其边界为 16'hf628,因此帧同步电路需要经过 8 次
//移位才能得到所需要的帧边界
// =====================================================
task frame_gen;
integer i;
begin
    for(i = 0;i < 19_440;i = i + 1)begin
        pulse = 0;
        if(i == 0) din = 16'hf6f6;
        else if(i == 1) begin
            din = 16'hf6f6;
            pulse = 1;
            end
        else if(i == 2) din = 16'hf628;
        else if(i == 3) din = 16'h2828;
        else if(i == 4) din = 16'h2828;
        else   din = ( $ random) % 16'hffff;
        repeat(1)@(posedge clk);
        #1;
        end
    end
endtask
endmodule
```

图 3-8 是并行帧同步电路的仿真波形,可以看出,din 的输入为 16'hf628,其边界没有对齐。图中的输出 fp 为 1 时,dout 为 16'h2828,其前一个值为 16'hf6f6,输出结果是正确的。

图 3-8 并行帧同步电路仿真波形

## 第4章

CAM和TCAM电路的设计与应用

本章重点介绍通常应用于以太网交换机转发表查找中的内容可寻址存储器 CAM (Content Addressable Memory)和应用于路由器中路由表查找的三态内容可寻址存储器 TCAM(Ternary CAM)。

以太网查找电路用于实现源 MAC 地址学习和根据目的 MAC 地址查找输出端口的功能,是以太网交换机中的核心电路之一。路由器中采用最长前缀匹配查找,当有多个表项同时可以匹配成功时,以前缀最长的表项对应的查找结果为最终查找结果。下面分别对两者加以介绍。

4.1 基于 CAM 的以太网查找电路

CAM 是目前使用较多的硬件查找电路,是 RAM 技术的一种延伸。RAM 根据用户提供的地址对相应的存储单元进行读写,RAM 的存储容量取决于地址线位宽,数据宽度可以根据需要进行相应的扩展。相比于 RAM,CAM 是将当前输入数据与所有表项存储的内容(又称为关键字)进行比较(或者说匹配),确定哪个表项中存储的关键字与当前输入一致,然后输出表项存储的地址。

图 4-1 是 CAM 的工作原理示意图。图中左侧是 CAM 的存储单元,在存储单元中存储着待匹配的关键字,此处为以太网的 MAC 地址。在图 4-1 中,假设输入的待匹配 MAC 地址为 48'h010203040506,那么该 MAC 地址会和 CAM 内部所有表项中的关键字进行一一比对,结果发现其与索引(地址)为 1003 的表项中存储的关键字一致,因此比对后输出结果为 1003。此后,以 CAM 输出的 1003 作为地址读存储了查找结果的数据存储区,数据存储区采用普通的 RAM 实现,其地址 1003 中存储了本次查找的最终结果。

CAM 能够在一个时钟周期内并行实现与所有表项的匹配操作并返回匹配表项的地址信息,具有很高的查找速度。CAM 可以用于对数据包特定字段进行精确匹配查找,可以满足很多应用的查找需求。

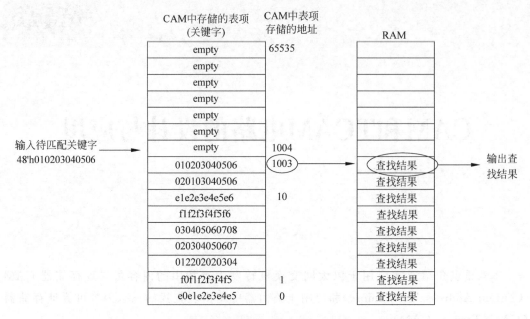

图 4-1　CAM 的工作原理示意图

　　地址老化更新技术对于以太网查找电路的设计也非常重要。地址老化技术用于周期性地清理转发表中一定时间内没有发送过数据的主机 MAC 地址,将清理出来的空间供当前处于数据发送活跃状态的主机使用,这样可以有效地减少数据帧广播,使得转发表的深度相对较小,从而有效降低硬件资源开销。

　　图 4-2 为 CAM 的电路符号图,图中给出了其外部引脚,各个引脚的功能如表 4-1 所示。

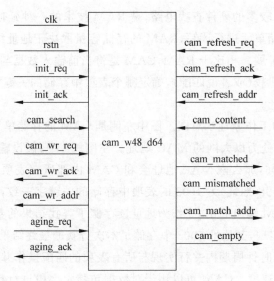

图 4-2　CAM 符号图

表 4-1　CAM 引脚功能定义

引　　脚	功　　能
clk	电路的工作时钟
rstn	电路的复位信号,低电平有效
init_req	CAM 初始化请求,用于通知对 CAM 进行初始化
init_ack	CAM 初始化完成指示信号
cam_search	CAM 查找请求,其为 1 表示对 cam_content 进行匹配
cam_wr_req	CAM 写入请求,用于将 cam_content 写入 CAM
cam_wr_addr	CAM 写入的地址,指出 cam_content 写入的地址
cam_wr_ack	CAM 写入应答,指出当前表项写入完成
cam_refresh_req	请求刷新 cam_refresh_addr 表项的生存周期
cam_refresh_ack	输出应答信号,表示刷新完成
cam_refresh_addr	输入当前需要刷新的 CAM 地址
cam_content	写入时其为当前 MAC 帧的源地址,查找时为 MAC 帧的目的地址
cam_matched	其为 1 表示当前输入的 MAC 地址匹配成功
cam_mismatched	其为 1 表示当前输入的 MAC 地址没有匹配成功
cam_match_addr	当前 MAC 地址匹配成功时,该端口输出匹配项存储的地址
aging_req	CAM 表项老化请求
aging_ack	本次 CAM 表项老化结束
cam_empty	其为 1 表示当前 CAM 已经没有可用空间

CAM 的内部结构如图 4-3 所示。CAM 电路虽然规模不大,但涉及的操作较复杂,具体包括以下几种典型操作。

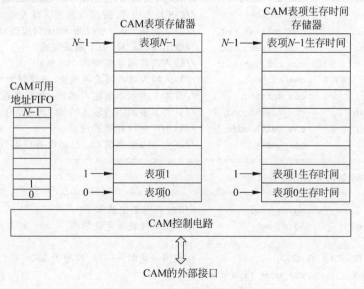

图 4-3　CAM 的内部结构图

(1) CAM 可用表项空间地址初始化。CAM 中的可用表项空间是动态变化的,假设 CAM 可以存储 N 个表项,那么本设计中采用了一个深度为 N 的 FIFO 存储当前空闲表项的指针。在电路复位后,需要对 FIFO 进行初始化,将 $0 \sim N-1$ 写入 FIFO 中。

(2) CAM 电路中的表项存储器用于存储待匹配的关键字(KEY),匹配成功后返回 KEY 对应的存储地址,取值范围是 $0\sim N-1$。这里的 CAM 存储器采用寄存器组而非 RAM 来实现,只有这样才能对所有表项进行并行匹配。

(3) CAM 电路中的表项生存时间存储器用于存储对应表项的当前生存时间,进行表项老化操作时,CAM 控制电路依次检查表项生存时间存储器中的每个表项,将有效表项的生存时间减 1,将生存时间已经减至 0 的表项的地址写入 CAM 可用地址 FIFO 中,供新到达的表项使用。

下面是一个关键字位宽为 48 位,深度为 64 的 CAM 代码,其返回的是 CAM 表项的存储地址。

```verilog
`timescale 1ns / 1ps
module cam_w48_d64(
input                clk,
input                rstn,
// ===================================================
//下面是 CAM 初始化请求与应答信号
// ===================================================
input                init_req,          //CAM 初始化请求,用于通知对 CAM 进行初始化
output  reg          init_ack,          //CAM 初始化完成指示信号,保持一个时钟周期
// ===================================================
//下面是 CAM 匹配、写入新表项、更新现有表项生存时间的信号
// ===================================================
input                cam_search,        //CAM 查找请求,其为 1 表示对 cam_content 进行匹配
input                cam_wr_req,        //CAM 写入请求,用于将 cam_content 写入 CAM
output  reg [5:0]    cam_wr_addr,       //CAM 写入的地址,指出 cam_content 写入的地址
output  reg          cam_wr_ack,        //CAM 写入应答,指出当前表项写入完成
input                cam_refresh_req,   //请求刷新 cam_refresh_addr 对应表项的生存周期
output  reg          cam_refresh_ack,   //输出应答信号,表示刷新完成
input       [5:0]    cam_refresh_addr,  //输入当前需要刷新的 CAM 地址
input       [47:0]   cam_content,       //写入时为 MAC 帧的源地址,查找时为目的地址
output  reg          cam_matched,       //其为 1 表示当前输入的 MAC 地址匹配成功
output  reg          cam_mismatched,    //其为 1 表示当前输入的 MAC 地址没有匹配成功
output  reg [5:0]    cam_match_addr,    //输出匹配项存储的地址
output               cam_empty,         //其为 1 表示当前 CAM 已经没有可用空间
// ===================================================
//下面是 CAM 老化请求与应答信号
// ===================================================
input                aging_req,         //CAM 表项老化请求
output  reg          aging_ack          //本次 CAM 表项老化结束
);
parameter TTL_TH = 10'd300;             //表项老化时间门限,这里为 300s
reg     [5:0]       cam_addr_fifo_din;
reg                 cam_addr_fifo_wr;
reg                 cam_addr_fifo_rd;
wire    [5:0]       cam_addr_fifo_dout;

reg     [47:0]      cam [0:63];         //CAM 存储空间,位宽为 48 位,深度为 64
reg     [10:0]      valid_ttl [0:63];   //存储器,用于存储每个表项的剩余生存时间
```

```
integer              i,j,m;              //内部变量
reg     [10:0]       temp;               //内部临时变量,temp[10]为表项有效指示位,[9:0]存
                                         //储当前剩余生存时间
reg     [1:0]        state;              //状态寄存器
reg     [5:0]        aging_addr;         //存储当前正在老化的表项地址
always @(posedge clk or negedge rstn)
if(!rstn) begin
        state = 0;
        cam_addr_fifo_din = 0;
        cam_addr_fifo_wr = 0;
        cam_addr_fifo_rd = 0;
        cam_wr_ack = 0;
        init_ack = 0;
        aging_ack = 0;
        cam_refresh_ack = 0;
        aging_addr = 0;
        i = 0;
        m = 0;
        end
    else begin
        case(state)
        //空闲状态
        0:begin
            cam_addr_fifo_wr = 0;
            //如果有初始化请求,则进入 CAM 初始化状态(状态 2)
            if(init_req) begin
                i = 0;
                state = 2;
                end
            // ============================================================
            //若有写入请求,将当前输入 MAC 地址写入 CAM 空闲表项中,进入状态 1
            //此时,进行以下操作:
            //将 cam_addr_fifo_dout,即可用的 CAM 地址,作为当前表项的写入地址,将
            //cam_content 写入表项存储器中
            //用 temp[9:0]记录最大生存时间,将 temp[10]置 1 表示当前表项是有效表项,
            //然后将 temp 写入生存时间存储器中
            //注意,这里存储可用地址的 FIFO(sfifo_ft_w6_d64)是一个 fall through 模式的
            //FIFO,其工作特点是 FIFO 首部的数据不需要进行读操作就可以直接输出,因此
            //在电路中可以直接使用,然后进行读操作,将最前面的数据移出 FIFO
            // ============================================================
            else if(cam_wr_req)begin
                cam_wr_ack = 1;
                cam[cam_addr_fifo_dout] = cam_content;
                cam_wr_addr = cam_addr_fifo_dout;
                temp[9:0] = TTL_TH;
                temp[10] = 1'b1;
                valid_ttl[cam_addr_fifo_dout] = temp[10:0];
                cam_addr_fifo_rd = 1;
                state = 1;
                end
            // ============================================================
```

```
//如果有表项更新请求,说明对应的表项刚进行过查找操作,需要将其生存周期
//增加到最大,这里使用 temp 作为中间变量,其低 10 位存储生存周期,第 11
//位置 1,表示其为有效表项
// ==============================================================
else if(cam_refresh_req) begin
    cam_refresh_ack = 1;
    temp[9:0] = TTL_TH;
    temp[10] = 1'b1;
    valid_ttl[cam_refresh_addr] = temp[10:0];
    state = 1;
    end
// ==============================================================
//如果有 CAM 表项老化请求,则需要对每个表项的生存时间进行检查,
//具体做法是用 aging_addr 寻址生存时间存储器,用 temp 寄存当前表项的
//生存时间,如果当前表项是有效表项,且剩余生存时间大于 0,则将其生存
//周期减 1 后写入生存时间存储器。如果剩余生存时间为 0,则将对应的生存
//时间存储器置 0,使其对应的表项成为无效表项,同时将表项的存储地址
//写入地址 FIFO 中,供后续到达的表项使用
// ==============================================================
else if(aging_req) begin
    temp = valid_ttl[aging_addr];
    //如果当前表项有效且生存时间大于 0,则将其生存时间减 1 后保存
    if(temp[10])begin
        if(temp[9:0]> 0) begin
            temp = temp - 1;
            valid_ttl[aging_addr] = temp;
            if(aging_addr < 63) aging_addr = aging_addr + 1;
            //如果 64 个存储单元都进行了老化处理,则通过将 aging_ack 置 1
            //结束此次老化过程
            else begin
                aging_ack = 1;
                aging_addr = 0;
                state = 1;
                end
            end
        //若当前表项有效且生存时间为 0,则将当前表项置为无效,将其
        //对应的地址写入存储可用空间的 FIFO,供其他表项使用
        else begin
            valid_ttl[aging_addr] = 0;
            cam_addr_fifo_wr = 1;
            cam_addr_fifo_din = aging_addr;
            if(aging_addr < 63) aging_addr = aging_addr + 1;
            else begin
                aging_addr = 0;
                aging_ack = 1;
                state = 1;
                end
            end
        end
    else begin
        if(aging_addr < 63)aging_addr = aging_addr + 1;
```

```
                    else begin
                        aging_ack = 1;
                        aging_addr = 0;
                        state = 1;
                        end
                end
            end
        end
// ===============================================
```
//状态 1 为过渡状态,时序调整使用,等待 cam_wr_req、
// cam_refresh_req 在收到相应的 ack 信号后置 0,这样从此状态返回
//状态 0 时 cam_wr_req、cam_refresh_req 均为 0,避免了重复请求
```
// ===============================================
1:begin
    cam_wr_ack = 0;
    cam_refresh_ack = 0;
    cam_addr_fifo_wr = 0;
    cam_addr_fifo_rd = 0;
    aging_ack = 0;
    state = 0;
    end
// ===============================================
```
//CAM 初始化操作在状态 2 进行,在本状态下,
// CAM 的地址 0~63 被依次写入一个 FIFO 中,
//该 FIFO 中始终存储当前未被占用的 CAM 表项,
//是新表项写入时可以使用的表项空间
```
// ===============================================
2:begin
    cam_addr_fifo_din = i[5:0];
    cam_addr_fifo_wr = 1;
    cam[i] = 0;
    valid_ttl[i] = 0;
    if(i < 63) i = i + 1;
    else begin
        init_ack = 1;
        state = 3;
        end
    end
// ===============================================
```
//状态 3 为过渡状态,用于等待 init_req 清除
```
// ===============================================
3:begin
    cam_addr_fifo_wr = 0;
    init_ack = 0;
    state = 0;
    end
endcase
end
```

```
// ===============================================
```
//下面的电路进行 CAM 查找匹配,这里使用了一个 for 循环

```verilog
//在一个时钟周期内进行最多64次匹配操作
// ==============================================
always @(posedge clk) begin
    cam_matched = 1'b0;                      //为cam_matched赋缺省值0
    cam_mismatched = 1'b0;                   //为cam_mismatched赋初缺省值0
    if(cam_search) begin
        cam_mismatched = 1'b1;               //为cam_mismatched赋缺省值1
        for(j = 0; j < 64; j = j + 1)begin
            if((cam_content === cam[j]) &&(!cam_matched))begin
                cam_matched = 1'b1;          //实现匹配后输出指示信号
                cam_mismatched = 1'b0;
                cam_match_addr = j;          //输出匹配项的存储地址作为匹配结果
                end
            end
        end
    end
// ============================================================
//例化一个FIFO,它支持fall through模式,用于存储当前可用的CAM表项地址,
//用于实现对CAM空间的管理。初始化时写入0～63,外部电路每对CAM
//进行一次表项写入操作就从FIFO中读出一个地址。进行地址老化时,生存周
//期结束的表项的地址也被写入此FIFO中
// ============================================================
sfifo_ft_w6_d64 u_addr_fifo (
    .clk(clk),                      // input clk
    .rst(!rstn),                    // input rst
    .din(cam_addr_fifo_din),        // input [5 : 0] din
    .wr_en(cam_addr_fifo_wr),       // input wr_en
    .rd_en(cam_addr_fifo_rd),       // input rd_en
    .dout(cam_addr_fifo_dout),      // output [5 : 0] dout
    .full(),                        // output full
    .empty(cam_empty),              // output empty
    .data_count()                   // output [6 : 0] data_count
);
endmodule
```

针对 CAM,需要进行以下说明:

(1) CAM 中的存储单元采用寄存器实现,优点是可以并行比较,实现高速匹配,但此时会消耗较多的寄存器资源,不适合容量较大的场合。

(2) 采用 for 循环实现匹配查找,这是一个组合逻辑电路,会同时存在多个并行的比较器,逻辑资源消耗较大。

(3) CAM 可以在一个时钟周期内实现对全部表项的匹配,查找速度快,常用于高速查找电路。

(4) 这里采用了一个 FIFO 存储当前 CAM 中空闲的表项,FIFO 在生成时选择了 fall through 模式,这种模式的 FIFO 中第一个数据可以在没有读操作的情况下直接出现在输出端口上,这是与常规 FIFO 不同的。图 4-4 是在 Xilinx FPGA 中生成 FIFO 时菜单选项的一部分,可以看到,其可以选择 fall through 模式。如果选择常规的 FIFO,那么需要提前将 FIFO 中的第一个数据读出以加快电路的处理速度。

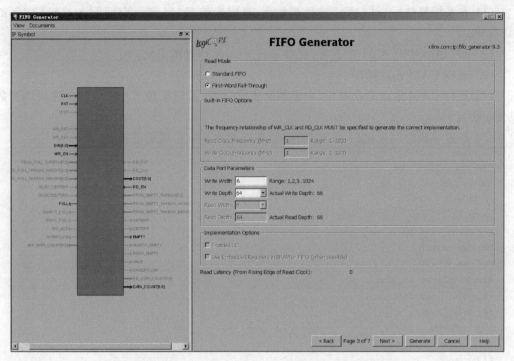

图 4-4　生成 First word fall through 模式 FIFO 时的选项

（5）老化操作在 aging_req 有效时开始，其优先级低于查找和表项写入的优先级，老化操作过程经过的时间可能略长。查找电路外部需要定时器，由定时器产生老化请求，每秒发出一次请求。

（6）电路支持 CAM 更新操作，用于对 cam_refresh_addr 指定的表项进行生存周期更新。

（7）以以太网交换机为例，查找电路需要和外部接收 MAC 帧处理电路配合工作，此时外部电路的基本操作包括以下部分。

① 根据源 MAC 地址进行生存周期更新和地址学习。

以太网交换机中的接收帧处理电路提取出接收 MAC 帧的源 MAC 地址并进行查找，确定其是否已经存在于 CAM 中，如果已经存在（cam_matched 为 1），则根据获取的 CAM 地址对其进行生存周期更新操作；如果不存在（cam_mismatched 为 1），则通过 cam_wr_req 发出写入请求，写入完成后获得 CAM 写入的具体地址信息，以此为地址，将源端口号写入存储查找结果的 RAM（由查找电路维护），这就完成了地址学习过程。

② 使用目的 MAC 地址查找输出端口号。

接收帧处理电路提取出接收 MAC 帧的目的 MAC 地址并进行查找，如果匹配成功，则获得其存储地址信息，然后以此为地址读存储输出端口信息的 RAM，得到输出端口信息；如果没有匹配成功，则查找电路将其广播到除当前帧输入端口外的其他端口。

（8）在这个 CAM 电路中，在时序电路部分，我们没有使用传统的非阻塞赋值方式，而是使用了阻塞赋值方式，这样做是为了简化代码设计，便于进行查找逻辑功能分析。

对 CAM 的仿真验证主要包括以下内容。

(1) 在系统复位后,对 CAM 进行初始化,将可用的 CAM 地址空间写入 CAM 内部的 FIFO 中。

(2) 向 CAM 中写入 64 个表项,观察 cam_empty 信号的变化。

(3) 进行 CAM 查找操作。

(4) 进行 CAM 地址老化操作(为了加速老化过程,可以缩短 CAM 中的生存周期参数以便于仿真)。

(5) 经过一段时间老化后,发送数据帧,进行源地址生存周期更新。

```verilog
`timescale 1ns / 1ps
module cam_w48_d64_tb;
// Inputs
reg clk;
reg rstn;
reg cam_search;
reg cam_wr_req;
wire [5:0] cam_wr_addr;
reg [47:0] cam_content;
reg aging_req;
reg init_req;

// Outputs
wire cam_wr_ack;
wire cam_matched;
wire cam_mismatched;
wire [5:0] cam_match_addr;
wire cam_empty;
wire aging_ack;
wire init_ack;

always #5 clk = ~clk;
// 例化被测电路,为了便于仿真分析,例化时将 TTL_TH 参数值设定为 3,而不是缺省的 300
cam_w48_d64 u_cam_w48_d64 (
    .clk(clk),
    .rstn(rstn),
    .init_req(init_req),
    .init_ack(init_ack),
    .cam_search(cam_search),
    .cam_wr_req(cam_wr_req),
    .cam_wr_addr(cam_wr_addr),
    .cam_wr_ack(cam_wr_ack),
    .cam_refresh_req(cam_refresh_req),
    .cam_refresh_ack(cam_refresh_ack),
    .cam_refresh_addr(cam_refresh_addr),
    .cam_content(cam_content),
    .cam_matched(cam_matched),
    .cam_mismatched(cam_mismatched),
    .cam_match_addr(cam_match_addr),
    .cam_empty(cam_empty),
    .aging_req(aging_req),
```

```
        .aging_ack(aging_ack)
        );

integer i;
reg [47:0]  mac_address;
initial begin
    // Initialize Inputs
    clk = 0;
    rstn = 0;
    cam_search = 0;
    cam_wr_req = 0;
    cam_content = 0;
    aging_req = 0;
    init_req = 0;
    i = 0;
    // Wait 100ns for global reset to finish.
    #100;
    rstn = 1;
    // Add stimulus here
    #1000;
    //请求对 CAM 进行初始化
    init_req = 1;
    //使用 while 语句等待初始化完成
    while(!init_ack) repeat(1)@(posedge clk);
    init_req = 0;
    //循环调用 add_entry,将 64 个表项写入 CAM,观察 cam_empty 状态变化,这里写入的 MAC 地址为
    //0~63
    for(i = 1;i < = 64;i = i + 1) begin
        mac_address = i;
        add_entry(i);
        end
    #100;
    //连续进行查找操作,查看是否可以实现匹配,分析匹配结果与所建立的表项是否一致
    search(48'h10);
    search(48'h20);
    search(48'hf0f1f2f3f4f5);
    //对表项进行第 1 次老化,分析仿真波形
    aging_req = 1;
    while(!aging_ack) repeat(1)@(posedge clk);
    aging_req = 0;
    #100;
    //对表项进行第 2 次老化,分析仿真波形
    aging_req = 1;
    while(!aging_ack) repeat(1)@(posedge clk);
    aging_req = 0;
    #100;
    //对表项进行第 3 次老化,分析仿真波形
    aging_req = 1;
    while(!aging_ack) repeat(1)@(posedge clk);
    aging_req = 0;
    #100;
```

```
    //插入两次表项更新操作
    refresh(48'h10);
    refresh(48'h1);
    //对表项进行第 4 次老化,分析仿真波形,此时除了发生过更新的两个表项外,
    //其余表项生存周期已减至 0,需要将其地址返回给内部地址 FIFO,将表项置为无效
    aging_req = 1;
    while(!aging_ack) repeat(1)@(posedge clk);
    aging_req = 0;
    #100;
    end
//进行 CAM 表项添加的任务
task add_entry;
input   [47:0]  mac_addr;
begin
    repeat(1)@(posedge clk);
    cam_wr_req = 1;
    cam_content = mac_addr;
    while(!cam_wr_ack) repeat(1)@(posedge clk);
    cam_wr_req = 0;
    $ display("add entry ok");
    end
endtask


//进行 CAM 表项查找的任务
task search;
input   [47:0]  mac_addr;
begin
    repeat(1)@(posedge clk);
    cam_search = 1;
    cam_content = mac_addr;
    repeat(1)@(posedge clk);
    cam_search = 0;
    end
endtask


//进行 CAM 表项老化的任务
task aging;
begin
    repeat(1)@(posedge clk);
    aging_req = 1;
    while(!aging_ack) repeat(1)@(posedge clk);
    aging_req = 0;
    repeat(1)@(posedge clk);
    end
endtask


//进行 CAM 表项更新的任务
task refresh;
input   [5:0]  cam_addr;
begin
    repeat(1)@(posedge clk);
```

```
            cam_refresh_req = 1;
            cam_refresh_addr = cam_addr;
            while(!cam_refresh_ack) repeat(1)@(posedge clk);
            cam_refresh_req = 0;
            repeat(1)@(posedge clk);
        end
    endtask
    endmodule
```

　　具体仿真波形如图 4-5 所示。图中 1 处是对 CAM 进行初始化的波形,初始化时,所有 CAM 的存储表项都是可用的,具体表项地址被存储在内部 FIFO 中。每个在 CAM 中存储的表项都有生存周期,我们会定时刷新它们的生存周期,也就是进行地址老化。在此过程中,如果某个表项的生存周期下降为 0,则将该表项对应的地址归还到此 FIFO 中供后续新加入的表项使用。图中 2、3、4、5 处进行了 4 次地址老化,每次老化将 CAM 中所有有效表项生存时间(valid_ttl 值)减 1,在进行第 4 次地址老化完成后,valid_ttl 已经减为 0,对应表项已经成为无效表项。

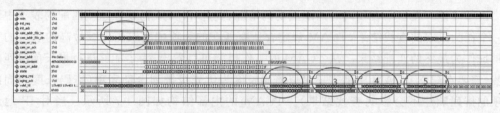

图 4-5　CAM 操作仿真波形

4.2　采用 TCAM 实现 IP 地址的最长前缀匹配

　　CAM 能够在一个时钟周期内并行实现与所有表项的匹配操作并返回匹配表项的地址信息,具有很高的查找速度。CAM 可以针对数据帧特定字段(如目的 MAC 地址)进行精确匹配查找,可以满足很多应用的查找需求。但在路由器设备中,当需要根据输入数据包的目的 IP 地址进行路由表的最长前缀匹配查找时,这类普通 CAM 无法直接支持。为了解决这一问题,研究人员设计了 TCAM 器件来实现支持最长前缀匹配的路由查找。

　　TCAM 中每一个表项都以<地址,掩码>的形式保存,假设输入关键字的长度为 W(对于 IPv4,$W=32$),那么 TCAM 中每个表项的地址和掩码的长度都为 W。路由器中的协议处理器根据路由协议建立路由表后,再根据路由表生成转发表并将其写入 TCAM 中。在写入时,需要先根据路由表中子网掩码的长度进行排序(按照由高到低或者由低到高的顺序,子网掩码长度越大,优先级越高),然后将排序后的目的网络号和对应的子网掩码依次写入 TCAM 中。例如,一个 IP 地址网络号长度为 $X(1 \leqslant X \leqslant W)$,则该地址对应掩码的高 X 比特位都为 1,剩余的 $W-X$ 比特位都为 0。存储子网掩码时有两种方式,一种是用位宽为 W 的比特序列,前 X 比特位为 1,后 $W-X$ 比特位为 0;另一种是给出子网掩码的长度值,此时需要的存储位宽小,但匹配时需要先进行转换。本例中使用前一种方式。

　　在 TCAM 的表项匹配过程中,TCAM 将输入的 IP 地址和掩码"按位与",同时将所存储的网络号和掩码"按位与",然后对两个计算结果进行比较,如果相等,表示该表项与当前输入可以匹配。

图 4-6 给出了 TCAM 中某一个表项的匹配操作方法,图中包括 TCAM 中某个表项的存储内容,当前输入 IP 地址为 192.168.0.177。

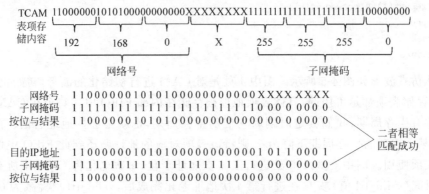

图 4-6　TCAM 匹配操作方法

由于可能存在多个表项同时匹配成功的情况,因此 TCAM 需要在这些匹配的表项中选取一个作为最终的查找结果,TCAM 规定在所有匹配的表项中选取优先级最高的表项的存储地址作为最终的匹配结果。从 TCAM 的工作机制可以看出,为了能够进行最长前缀匹配查找,需要在建立 TCAM 中的表项时以掩码长度为优先级排列全部表项(掩码长度相同的表项的排列顺序不会影响查找结果)。TCAM 的内部结构如图 4-7 所示。当对 IP 地址192.168.0.177 进行匹配时,可以看出,同时有 4 项可以匹配,但索引为 1 的表项具有最高优先级,经过优先级译码器后最终输出的地址为 1。此后可以 1 为地址对存储查找结果信息的 RAM 进行读操作,读出建立查找表时预先写入的查找结果,最为常见的是该 IP 包对应的输出端口号等信息。

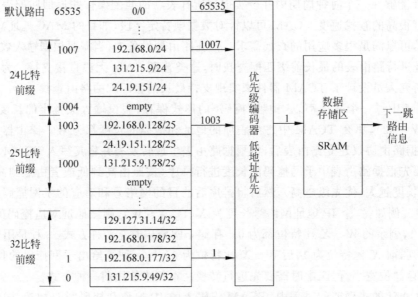

图 4-7　TCAM 的内部结构示意图

　　TCAM具有速度快、实现简单的优点,但也存在以下缺点:与一般的 RAM 相比,TCAM 的实现复杂度更高,容量相对较小;TCAM 由于采用的是并行匹配的方式,导致TCAM 的功耗较大;TCAM 中关键字存储需要按照优先级排序,使得 TCAM 的更新操作变得相对复杂。近年来研究人员一直在致力于改进 TCAM 的缺点,高性能的商用 TCAM芯片不断出现。对于小容量 TCAM,可以基于 FPGA 加以实现。

　　下面是一个位宽为 64 位,深度为 32,可针对 32 位 IP 地址进行最长前缀匹配的 TCAM电路,电路的查找结果是表项的存储地址。

```verilog
`timescale 1ns / 100ps
module tcam(
input                   clk,            //系统工作时钟
input                   rstn,           //低电平有效的复位信号
//TCAM 写入操作相关的接口信号
input        [63:0]     tcam_din,       //TCAM 写操作时的输入表项数据
input        [4:0]      tcam_addr,      //待写入表项的地址
input                   tcam_wea,       //TCAM 写控制信号,用于修改或添加表项
//TCAM 匹配操作相关的接口信号
input        [31:0]     comp_din,       //位宽为 32 位的待匹配关键字
input                   comp_req,       //匹配请求信号
output  reg  [9:0]      comp_dout,      //匹配结果输出,低 5 位有效,对应 32 个表项的存储地址
output  reg             comp_ack,       //匹配成功指示信号
output  reg             comp_nak        //匹配未成功指示信号
    );
// ==============================================================
//寄存器 hit[31:0]共 32 比特,32 个表项中哪个匹配成功,hit 中对应的比特值就
//为 1,此后对 hit 进行优先级编码就可以得到最终所需的匹配结果
//hit0~hit31: 当某个表项匹配成功后,其对应的命中指示信号为 1,否则为 0,
//需要注意的是,可能有多个表项匹配成功
// ==============================================================
reg     [31:0]  hit;
wire            hit0,   hit1,   hit2,   hit3,   hit4,   hit5,
                hit6,   hit7,   hit8,   hit9,   hit10,  hit11,
                hit12,  hit13,  hit14,  hit15,  hit16,  hit17,
                hit18,  hit19,  hit20,  hit21,  hit22,  hit23,
                hit24,  hit25,  hit26,  hit27,  hit28,  hit29,
                hit30,  hit31;


// ===============================
//      主代码段
// ===============================
//定义 32 个位宽为 64 位的寄存器作为 TCAM 的存储单元
reg [63:0]      tcam_cell0,  tcam_cell1,  tcam_cell2,  tcam_cell3;
reg [63:0]      tcam_cell4,  tcam_cell5,  tcam_cell6,  tcam_cell7;
reg [63:0]      tcam_cell8,  tcam_cell9,  tcam_cell10, tcam_cell11;
reg [63:0]      tcam_cell12, tcam_cell13, tcam_cell14, tcam_cell15;
reg [63:0]      tcam_cell16, tcam_cell17, tcam_cell18, tcam_cell19;
reg [63:0]      tcam_cell20, tcam_cell21, tcam_cell22, tcam_cell23;
reg [63:0]      tcam_cell24, tcam_cell25, tcam_cell26, tcam_cell27;
reg [63:0]      tcam_cell28, tcam_cell29, tcam_cell30, tcam_cell31;
```

```
//通过对 comp_req 移位寄存,产生内部控制信号 comp_start,在该时刻优先级
//解码器开始判断匹配结果,给出输出信号
reg   comp_req_reg0, comp_req_reg1;
always @(posedge clk)begin
    comp_req_reg0 <= #2 comp_req;
    comp_req_reg1 <= #2 comp_req_reg0;
    end
wire   comp_start;
assign comp_start = comp_req_reg0 & !comp_req_reg1;

//TCAM 存储单元的初始化与写入操作
always @(posedge clk or negedge rstn)
    if(!rstn) begin
        tcam_cell0 <= #2 0;    tcam_cell1 <= #2 0;
        tcam_cell2 <= #2 0;    tcam_cell3 <= #2 0;
        tcam_cell4 <= #2 0;    tcam_cell5 <= #2 0;
        tcam_cell6 <= #2 0;    tcam_cell7 <= #2 0;
        tcam_cell8 <= #2 0;    tcam_cell9 <= #2 0;
        tcam_cell10 <= #2 0;   tcam_cell11 <= #2 0;
        tcam_cell12 <= #2 0;   tcam_cell13 <= #2 0;
        tcam_cell14 <= #2 0;   tcam_cell15 <= #2 0;
        tcam_cell16 <= #2 0;   tcam_cell17 <= #2 0;
        tcam_cell18 <= #2 0;   tcam_cell19 <= #2 0;
        tcam_cell20 <= #2 0;   tcam_cell21 <= #2 0;
        tcam_cell22 <= #2 0;   tcam_cell23 <= #2 0;
        tcam_cell24 <= #2 0;   tcam_cell25 <= #2 0;
        tcam_cell26 <= #2 0;   tcam_cell27 <= #2 0;
        tcam_cell28 <= #2 0;   tcam_cell29 <= #2 0;
        tcam_cell30 <= #2 0;   tcam_cell31 <= #2 0;
        end

    else begin
        if(tcam_wea) begin
            case(tcam_addr[4:0])
            0:    tcam_cell0 <= #2 tcam_din;
            1:    tcam_cell1 <= #2 tcam_din;
            2:    tcam_cell2 <= #2 tcam_din;
            3:    tcam_cell3 <= #2 tcam_din;
            4:    tcam_cell4 <= #2 tcam_din;
            5:    tcam_cell5 <= #2 tcam_din;
            6:    tcam_cell6 <= #2 tcam_din;
            7:    tcam_cell7 <= #2 tcam_din;
            8:    tcam_cell8 <= #2 tcam_din;
            9:    tcam_cell9 <= #2 tcam_din;
            10:   tcam_cell10 <= #2 tcam_din;
            11:   tcam_cell11 <= #2 tcam_din;
            12:   tcam_cell12 <= #2 tcam_din;
            13:   tcam_cell13 <= #2 tcam_din;
            14:   tcam_cell14 <= #2 tcam_din;
            15:   tcam_cell15 <= #2 tcam_din;
            16:   tcam_cell16 <= #2 tcam_din;
```

```
17:   tcam_cell17 <= #2 tcam_din;
18:   tcam_cell18 <= #2 tcam_din;
19:   tcam_cell19 <= #2 tcam_din;
20:   tcam_cell20 <= #2 tcam_din;
21:   tcam_cell21 <= #2 tcam_din;
22:   tcam_cell22 <= #2 tcam_din;
23:   tcam_cell23 <= #2 tcam_din;
24:   tcam_cell24 <= #2 tcam_din;
25:   tcam_cell25 <= #2 tcam_din;
26:   tcam_cell26 <= #2 tcam_din;
27:   tcam_cell27 <= #2 tcam_din;
28:   tcam_cell28 <= #2 tcam_din;
29:   tcam_cell29 <= #2 tcam_din;
30:   tcam_cell30 <= #2 tcam_din;
31:   tcam_cell31 <= #2 tcam_din;
   endcase
   end
 end
```

//每个TCAM表项与输入待匹配值进行匹配运算

```
assign #2 hit0 = ((comp_din[31:0]   & tcam_cell0[31:0])   == tcam_cell0[63:32]);
assign #2 hit1 = ((comp_din[31:0]   & tcam_cell1[31:0])   == tcam_cell1[63:32]);
assign #2 hit2 = ((comp_din[31:0]   & tcam_cell2[31:0])   == tcam_cell2[63:32]);
assign #2 hit3 = ((comp_din[31:0]   & tcam_cell3[31:0])   == tcam_cell3[63:32]);
assign #2 hit4 = ((comp_din[31:0]   & tcam_cell4[31:0])   == tcam_cell4[63:32]);
assign #2 hit5 = ((comp_din[31:0]   & tcam_cell5[31:0])   == tcam_cell5[63:32]);
assign #2 hit6 = ((comp_din[31:0]   & tcam_cell6[31:0])   == tcam_cell6[63:32]);
assign #2 hit7 = ((comp_din[31:0]   & tcam_cell7[31:0])   == tcam_cell7[63:32]);
assign #2 hit8 = ((comp_din[31:0]   & tcam_cell8[31:0])   == tcam_cell8[63:32]);
assign #2 hit9 = ((comp_din[31:0]   & tcam_cell9[31:0])   == tcam_cell9[63:32]);
assign #2 hit10 = ((comp_din[31:0]   & tcam_cell10[31:0])   == tcam_cell10[63:32]);
assign #2 hit11 = ((comp_din[31:0]   & tcam_cell11[31:0])   == tcam_cell11[63:32]);
assign #2 hit12 = ((comp_din[31:0]   & tcam_cell12[31:0])   == tcam_cell12[63:32]);
assign #2 hit13 = ((comp_din[31:0]   & tcam_cell13[31:0])   == tcam_cell13[63:32]);
assign #2 hit14 = ((comp_din[31:0]   & tcam_cell14[31:0])   == tcam_cell14[63:32]);
assign #2 hit15 = ((comp_din[31:0]   & tcam_cell15[31:0])   == tcam_cell15[63:32]);
assign #2 hit16 = ((comp_din[31:0]   & tcam_cell16[31:0])   == tcam_cell16[63:32]);
assign #2 hit17 = ((comp_din[31:0]   & tcam_cell17[31:0])   == tcam_cell17[63:32]);
assign #2 hit18 = ((comp_din[31:0]   & tcam_cell18[31:0])   == tcam_cell18[63:32]);
assign #2 hit19 = ((comp_din[31:0]   & tcam_cell19[31:0])   == tcam_cell19[63:32]);
assign #2 hit20 = ((comp_din[31:0]   & tcam_cell20[31:0])   == tcam_cell20[63:32]);
assign #2 hit21 = ((comp_din[31:0]   & tcam_cell21[31:0])   == tcam_cell21[63:32]);
assign #2 hit22 = ((comp_din[31:0]   & tcam_cell22[31:0])   == tcam_cell22[63:32]);
assign #2 hit23 = ((comp_din[31:0]   & tcam_cell23[31:0])   == tcam_cell23[63:32]);
assign #2 hit24 = ((comp_din[31:0]   & tcam_cell24[31:0])   == tcam_cell24[63:32]);
assign #2 hit25 = ((comp_din[31:0]   & tcam_cell25[31:0])   == tcam_cell25[63:32]);
assign #2 hit26 = ((comp_din[31:0]   & tcam_cell26[31:0])   == tcam_cell26[63:32]);
assign #2 hit27 = ((comp_din[31:0]   & tcam_cell27[31:0])   == tcam_cell27[63:32]);
assign #2 hit28 = ((comp_din[31:0]   & tcam_cell28[31:0])   == tcam_cell28[63:32]);
assign #2 hit29 = ((comp_din[31:0]   & tcam_cell29[31:0])   == tcam_cell29[63:32]);
assign #2 hit30 = ((comp_din[31:0]   & tcam_cell30[31:0])   == tcam_cell30[63:32]);
```

```verilog
assign #2 hit31 = ((comp_din[31:0]  & tcam_cell31[31:0]) == tcam_cell31[63:32]);
//hit 对每个匹配结果进行寄存
always @(posedge clk)
    hit <= #2 {hit31,hit30,hit29,hit28,hit27,hit26,hit25,hit24,
               hit23,hit22,hit21,hit20,hit19,hit18,hit17,hit16,
               hit15,hit14,hit13,hit12,hit11,hit10,hit9 ,hit8,
               hit7 ,hit6 ,hit5, hit4, hit3, hit2, hit1 ,hit0};
//对匹配结果进行优先级解码,给出输出结果
always @(posedge clk)begin
    comp_ack <= #2 0;
    comp_nak <= #2 0;
    if(comp_start)
        casex(hit[31:0])
        32'bxxxxxxxx_xxxxxxxx_xxxxxxxx_xxxxxxx1: begin
            comp_dout <= #2 0;
            comp_ack <= #2 1;
            end
        32'bxxxxxxxx_xxxxxxxx_xxxxxxxx_xxxxxx10: begin
            comp_dout <= #2 1;
            comp_ack <= #2 1;
            end
        32'bxxxxxxxx_xxxxxxxx_xxxxxxxx_xxxxx100: begin
            comp_dout <= #2 2;
            comp_ack <= #2 1;
            end
        32'bxxxxxxxx_xxxxxxxx_xxxxxxxx_xxxx1000: begin
            comp_dout <= #2 3;
            comp_ack <= #2 1;
            end
        32'bxxxxxxxx_xxxxxxxx_xxxxxxxx_xxx10000: begin
            comp_dout <= #2 4;
            comp_ack <= #2 1;
            end
        32'bxxxxxxxx_xxxxxxxx_xxxxxxxx_xx100000: begin
            comp_dout <= #2 5;
            comp_ack <= #2 1;
            end
        32'bxxxxxxxx_xxxxxxxx_xxxxxxxx_x1000000: begin
            comp_dout <= #2 6;
            comp_ack <= #2 1;
            end
        32'bxxxxxxxx_xxxxxxxx_xxxxxxxx_10000000: begin
            comp_dout <= #2 7;
            comp_ack <= #2 1;
            end
        32'bxxxxxxxx_xxxxxxxx_xxxxxxx1_00000000: begin
            comp_dout <= #2 8;
            comp_ack <= #2 1;
            end
        32'bxxxxxxxx_xxxxxxxx_xxxxxx10_00000000: begin
            comp_dout <= #2 9;
```

```verilog
      comp_ack <= #2 1;
      end
32'bxxxxxxxx_xxxxxxxx_xxxxx100_00000000: begin
      comp_dout <= #2 10;
      comp_ack <= #2 1;
      end
32'bxxxxxxxx_xxxxxxxx_xxxx1000_00000000: begin
      comp_dout <= #2 11;
      comp_ack <= #2 1;
      end
32'bxxxxxxxx_xxxxxxxx_xxx10000_00000000: begin
      comp_dout <= #2 12;
      comp_ack <= #2 1;
      end
32'bxxxxxxxx_xxxxxxxx_xx100000_00000000: begin
      comp_dout <= #2 13;
      comp_ack <= #2 1;
      end
32'bxxxxxxxx_xxxxxxxx_x1000000_00000000: begin
      comp_dout <= #2 14;
      comp_ack <= #2 1;
      end
32'bxxxxxxxx_xxxxxxxx_10000000_00000000: begin
      comp_dout <= #2 15;
      comp_ack <= #2 1;
      end
32'bxxxxxxxx_xxxxxxx1_00000000_00000000: begin
      comp_dout <= #2 16;
      comp_ack <= #2 1;
      end
32'bxxxxxxxx_xxxxxx10_00000000_00000000: begin
      comp_dout <= #2 17;
      comp_ack <= #2 1;
      end
32'bxxxxxxxx_xxxxx100_00000000_00000000: begin
      comp_dout <= #2 18;
      comp_ack <= #2 1;
      end
32'bxxxxxxxx_xxxx1000_00000000_00000000: begin
      comp_dout <= #2 19;
      comp_ack <= #2 1;
      end
32'bxxxxxxxx_xxx10000_00000000_00000000: begin
      comp_dout <= #2 20;
      comp_ack <= #2 1;
      end
32'bxxxxxxxx_xx100000_00000000_00000000: begin
      comp_dout <= #2 21;
      comp_ack <= #2 1;
      end
32'bxxxxxxxx_x1000000_00000000_00000000: begin
```

```
            comp_dout < = #2 22;
            comp_ack < = #2 1;
            end
        32'bxxxxxxxx_10000000_00000000_00000000: begin
            comp_dout < = #2 23;
            comp_ack < = #2 1;
            end
        32'bxxxxxxx1_00000000_00000000_00000000: begin
            comp_dout < = #2 24;
            comp_ack < = #2 1;
            end
        32'bxxxxxx10_00000000_00000000_00000000: begin
            comp_dout < = #2 25;
            comp_ack < = #2 1;
            end
        32'bxxxxx100_00000000_00000000_00000000: begin
            comp_dout < = #2 26;
            comp_ack < = #2 1;
            end
        32'bxxxx1000_00000000_00000000_00000000: begin
            comp_dout < = #2 27;
            comp_ack < = #2 1;
            end
        32'bxxx10000_00000000_00000000_00000000: begin
            comp_dout < = #2 28;
            comp_ack < = #2 1;
            end
        32'bxx100000_00000000_00000000_00000000: begin
            comp_dout < = #2 29;
            comp_ack < = #2 1;
            end
        32'bx1000000_00000000_00000000_00000000: begin
            comp_dout < = #2 30;
            comp_ack < = #2 1;
            end
        32'b10000000_00000000_00000000_00000000: begin
            comp_dout < = #2 31;
            comp_ack < = #2 1;
            end
        default:begin
            comp_dout < = #2 10'b0;
            comp_nak < = #2 1;
            end
        endcase
    end
endmodule
```

需要说明的是,上面的匹配过程并非在 1 个时钟周期内完成的,表项匹配和优先级译码功能是在不同的时钟周期实现的,这样有利于降低每个时钟周期内组合逻辑的复杂度,提高系统时钟频率。

针对 TCAM 编写的测试代码如下：

```verilog
`timescale 1ns / 1ps
module tcam_tb;
// Inputs
reg          clk;
reg          rstn;
reg   [63:0] tcam_din;
reg   [4:0]  tcam_addr;
reg          tcam_wea;
reg   [31:0] comp_din;
reg          comp_req;

// Outputs
wire [9:0]   comp_dout;
wire         comp_ack;
wire         comp_nak;

always #5 clk = ~clk;
// Instantiate the Unit Under Test (UUT)
tcam uut (
    .clk(clk),
    .rstn(rstn),
    .tcam_din(tcam_din),
    .tcam_addr(tcam_addr),
    .tcam_wea(tcam_wea),
    .comp_din(comp_din),
    .comp_req(comp_req),
    .comp_dout(comp_dout),
    .comp_ack(comp_ack),
    .comp_nak(comp_nak)
);
// ============================================================
//下面的代码中定义了一个名为 RT 的存储器,其位宽为 64 位,深度为 32;
//RT 被用作路由表存储区,用于存储将要写入被仿真验证电路中的路由表
//下面的代码用于在 RT 中建立 32 个路由表项,仿真时子网掩码分布如下:
//表项 0~7   : 32'hff_ff_ff_ff
//表项 8~15  : 32'hff_ff_ff_00
//表项 16~23 : 32'hff_ff_00_00
//表项 24~31 : 32'hff_00_00_00
//生成每个表项对应的网络号时,先生成一个 32 位的随机数,然后与对应的子
//网掩码相与后得到仿真时使用的网络号
// ============================================================
reg   [63:0] RT [31:0];
reg   [63:0] RT_temp;
integer i;
initial begin
    i = 0;
    //使用 for 循环生成待写入被测电路中的路由表,子网掩码长度
    //分别为 32、24、16 和 8,网络号随机生成
    for(i = 0;i <= 31;i = i + 1) begin
```

```verilog
            if(i <= 7)              RT_temp[31:0] = 32'hff_ff_ff_ff;
            else if((i > 7)&&(i <= 15)) RT_temp[31:0] = 32'hff_ff_ff_00;
            else if((i > 15)&&(i <= 23))RT_temp[31:0] = 32'hff_ff_00_00;
            else if((i > 23)&&(i <= 31))RT_temp[31:0] = 32'hff_00_00_00;
            RT_temp[63:32] = {$random} % 32'hff_ff_ff_ff;
            RT_temp[63:32] = RT_temp[63:32] & RT_temp[31:0];
            RT[i] = RT_temp;
            end
    end
integer j;
initial begin
    // Initialize Inputs
    clk = 0;
    rstn = 0;
    tcam_din = 0;
    tcam_addr = 0;
    tcam_wea = 0;
    comp_din = 0;
    comp_req = 0;
    j = 0;
    // Wait 100ns for global reset to finish
    #100;
    rstn = 1;
    // 通过 tcam_wr 任务将 RT 中的路由表项写入被验证电路中
    for(j = 0; j <= 31; j = j + 1) begin
        RT_temp = RT[j];
        tcam_wr(j, RT_temp[63:32], RT_temp[31:0]);
        end
    $display("Route Table initialized");     //使用 $display 显示路由表初始化配置完成
    //调用 RT_search_1 任务,进行路由匹配。RT_search_1 任务的功能是从 RT 中
    //读出一个已有表项,然后作为被测电路的待匹配输入,因此应该可以匹配成功
    RT_search_1(3);
    RT_search_1(4);
    RT_search_1(5);
    RT_search_1(6);
    RT_search_1(7);
    RT_search_1(15);
    //调用 RT_search_2 任务,进行路由表匹配。RT_search_2 将指定数据作为待匹配
    //的输入,可能匹配成功,也可能匹配不成功
    RT_search_2(32'd1234);
end

//任务 tcam_wr 用于在被测电路中建立 TCAM 表项
task tcam_wr;
input  [4:0]  address;
input  [31:0] net_number;
input  [31:0] net_mask;
begin
    repeat(1)@(posedge clk);
    #2;
    tcam_din[63:32] = net_number;            //网络号
```

```
        tcam_din[31:0] = net_mask;              //子网掩码
        tcam_wea = 1;
        tcam_addr[4:0] = address[4:0];          //表项写入的 TCAM 地址
        repeat(1)@(posedge clk);
        #2;
        tcam_wea = 0;
        tcam_addr[4:0] = address[4:0];
        end
    endtask


    //RT_search_1 任务用于根据输入地址从 RT 中选择一个表项作为待匹配的输入数据,
    //此时应该会有一项匹配成功
    task RT_search_1;
    input   [4:0]       address;
    reg     [63:0]      temp;
    begin
        repeat(1)@(posedge clk);
        #2;
        temp = RT[address];
        comp_din = temp[63:32];
        comp_req = 1;
        while(!(comp_ack | comp_nak)) repeat(1)@(posedge clk);
        #2;
        comp_req = 0;
        end
    endtask


    //RT_search_2 任务用于将用户输入的数据作为待匹配的输入数据,此时可能不会匹配成功
    task RT_search_2;
    input   [31:0]      din;
    reg     [63:0]      temp;
    begin
        repeat(1)@(posedge clk);
        #2;
        comp_din = din;
        comp_req = 1;
        while(!(comp_ack | comp_nak)) repeat(1)@(posedge clk);
        #2;
        comp_req = 0;
        end
    endtask
endmodule
```

下面给出了典型仿真结果及其分析。图 4-8 是 testbench 向被测电路写入 TCAM 表项的仿真波形。

图 4-9 为 TCAM 查找操作的仿真波形,可以看出,有两次查找过程中出现了多个表项匹配成功的情况,此时选择优先级高的表项作为查找结果,即选择前缀长的匹配项。最后一次查找没有实现匹配,通过 comp_nak 为 1 表示。

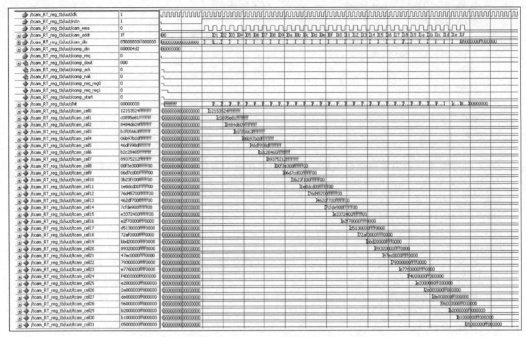

图 4-8　向被测电路写入 TCAM 表项的仿真波形

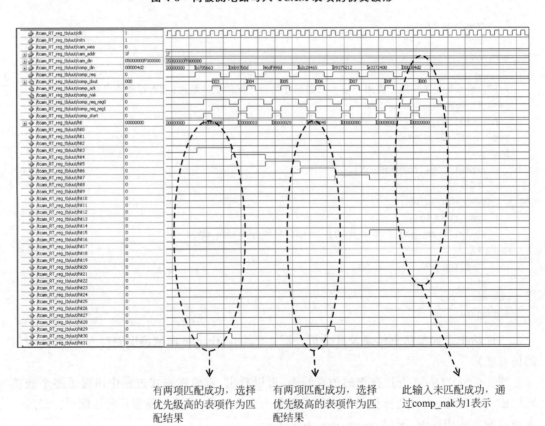

有两项匹配成功，选择
优先级高的表项作为匹
配结果

有两项匹配成功，选择
优先级高的表项作为匹
配结果

此输入未匹配成功，通
过comp_nak为1表示

图 4-9　TCAM 查找操作仿真波形

## 第5章

基于链表结构的哈希查找技术

5.1 简介

5.1.1 哈希散列算法的基本原理

哈希(Hash)散列算法的应用非常广泛,在通信和网络领域,它可以应用于以太网交换机的转发表查找中,也可以应用于路由器的路由表查找中。例如,在以太网交换机中,需要根据一个数据帧的目的 MAC 地址查找转发表以得到其对应的输出端口信息。以太网的 MAC 地址位宽为 48 位,如果采用线性查找,那么需要的存储深度为 2^{48},这在实际应用中是难以实现的。基于哈希散列算法设计的查找电路(简称哈希散列查找电路或哈希查找电路)可以利用较小的存储空间(通常深度为几 K)实现高速的以太网转发表查找功能。这里有一个前提,就是虽然 MAC 地址的空间很大,但在一个网络中,同时工作的主机数量可能非常少,可能只有几十台甚至几台,此时使用深度为几 K 的哈希表作为以太网交换机的转发表是足够的。

哈希查找包括建立哈希表和进行哈希查找两个步骤。

建立哈希表的基本过程是根据待匹配的关键字(称为 KEY,如 MAC 地址就是一个位宽为 48 位的 KEY)进行哈希散列运算得到其哈希值,哈希值的位宽与哈希表的深度直接相关。例如,哈希表深度为 1K,那么哈希值位宽为 10 位,这样可以寻址 1K 的空间。然后以哈希值为地址,将关键字(如 MAC 地址)和与关键字对应的信息(如输出端口)一起写入由 RAM 构成的哈希表中,这样就完成了与某个 MAC 地址对应的哈希表项的建立工作。

进行哈希表查找时,先将待匹配的关键字(如目的 MAC 地址)进行哈希变换,得到哈希散列表的读地址,然后从哈希表中读出与该哈希值对应的表项,如果读出表项中关键字与待匹配的关键字相同,则与关键字对应的信息就是需要的查找结果。

如果哈希表设计合理,多数情况下经过 1 次存储访问就可以得到查找结果,查找速度可以满足高性能交换机的要求。

在哈希查找过程中,哈希函数被用于建立关键字集合(KEY,以 K 表示)到哈希表地址空间(A)的映射：

$$H : K \rightarrow A$$

这种映射是一种压缩映射,也就是说,哈希值 $H(K)$ 的空间通常远小于关键字集合空间,不同的关键字可能会产生相同的哈希值,因此会导致冲突现象的发生。如图 5-1 所示,假如 KEY 的取值空间为 $0 \sim 7$,但 KEY 空间中的值很少会同时出现 3 个以上,因此哈希表的存储深度取值为 3。如果某个应用场合中,KEY 的值为 0、3 和 6,那么经过哈希运算后得到的哈希值刚好为 0、1 和 2,它们可以均匀地存储在哈希表的存储空间 0、1 和 2 中,它们之间没有冲突。如果 KEY 的取值虽然只有 3 个,但取的是 0、3 和 7,此时它们的哈希值为 0、1 和 1,可以看出,Hash 表中地址 2 为空,但在地址 1 处发生了冲突。解决哈希冲突是哈希查找的关键问题之一。在图 5-1 的哈希表中,除了存储 KEY,还相应存储着与该 KEY 对应的查找结果,它是哈希查找的输出结果。

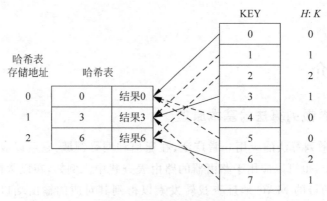

图 5-1　哈希算法示意图

5.1.2　基于哈希链表的冲突解决方法

解决哈希冲突的方法之一是将冲突项以双向链表的方式进行存储,即同一哈希值对应的存储表项构成一个双向链表,这样就可以 100% 地利用现有的存储空间了。这种方法的主要问题是电路的控制逻辑较为复杂,当链表较长时,查找时间会增加。图 5-2 是采用双向链表解决哈希冲突的具体方法,为了便于和后面电路的代码对应,均将 Hash 写作 hash。图 5-2 中包括两块存储器,一块是哈希链表头存储器,存储着同一哈希值对应的链表在哈希链表存储器中的入口地址;一块是哈希链表存储器,内部是具有双向链表结构的哈希表,每个存储单元存储着一个表项。在哈希链表存储器中,除了存储着 KEY 值和对应的查找结果,还有双向链表指针。以图 5-2 为例,在具体查找时,假如当前待查找的 KEY 为 7,那么首先需要计算其哈希值,得到 1;然后以 1 为地址查找哈希链表头存储器,得到其对应的链表入口地址为 1,以此入口地址读哈希链表存储器,读出的是 KEY=3 对应的表项,用 7 和 3 对比,发现二者不相等,此后,需要根据当前链表节点中的后向指针(值为 2)读出链表的下一个表项,即位于地址 2 中的表项。接下来,查找电路读出哈希链表存储器 2 中的内容,发现其可以匹配成功,因此读出对应的结果 7。

需要说明的是,对于图 5-2 所示的例子,在哈希链表存储器中,如果一个表项为链表头,那么它没有前向指针;如果一个表项为链表尾,那么它没有后向指针;如果一个表项既是

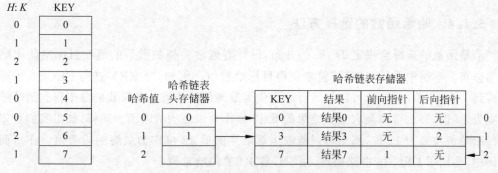

图 5-2 采用哈希链表解决冲突的方法

链表头也是链表尾,那么它的前、后向指针都不存在。我们需要采用一种方式表示前向指针或者后向指针不存在,常见的方法有两种。一种方法是在链表存储器中增加一些比特位,通过其编码指出当前节点在链表中的位置,例如使用 3 比特,用 000 表示其未被使用(空节点),001 表示其为头节点,011 表示其为中间节点,100 表示其为尾节点,101 表示其既是头节点也是尾节点,等等。另一种做法是用 0 表示某个节点不存在。前向指针为 0 表示前向节点不存在,后向指针为 0 表示后向节点不存在,二者都为 0 表示当前节点的前、后向节点都不存在。此时需要注意,哈希链表存储器的地址 0 不能被使用,否则会出现歧义。哈希链表头存储器中的值如果为 0,表示当前哈希值对应的链表为空。

5.1.3 多桶哈希查找算法

解决哈希冲突的另一个典型方法是增大哈希表的宽度,使得一个哈希值对应的存储空间中同时可存储多个关键字及其对应的结果信息,这种方式也称为多哈希桶或多桶哈希查找技术(每个哈希桶对应一个关键字和一个查找结果信息)。采用多个哈希桶,可以有效缓解哈希冲突,同时保证单次访问就可以得到查找结果,有利于实现高查找速度。这种方法存在的不足是存储空间利用率较低,实际存储空间占用情况与关键字的取值分布关系较为密切,从理论上无法解决全部冲突。图 5-3 是一个双桶哈希表,可以看出,当 KEY 的取值为 0、3 和 7 时,它们都可以存储在哈希表中,只不过此时浪费的存储空间更大了。此时,在进行查找时,如果输入的 KEY 为 7,那么经过哈希运算后得到的值为 1,此时从双桶哈希表中会同时读出 KEY 为 3 和 7 时对应的结果,需要将实际输入的 KEY 值(7)和哈希表中存储的 KEY 值(分别为 3 和 7)进行比较,确定输出 7 对应的结果。

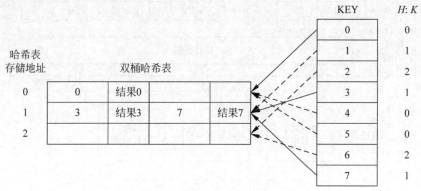

图 5-3 双桶哈希算法示意图

5.1.4 哈希函数的选择方法

哈希函数的选择会决定 $H:K$ 的分布,设计者通常希望映射后的值在目标空间中随机均匀分布。本例中选用 CRC 校验来获得目标哈希值。例如,对 KEY 进行 CRC-16 运算可以得到一个 16 位的结果,可以将运算结果作为最终的哈希值。如果我们希望得到的哈希值位宽为 10 位,那么可以截取运算结果的低 10 位作为最终的哈希值。同样,如果我们希望得到的哈希值位宽为 12 位,那么可以截取运算结果的低 12 位作为最终的哈希值。在后面的代码中,给出了 CRC-16 电路模块,用于计算 KEY 的哈希值。

5.2 基于链表结构的哈希查找电路的实现与仿真分析

基于链表的哈希查找电路的基本结构如图 5-4 所示,包括 hash_ll 电路和外部的哈希查找管理电路。本设计中,hash_ll 内部包括一块 hash_ll_head 存储器、一块 hash_ll 存储器和 hash_ll 状态机;外部电路包括哈希值运算电路、老化管理电路和外部匹配结果查找电路。在实际应用时,部分外部电路模块也可以移入 hash_ll 电路内部,此处为了便于理解核心电路功能,没有将这些电路移入 hash_ll。如图 5-4 所示,在 hash_ll 存储器中,没有存储需要输出的查找结果,一个表项在 hash_ll 中存储的位置具有唯一性,它就是需要的匹配结果,根据它读外部匹配结果查找电路可以得到所需的结果。

hash_ll 电路在工作中主要完成三项功能,即表项添加功能、表项删除功能和表项查找功能。

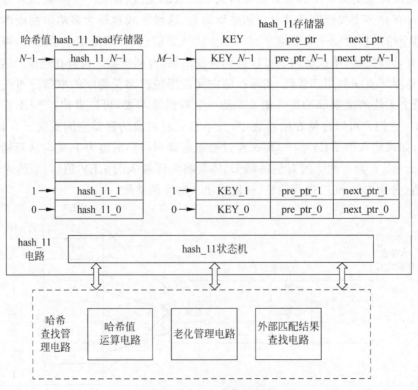

图 5-4 hash_ll 电路结构图

5.2.1 基于链表结构的哈希查找电路的功能

5.2.1.1 表项添加功能

使用表项添加功能时,外部的哈希查找管理电路可以提取出待匹配的关键字(为了与代码中保持一致,涉及具体电路设计时用 key 表示),计算其哈希值(用 hash 表示,下同),给出加入到 hash_ll 中的位置(用 add_key_ptr 表示),具体的插入位置是由哈希查找管理电路中的老化管理电路决定的。

进行表项插入操作时,又包括以下不同的情况。

(1) 添加表项时原链表为空。

根据输入的哈希值读 hash_ll_head 存储器时,如果输出值为 0,说明该哈希值对应的链表为空,此时需要为该表项建立一个链表。如图 5-5(a)所示,第一次添加的表项的 KEY 为 192.168.1.100(这里以 IP 地址为例,用点分十进制形式表示),哈希值为 100,hash_ll 中 KEY 表项添加的位置为 128。此时需要更新 hash_ll_head 存储器地址 100 对应的内容,需要写入表项在 hash_ll 中添加的地址 128;在 hash_ll 的地址 128,需要写入 KEY 值 192.168.1.100,在 pre_ptr 区域写入 0,表示其没有前向节点,在 next_ptr 中写入 0,表示这已经是链表尾,没有后向节点了。

需要说明的是,对于 hash_ll_head 存储器和 hash_ll 存储器,在指针区域填写 0 都表示"空",此时 hash_ll 中的节点 0 不能被用户使用,这是需要特别注意的。对于一个有效节点,其 pre_ptr 为 0 表示它是头节点,next_ptr 为 0 表示它是尾节点,二者都为 0 表示该节点是一个链表的唯一节点。hash_ll_head 中存储 0 表示该链表为空。

在图 5-5(a)中,还给出了增加第二个哈希链表后相应存储器中的内容。

(2) 添加表项时原链表非空。

根据输入的哈希值读 hash_ll_head 存储器时,如果输出值不为 0,说明该哈希值对应的链表非空,此时应该将要添加的表项插入到现有链表的头部。如图 5-5(b)所示,此时的具体做法是根据当前 hash_ll_head 中地址 100 所存储的值 128 读出哈希链表的头节点,即存储在 hash_ll 地址 128 中的内容。此后修改 hash_ll_head 在地址 100 处的值,将新表项在 hash_ll 中的存储地址 70 写入。新表项在写入 hash_ll 地址 70 时,KEY 为 20.30.11.9,pre_ptr 值为 0,next_ptr 值为 128,指向原来的头节点。原来的头节点(hash_ll 地址 128 处存储的节点)的 pre_ptr 修改为 70,next_ptr 保持不变。经过上述操作,新加入的节点成为哈希值 100 对应链表的头节点。

5.2.1.2 表项删除功能

hash_ll 电路的外部电路可以根据老化管理电路的指示删除某些近期处于非活跃状态的表项。表项删除操作会遇到多种不同的情况,以图 5-6 所示的哈希链表为例,下面进行分析说明。

删除链表的头节点时,如图 5-6 中位于地址 70 处的节点,需要修改 hash_ll_head 中地址 100 所存储的内容,将 70 修改为 128,以指向节点 70 的下一个节点;此后需要将节点 128 中的 pre_ptr 修改为 0,这样就完成了链表修改操作。注意,被删除的节点 70 中应写入全 0,恢复初始值。

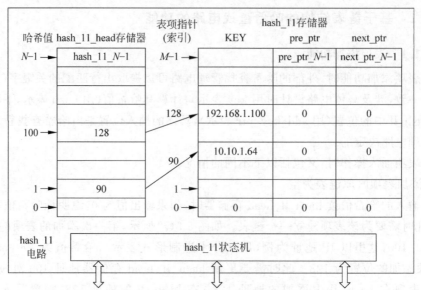

第一次表项添加操作：KEY：192.168.1.100，哈希值：100，表项指针：128
第二次表项添加操作：KEY：10.10.1.64，哈希值：1，表项指针：90

(a)

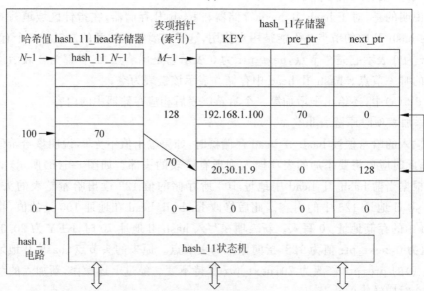

第一次表项添加操作：KEY：192.168.1.100，哈希值：100，表项指针：128
第二次表项添加操作：KEY：20.30.11.9，哈希值：100，表项指针：70

(b)

图 5-5　表项添加操作

　　删除链表的尾节点时，如图 5-6 中位于地址 1000 处的节点，需要根据其 pre_ptr 值 128
读出其前节点，然后将节点 128 中的 next_ptr 修改为 0，表示其为当前链表的尾节点。同
样，节点 1000 中应写入全 0。

　　如果删除的是中间节点，如图 5-6 中位于地址 128 处的节点，需要将其 pre_ptr 指向的
节点 70 和 next_ptr 指向的节点 1000 都读出来，然后将节点 70 的 next_ptr 值由 128 修改为

1000,将节点 1000 的 pre_ptr 值由 128 修改为 70,从而将节点 1000 和 70 连接起来。同样,节点 128 中应写入全 0。

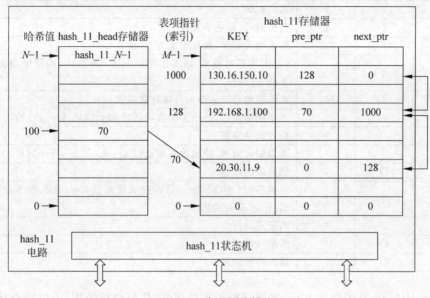

图 5-6 表项删除操作

5.2.1.3 表项查找功能

表项查找功能在具体实现时情况较为简单。hash_ll 状态机首先根据输入的哈希值读 hash_ll_head 存储器,如果链表非空,则以 hash_ll_head 的输出为地址读 hash_ll 存储器,读出链表中的第一个表项,并将输入的待匹配内容和读出的 KEY 进行比较,如果二者相同,则匹配成功,输出节点存储的地址,否则查看当前节点的 next_ptr,并继续类似的操作,直到匹配成功或者到达尾节点。

外部电路根据输出的匹配结果,读存储相应查找结果的存储器,可以获得所需的查找结果。

5.2.2 基于链表结构的哈希查找电路的实现

哈希查找电路的符号如图 5-7 所示,端口信号及其定义如表 5-1 所示。

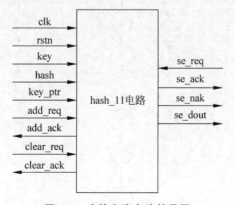

图 5-7 哈希查找电路符号图

表 5-1　哈希查找电路端口定义

接 口 名 称	I/O 类型	位宽/位	含　　义
clk	I	1	系统时钟
rstn	I	1	复位信号，低电平有效
key	I	32	输入的关键字，此处位宽为 32 位
hash	I	16	key 对应的哈希值，输入位宽为 16 位，本例中，内部电路实际使用了低 10 位
key_ptr	I	16	表项在哈希链表中的具体存储位置
add_req	I	1	表项添加请求，待添加的表项通过 key、hash、key_ptr 给出
add_ack	O	1	添加成功应答
clear_req	I	1	表项删除请求，待删除表项通过 key、hash、key_ptr 给出
clear_ack	O	1	删除成功应答
se_req	I	1	表项匹配（查找）请求，待匹配表项通过 key、hash 给出，匹配结果通过 se_dout 给出
se_ack	O	1	匹配成功应答
se_nak	O	1	匹配失败应答
se_dout	O	16	输出匹配结果

图 5-8 是 hash_ll 中的状态机，这里只给出了简图，供代码分析使用，可以结合代码中的注释分析电路的具体实现。

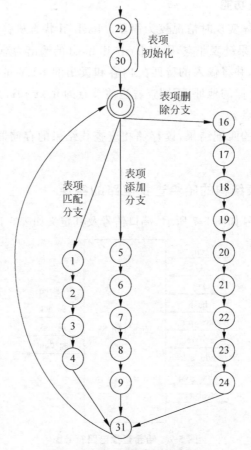

图 5-8　hash_ll 状态机示意图

下面是实现哈希查找电路的 Verilog 代码。

```verilog
`timescale 1ns / 1ps
// ============================================
//链表中表项的数据结构定义
//[63:32]    key
//[31:16]    pre_ptr
//[15:0]     next_ptr
// ============================================
`timescale 1ns / 1ps
module   hash_link(
input                    clk,
input                    rstn,
input           [31:0]   key,
input           [15:0]   hash,
input           [15:0]   key_ptr,
input                    add_req,
output   reg             add_ack,
input                    clear_req,
output   reg             clear_ack,
input                    se_req,
output   reg             se_ack,
output   reg             se_nak,
output   reg    [15:0]   se_dout
);
reg        [4:0]         state;
//hash_ll 存储器相关的信号
reg        [15:0]        hash_ll_ram_addr;
reg        [63:0]        hash_ll_ram_din;
wire       [63:0]        hash_ll_ram_dout;
reg                      hash_ll_ram_wr;
//hash_ll_head 存储器相关的信号
reg        [15:0]        hash_ll_head_ram_addr;
reg        [15:0]        hash_ll_head_ram_din;
wire       [15:0]        hash_ll_head_ram_dout;
reg                      hash_ll_head_ram_wr;

wire                     hit;                        //为1时表示命中,即匹配成功
reg        [31:0]        hit_key;                    //存储待匹配 KEY 的寄存器

wire       [15:0]        next_ptr;
wire       [15:0]        pre_ptr;
reg        [15:0]        next_ptr_reg;               //存储下一节点指针的寄存器
reg        [15:0]        pre_ptr_reg;                //存储前一节点指针的寄存器
reg        [15:0]        current_ptr_reg;            //存储当前节点指针的寄存器

reg        [63:0]        pre_node_reg;               //存储前一节点的寄存器
reg        [63:0]        next_node_reg;              //存储下一节点的寄存器
reg        [63:0]        current_node_reg;           //存储当前节点的寄存器
reg        [15:0]        hash_ll_head_ram_dout_reg;  //寄存 hash_ll_head_ram 的当前输出
```

```
parameter   HASH_LL_HEAD_RAM_DEPTH = 1024;
parameter   HASH_LL_RAM_DEPTH = 1024;

always@(posedge clk or negedge rstn)begin
    if(!rstn)begin
        state <= #2 29;          //注意,刚复位时不是进入状态 0,而是 29,用于进行存储器初始化
        se_ack <= #2 0;
        se_nak <= #2 0;
        add_ack <= #2 0;
        clear_ack <= #2 0;
        hash_ll_ram_wr <= #2 0;
        hash_ll_ram_addr <= #2 0;
        hash_ll_ram_din <= #2 0;
        hash_ll_head_ram_addr <= #2 0;              //哈希表访问地址
        hash_ll_head_ram_din <= #2 0;
        hash_ll_head_ram_wr <= #2 0;
        end
    else begin
        // =======================================
        //下面的语句为控制信号赋缺省的初始值
        // =======================================
        hash_ll_ram_wr <= #2 0;
        hash_ll_head_ram_wr <= #2 0;
        add_ack <= #2 0;
        se_ack <= #2 0;
        se_nak <= #2 0;
        clear_ack <= #2 0;
        case(state)
        0:begin
            // ======================================================
            //se_req 为 1 时,进入匹配查找分支,依次读出链表中的节点进行匹配
            // ======================================================
            if(se_req)begin
                //首先读 hash_ll_head_ram,读出内容为哈希链表第一个节点存储的位置
                hash_ll_head_ram_addr <= #2 hash;
                hit_key <= #2 key;
                state <= #2 1;
                end
            // =================================================
            //add_req 为 1 时,将当前输入添加到链表首部,进入表项添加分支
            // =================================================
            else if(add_req)begin
                hash_ll_head_ram_addr <= #2 hash;
                hit_key <= #2 key;
                state <= #2 5;
                end
            else if(clear_req)begin
                //先读出待删除节点
                hit_key <= #2 key;
                hash_ll_head_ram_addr <= #2 hash;
                hash_ll_ram_addr <= #2 key_ptr;
```

```
                state <= #2 16;
            end
        end
// ====================================================
//状态 1~4 为进行哈希匹配的分支
//状态 1:等待哈希表头中的数据被读出
// ====================================================
1:state <= #2 2;
// ====================================================
//状态 2:如果 hash_ll_head_ram_dout 为 0,说明链表为空,返回
//se_nak 后进入状态 31,等待 1 个时钟周期,等待本次查找请求撤除,
//然后返回状态 0;否则根据链表头的输出结果从 hash_ll_ram 中读出第一个节点
// ====================================================
2:begin
        if(hash_ll_head_ram_dout == 0)begin        //链表头指针为 0,说明不存在相应的链表
            se_nak <= #2 1;
            state <= #2 31;
            end
        else begin
            hash_ll_ram_addr <= #2 hash_ll_head_ram_dout;
            state <= #2 3;
            end
        end
// ====================================================
//状态 3:等待 hash_ll_ram 的值被读出
//状态 4:判断节点中的 KEY 与输入的 KEY 是否匹配,如果未匹配,
//则读出链表的后续节点,直至匹配成功或者到达链表尾部
// ====================================================
3:state <= #2 4;
4:begin
        if(hit)begin                                //如果命中,则查找成功
            se_ack <= #2 1;
            se_dout <= #2 hash_ll_ram_addr[15:0];
            state <= #2 31;
            end
        else begin                              //如果没有命中,则准备读取链表中的下一节点
            if(next_ptr == 0)begin              //如果后级指针为 0,说明到达链表尾,查找失败
                se_nak <= #2 1;
                state <= #2 31;
                end
            else begin
                //如果后级指针不为 0,则以后级指针为地址读取后一节点
                hash_ll_ram_addr <= #2 next_ptr;
                state <= #2 3;
                end
            end
        end
// ====================================================
//状态 5~9 进行表项添加操作
//状态 5 用于等待哈希表头中的数据被读出
// ====================================================
```

```verilog
5: state <= #2 6;
// ===================================================
//添加节点时存在两个分支,一是当前链表为空,二是当前链表不为空
//(1)当前链表为空时,将 add_key_ptr 写入 hash_ll_head_ram 中
//哈希值指定的位置;然后以 add_key_ptr 为地址,将 key、
//pre_ptr(填写 0,表示没有前级节点)、next_ptr(填写 0,
//表示没有后级节点)写入 hash_ll_ram
//(2)当前链表非空时,先读出链表的头节点,将其 pre_ptr 更新为当前
//待加入的节点;将当前待加入节点的 pre_ptr 设置为 0,
//next_ptr 修改为原来的头节点并保存;将 hash_ll_head_ram
//中哈希值指向的存储位置写入 add_key_ptr,指向新的链表头
// ===================================================
6: begin
    if(hash_ll_head_ram_dout == 0) begin
        //以 hash 为地址,更新 hash_ll_head_ram
        hash_ll_head_ram_addr <= #2 hash;
        hash_ll_head_ram_din  <= #2 key_ptr;
        hash_ll_head_ram_wr   <= #2 1;
        //以 add_key_ptr 为地址,更新 hash_ll_ram
        hash_ll_ram_addr  <= #2 key_ptr;
        hash_ll_ram_din   <= #2 {key[31:0],16'b0,16'b0};
        hash_ll_ram_wr    <= #2 1;
        add_ack           <= #2 1;
        state             <= #2 31;
        end
    else begin
        //以 hash 为地址,更新 hash_ll_head_ram
        hash_ll_head_ram_addr <= #2 hash;
        hash_ll_head_ram_din  <= #2 key_ptr;
        hash_ll_head_ram_wr   <= #2 1;
        //读出当前头节点
        hash_ll_ram_addr <= #2 hash_ll_head_ram_dout;   //读取链表头节点
        state <= #2 7;
        end
    end
7: state <= #2 8;                                       //等待链表头节点被读出
8: begin
    //先将链表的头节点寄存,注意,此时的 hash_ll_ram_addr 为原来头节点的存储地址
    current_node_reg <= #2 hash_ll_ram_dout;
    current_ptr_reg  <= #2 hash_ll_ram_addr;
    //将新加入节点设置为当前头节点,写入节点内容
    hash_ll_ram_addr <= #2 key_ptr;
    hash_ll_ram_din  <= #2 {key[31:0],16'b0,hash_ll_ram_addr[15:0]};
    hash_ll_ram_wr   <= #2 1;
    state            <= #2 9;
    end
9: begin
    //更新原来的头节点
    hash_ll_ram_addr <= #2 current_ptr_reg;
    hash_ll_ram_din  <= #2 {current_node_reg[63:32],key_ptr[15:0],current_node_
                            reg[15:0]};
```

```
        hash_ll_ram_wr    <= #2 1;
        add_ack           <= #2 1;
        state             <= #2 31;
        end
```

```
// ==============================================================
//状态 16～24 进行节点删除操作
//节点删除操作存在 3 种情况: 待删除节点是链表中的头节点、中间节点和尾节点
//具体处理流程为:
//(1)根据 clear_key_ptr 读出待删除节点
//(2)根据读出的待删除节点的 pre_ptr 和 next_ptr 分别读出其前级节点和
//后级节点。注意,如果该节点的前级节点或者后级节点为空,那么读出来的是
//全 0
//(3)修改待删除节点前级节点的后级节点指针和待删除节点后级节点的前级
//节点指针,实现节点删除; 如果待删除节点为头节点,则将其 next_ptr 写入
//hash_ll_head_ram 中,完成对哈希链表头的更新,否则保持不变
//(4)将待删除节点写入 0
// ==============================================================
16:state <= #2 17;        //等待待删除节点被读出
17:begin
    //寄存读出的 hash_ll_head_ram 输出值
    hash_ll_head_ram_dout_reg <= #2 hash_ll_head_ram_dout;
    //将待删除节点存储为 current 节点
    current_ptr_reg    <= #2 key_ptr;
    current_node_reg   <= #2 hash_ll_ram_dout;
    next_ptr_reg       <= #2 next_ptr;
    pre_ptr_reg        <= #2 pre_ptr;
    //读出待删除节点的前级节点
    hash_ll_ram_addr <= #2 pre_ptr;
    state <= #2 18;
    end
18: state <= #2 19;
19: begin
    pre_node_reg <= #2 hash_ll_ram_dout;
    //读出待删除节点的后级节点
    hash_ll_ram_addr <= #2 next_ptr_reg;
    state <= #2 20;
    end
20: state <= #2 21;
21: begin
    next_node_reg <= #2 hash_ll_ram_dout;
    state <= #2 22;
    end
// ==============================================================
//在待删除节点及其前后级节点读出并寄存后,进行前后级节点
//更新,将待删除节点清零
// ==============================================================
22: begin
    //更新 current 节点的 pre 节点,如果待删除节点的 pre_ptr 值为 0,
    //说明其前级节点为空,此时不需要更新; 否则进行更新。
    //进行更新操作时,将前级节点的 next_ptr 替换为当前节点的
    //next_ptr(即 current_node_reg[15:0])即可
```

```
                    hash_ll_ram_addr <= #2 pre_ptr_reg;
                    if(pre_ptr_reg!== 16'b0)begin
                        hash_ll_ram_din <= #2 {pre_node_reg[63:16],current_node_reg[15:0]};
                        hash_ll_ram_wr <= #2 1;
                        end
                    state <= #2 23;
                    end
            23: begin
                //更新 current 节点的 next 节点,只有其 next_ptr 不为 0 时才进行更新。
                //进行更新操作时,将后级节点的 pre_ptr 替换为当前节点的
                //pre_ptr(即 current_node_reg[31:16])即可
                hash_ll_ram_addr <= #2 next_ptr_reg;
                if(next_ptr_reg!== 16'b0)begin
                    hash_ll_ram_din <= #2 {next_node_reg[63:32],current_node_reg[31:16],
                                        next_node_reg[15:0]};
                    hash_ll_ram_wr <= #2 1;
                    end
                state <= #2 24;
                end
            24: begin
                //更新 current node
                hash_ll_ram_addr <= #2 current_ptr_reg;
                hash_ll_ram_din <= #2 64'b0;
                hash_ll_ram_wr <= #2 1;
                //更新 hash_ll_head_ram,如果待删除节点为链表的头节点,则
                //将当前节点的 next_ptr(即 current_node_reg[15:0])写入 hash_ll_head_ram
                if(hash_ll_head_ram_dout_reg == current_ptr_reg) begin
                    hash_ll_head_ram_din <= #2 current_node_reg[15:0];
                    hash_ll_head_ram_wr <= #2 1;
                    end
                clear_ack <= #2 1;
                state <= #2 31;
                end
        // ==============================================
        //状态 29~30 用于对内部存储器进行初始化
        // ==============================================
            29:begin
                hash_ll_ram_addr <= #2 0;
                hash_ll_ram_din <= #2 64'b0;
                hash_ll_ram_wr <= #2 1;
                hash_ll_head_ram_addr <= #2 0;
                hash_ll_head_ram_din <= #2 16'b0;
                hash_ll_head_ram_wr <= #2 1;
                state <= #2 30;
                end
            30:begin
                if(hash_ll_ram_addr < HASH_LL_RAM_DEPTH - 1) begin
                    hash_ll_ram_addr <= #2 hash_ll_ram_addr + 1;
                    hash_ll_ram_wr <= #2 1;
                    end
                else begin
```

```
                    hash_ll_ram_wr <= #2 0;
                    end
                if(hash_ll_head_ram_addr < HASH_LL_HEAD_RAM_DEPTH - 1) begin
                    hash_ll_head_ram_addr <= #2 hash_ll_head_ram_addr + 1;
                    hash_ll_head_ram_wr <= #2 1;
                    end
                else begin
                    hash_ll_head_ram_wr <= #2 0;
                    end
                if(!hash_ll_ram_wr & !hash_ll_head_ram_wr) state <= #2 0;
                end
            // ===========================================
            //状态31是一个等待状态,等待外部请求撤除
            // ===========================================
            31:state <= #2 0;
            endcase
            end
        end
assign   hit = (hash_ll_ram_dout[63:32] == hit_key[31:0])?1:0;
assign   pre_ptr = hash_ll_ram_dout[31:16];
assign   next_ptr = hash_ll_ram_dout[15:0];


//哈希链表节点存储器,位宽为64位,深度为1K
sram_w64_d1k   u_hash_ll_ram(
    .clka(clk),                              // input wire clka
    .wea(hash_ll_ram_wr),                    // input wire [0 : 0] wea
    .addra(hash_ll_ram_addr[9:0]),           // input wire [15 : 0] addra
    .dina(hash_ll_ram_din),                  // input wire [127 : 0] dina
    .douta(hash_ll_ram_dout)                 // output wire [127 : 0] douta
    );

//哈希链表头存储器,位宽为16位,深度为1K
sram_w16_d1k   u_hash_ll_head_ram(
    .clka(clk),                              // input wire clka
    .wea(hash_ll_head_ram_wr),               // input wire [0 : 0] wea
    .addra(hash_ll_head_ram_addr[9:0]),      // input wire [15 : 0] addra
    .dina(hash_ll_head_ram_din),             // input wire [127: 0] dina
    .douta(hash_ll_head_ram_dout)            // output wire [127 : 0] douta
    );
endmodule
```

5.2.3 仿真验证平台的设计

仿真时,以32位IP地址作为KEY,为了便于分析,哈希值由仿真任务直接指定,
key_ptr由外部电路给出。具体仿真项在代码中进行了注释说明,它包括3组测试项,在仿
真分析时,要根据注释提示选择恰当的测试项。

```
`timescale 1ns / 1ps
module hash_link_tb;
// Inputs
```

```verilog
reg clk;
reg rstn;
reg [31:0] key;
reg [15:0] hash;
reg [15:0] key_ptr;
reg add_req;
reg clear_req;
reg se_req;

// Outputs
wire add_ack;
wire clear_ack;
wire se_ack;
wire se_nak;
wire [15:0]  se_dout;

always #5 clk = ~clk;
// Instantiate the Unit Under Test (UUT)
hash_link u_hash_link (
    .clk(clk),
    .rstn(rstn),
    .key(key),
    .hash(hash),
    .key_ptr(key_ptr),
    .add_req(add_req),
    .add_ack(add_ack),
    .clear_req(clear_req),
    .clear_ack(clear_ack),
    .se_req(se_req),
    .se_ack(se_ack),
    .se_nak(se_nak),
    .se_dout(se_dout)
);

initial begin
    // Initialize Inputs
    clk = 0;
    rstn = 0;
    key = 0;
    hash = 0;
    add_req = 0;
    key_ptr = 0;
    clear_req = 0;
    key_ptr = 0;
    se_req = 0;
    // Wait 100ns for global reset to finish
    #100;
    rstn = 1;
    #20_000; //等待被验证电路内部 RAM 初始化完成
// ===============================================
//测试项 1:
```

```
//向 hash_ll 中添加第 1 个表项: KEY 为 32'hc0a80164,哈希值为 100,key_ptr 为 128
//向 hash_ll 中添加第 2 个表项: KEY 为 32'h0a0a0140,哈希值为 1,key_ptr 为 90
//向 hash_ll 中添加第 3 个表项: KEY 为 32'h141e0b09,哈希值为 100,key_ptr 为 70,此项与第 1 项构
//成链表并插入到 hash_ll_head 和第 1 项之间。
//在具体仿真时,测试项 1、2 和 3 不是同时使用的,
//进行第 1 项测试时要将后两项注释掉,删除第 1 项的注释符号
// ==============================================================
//      add_task(32'hc0a80164,100,128);
//      repeat(10)@(posedge clk);
//      add_task(32'h0a0a0140,1,90);
//      repeat(10)@(posedge clk);
//      add_task(32'h141e0b09,100,70);
//      repeat(10)@(posedge clk);
// ======================================
//测试项 2:
//此项在测试项 1 的基础上进行。
//进行第 1 次匹配查找: KEY 为 32'hc0a80164,哈希值为 100,查找结果应该是 128
//进行第 2 次匹配查找: KEY 为 32'h141e0b09,哈希值为 100,查找结果应该是 70
// ==============================================================
//      se_task(32'hc0a80164,100);
//      repeat(10)@(posedge clk);
//      se_task(32'h141e0b09,100);
//      repeat(10)@(posedge clk);
// ==============================================================
//测试项 3:
//仿真此项时,应注释掉测试项 1 和测试项 2。
//在同一个链表中添加 3 个节点,然后依次删除中间节点、头节点和尾节点。
//(1)先依次添加 3 个具有相同哈希值的表项
//(2)依次删除中间节点和位于两端的节点
// ==============================================================
    add_task(32'h8210960a,100,1000);
    repeat(10)@(posedge clk);
    add_task(32'hc0a80164,100,128);
    repeat(10)@(posedge clk);
    add_task(32'h141e0b09,100,70);
    repeat(10)@(posedge clk);
    clear_task(100,128);
    repeat(10)@(posedge clk);
    clear_task(100,70);
    repeat(10)@(posedge clk);
    clear_task(100,1000);

//表项添加任务
task      add_task;
input  [31:0]  key_in;
input  [9:0]   hash_in;
input  [15:0]  ll_ptr;
integer         i;
begin
repeat(1)@(posedge clk);
    #2;
```

```
        key = key_in;
        hash = hash_in;
        key_ptr = ll_ptr;
        add_req = 1;
        while(!add_ack) repeat(1)@(posedge clk);
        #2;
        add_req = 0;
        key = 0;
        hash = 0;
        key_ptr = 0;
        repeat(1)@(posedge clk);
        end
endtask
//表项查找任务
task    se_task;
input   [31:0]  key_in;
input   [9:0]   hash_in;
integer         i;
begin
repeat(1)@(posedge clk);
    #2;
    key = key_in;
    hash = hash_in;
    se_req = 1;
    while(!se_ack) repeat(1)@(posedge clk);
    #2;
    se_req = 0;
    key = 0;
    hash = 0;
    repeat(1)@(posedge clk);
    end
endtask

//表项删除任务
task    clear_task;
input   [9:0]   hash_in;
input   [15:0]  ll_ptr;
integer         i;
begin
repeat(1)@(posedge clk);
    #2;
    hash = hash_in;
    key_ptr = ll_ptr;
    clear_req = 1;
    while(!clear_ack) repeat(1)@(posedge clk);
    #2;
    clear_req = 0;
    key = 0;
    hash = 0;
    key_ptr = 0;
    repeat(1)@(posedge clk);
```

```
        end
    endtask
endmodule
```

在上面的仿真分析中,没有模拟老化管理电路和哈希值计算电路的操作,下面是采用状态机实现的 CRC-16 计算电路,可以根据输入的 32 位 IP 地址计算出 1 个 16 位的 CRC-16 校验值,可以作为 16 位散列值。如果只需要 10 位散列值,可以取它的低 10 位。

```
`timescale 1ns/100ps
module crc_16(
input               clk,
input               rstn,
input               crc_req,
input       [31:0]  ip,
output  reg [15:0]  d,
output  reg         crc_ack
);
reg  crc_req_reg;
always @(posedge clk) crc_req_reg <= #2 crc_req;
wire  crc_clr;
assign crc_clr = crc_req & !crc_req_reg;

reg    [7:0]  data_i;
reg    [3:0]  state;
always @(posedge clk or negedge rstn)
    if(!rstn) begin
        state <= #2 0;
        crc_ack <= #2 0;
        end
    else begin
        case(state)
        0:begin
            crc_ack <= #2 0;
            if(crc_clr) begin
                data_i <= #2 ip[31:24];
                state <= #2 1;
                end
            end
        1:begin
            data_i <= #2 ip[23:16];
            state <= #2 2;
            end
        2:begin
            data_i <= #2 ip[15:8];
            state <= #2 3;
            end
        3:begin
            data_i <= #2 ip[7:0];
            state <= #2 4;
            end
        4:begin
```

```
                    crc_ack <= #2 1;
                    state <= #2 0;
                    end
                endcase
            end

    always @(posedge clk or negedge rstn)
        if(!rstn) begin
            d <= #2 0;
            end
        else if(crc_clr) d <= #2 0;
        else begin
            d[ 0] <= #2 d[8] ^ d[9] ^ d[10] ^ d[11] ^ d[12] ^ d[13] ^ d[14] ^ d[15]
                            ^ data_i[0] ^ data_i[1] ^ data_i[2] ^ data_i[3] ^ data_i[4]
                            ^ data_i[5] ^ data_i[6] ^ data_i[7];
            d[ 1] <= #2 d[9] ^ d[10] ^ d[11] ^ d[12] ^ d[13] ^ d[14] ^ d[15]
                            ^ data_i[1] ^ data_i[2] ^ data_i[3] ^ data_i[4]
                            ^ data_i[5] ^ data_i[6] ^ data_i[7];
            d[ 2] <= #2 d[8] ^ d[9] ^ data_i[0] ^ data_i[1];
            d[ 3] <= #2 d[9] ^ d[10] ^ data_i[1] ^ data_i[2];
            d[ 4] <= #2 d[10] ^ d[11] ^ data_i[2] ^ data_i[3];
            d[ 5] <= #2 d[11] ^ d[12] ^ data_i[3] ^ data_i[4];
            d[ 6] <= #2 d[12] ^ d[13] ^ data_i[4] ^ data_i[5];
            d[ 7] <= #2 d[13] ^ d[14] ^ data_i[5] ^ data_i[6];
            d[ 8] <= #2 d[0] ^ d[14] ^ d[15] ^ data_i[6] ^ data_i[7];
            d[ 9] <= #2 d[1] ^ d[15] ^ data_i[7];
            d[10] <= #2 d[2];
            d[11] <= #2 d[3];
            d[12] <= #2 d[4];
            d[13] <= #2 d[5];
            d[14] <= #2 d[6];
            d[15] <= #2 d[7] ^ d[8] ^ d[9] ^ d[10] ^ d[11] ^ d[12] ^ d[13] ^ d[14] ^ d[15]
                            ^ data_i[0] ^ data_i[1] ^ data_i[2] ^ data_i[3] ^ data_i[4]
                            ^ data_i[5] ^ data_i[6] ^ data_i[7];
            end
    endmodule
```

5.2.4 基于链表结构的哈希查找电路的仿真分析

根据上面的测试代码,下面对仿真波形进行分析。

(1) 电路初始化操作的仿真波形如图 5-9 所示。

从图 5-9(a)和(b)可以看出,rstn 信号拉高后,状态机从状态 29(十六进制 1d)进入 30(十六进制 1e),在状态 30 中,从 hash_ll_ram 和 hash_ll_head_ram 的地址 0 开始写入 0,直到地址 1023(十六进制 3ff)。初始化操作确保了两块存储区的初始值均为 0,此后状态机跳转到 0。

(2) 测试项 1 的仿真波形。

测试项 1 完成如下操作:

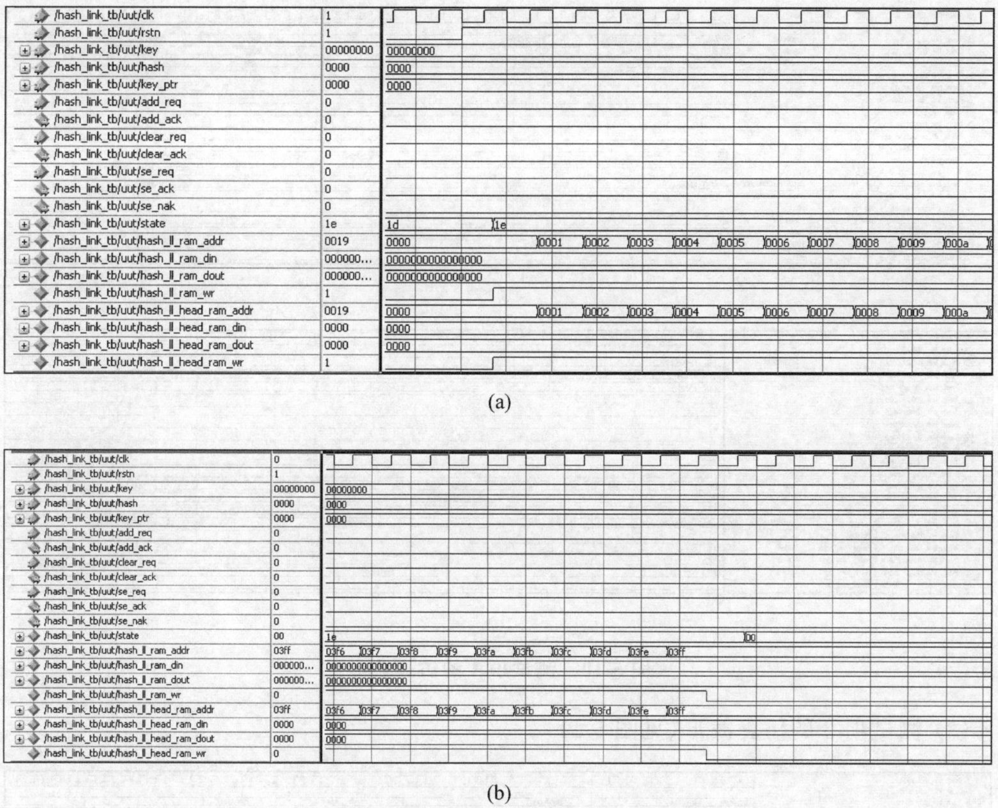

(a)

(b)

图 5-9　哈希链表存储区初始化波形图

① 向 hash_ll 中添加第 1 个表项,其 KEY 为 32'hc0a80164,哈希值为 100,key_ptr 为 128。所添加的表项为哈希值 100 所指向链表的第 1 个表项。

② 向 hash_ll 中添加第 2 个表项,其 KEY 为 32'h0a0a0140,哈希值为 1,key_ptr 为 90。所添加的表项为哈希值 1 所指向链表的第 1 个表项。

③ 向 hash_ll 中添加第 3 个表项,其 KEY 为 32'h141e0b09,哈希值为 100,key_ptr 为 70,此项与第 1 项构成哈希值为 100 的链表,并插入到 hash_ll_head 和第 1 项之间。

图 5-10(a)给出了添加第 1 个和第 2 个表项时的仿真波形。以添加第 1 个表项为例,可以看出,状态机的跳转过程为 0、5、6、31 再回到 0。hash_ll_head_ram 在地址 100(十六进制的 64)写入了 128(十六进制的 80),指向 hash_ll_ram 中表项写入的具体位置。在 hash_ll_ram 的地址 128 写入了十六进制的 c0a8016400000000,它的高 32 位是写入的 KEY,接下来的 pre_ptr 和 next_ptr 都是 0,表示该节点是当前链表中的唯一节点,其前、后都是空节点。

图 5-10(b)给出了添加第 3 个表项时的仿真波形。此时,hash_ll_head_ram 在地址 100(十六进制的 64)写入了 70(十六进制的 46),指向 hash_ll_ram 中新插入表项的写入位置。在 hash_ll_ram 的地址 70 写入了十六进制的 141e0b0900000080,它的高 32 位是写入的 KEY,接下来的 pre_ptr 为 0,表示其为当前头节点,next_ptr 是 128(十六进制的 80),指向原来的头节点。此后,在 hash_ll_ram 的地址 128 写入了十六进制的 c0a8016400460000,它的 pre_ptr 为十六进制的 46(10 进制的 70),next_ptr 是 0,表示其尾节点为空。

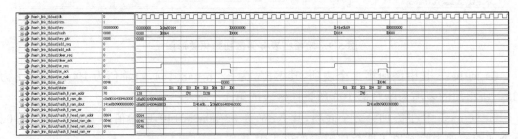

(a)

(b)

图 5-10   测试项 1 的仿真波形

（3）测试项 2 的仿真波形（见图 5-11）。

图 5-11   测试项 2 的仿真波形

测试项 2 在测试项 1 的基础上进行如下操作：

① 进行第 1 次匹配查找：KEY 为 32'hc0a80164，哈希值为 100，正确的查找结果应该是 128。

② 进行第 2 次匹配查找：KEY 为 32'h141e0b09，哈希值为 100，正确的查找结果应该是 70。

进行查找时，状态机会从链表头开始依次读出表项，对 KEY 进行匹配，直至匹配成功或者到达链表尾部。在对 32'hc0a80164 进行匹配时，hash_ll 电路首先根据哈希值 100 读出链表中第 1 个节点存储的位置 70，然后读出该节点存储的内容，十六进制的 141e0b0900000080，由于输入的 KEY 与表项的高 32 位不同，因此匹配没有成功。此后，根据读出节点的 next_ptr，即 128（十六进制的 80）读出链表中的下一个节点，此次匹配成功，输出该节点的存储地址 128。此后进行第 2 次匹配查找，此次的 KEY 为十六进制的141e0b09，它对应的是链表的第 1 个节点，因此第一次匹配就得到了所需的查找结果 70。

（4）测试项 3 的仿真波形。

注意，在仿真此项时，应注释掉测试项 1 和测试项 2。本测试项在同一个链表中连续添加 3 个节点，然后依次删除中间节点、头节点和尾节点。具体操作如下：

① 依次添加 3 个具有相同哈希值的表项，3 个表项的 KEY、哈希值、key_ptr 分别为

```
32'h8210960a,100,1000
32'hc0a80164,100,128
32'h141e0b09,100,70
```

具体的仿真波形如图 5-12(a)、(b)和(c)所示。

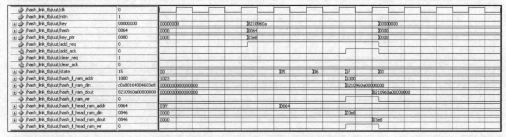

(a) 插入第1个表项时的仿真波形

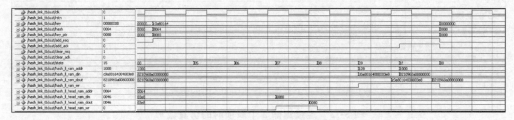

(b) 插入第2个表项时的仿真波形

(c) 插入第3个表项时的仿真波形

图 5-12 连续插入 3 个表项时的仿真波形

② 依次删除中间节点和位于两端的节点，依次删除的节点的哈希值和 key_ptr 分别为

```
100,128
100,70
100,1000
```

具体的仿真波形如图 5-13(a)、(b)和(c)所示。

节点删除的仿真波形可以根据代码对照着分析，这里不再做进一步说明。节点删除操作相对于节点添加和查找更为复杂，主要是需要根据要删除的节点读出其前级和后级节点，然后将其前级、后级节点连接起来。删除时需要分析待删除节点前级、后级节点是否为空，

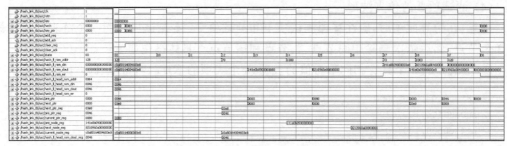

(a) 删除中间节点（表项128）时的仿真波形

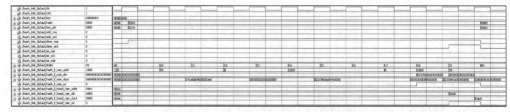

(b) 删除头节点（表项70）时的仿真波形

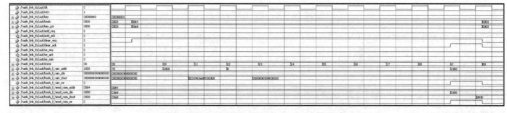

(c) 删除最后一个节点（表项1000）时的仿真波形

图 5-13　连续删除 3 个表项时的仿真波形

如果为空则不需要更新对应节点的内容。

5.3　多桶哈希查找电路的设计与仿真分析

另一种解决哈希冲突的典型方法是增大哈希表的宽度,使得一个哈希值对应的存储空间中同时可存储多个关键字及其对应的结果信息,这种方式也称为多哈希桶技术(每个哈希桶对应一个关键字和一个查找结果)。采用多个哈希桶,可以有效缓解哈希冲突,同时保证单次访问就可以得到查找结果,可以获得高查找速度,是目前采用的主要方法之一。

多桶哈希查找电路的典型应用之一是以太网转发表查找电路,此时的 KEY 为以太网的 MAC 地址,查找结果为对应的输出端口号。下面以双桶哈希查找电路为例加以分析,它所采用哈希桶的数据结构如图 5-14(a)所示,本设计中没有给出具体的哈希值计算方法,可以采用和前面相同的方式,此处可以将 MAC 地址进行 CRC-16 运算,选择计算结果的低 10 位作为哈希值,每个哈希桶的深度为 1024。

哈希桶中表项的具体数据结构如图 5-14(b)所示,每个哈希表项位宽为 80 位,包括 MAC 地址(48 位)、输出端口号(16 位)、生存时间(10 位)、表项有效指示(item_valid,1 位)、保留 5 位,详细说明如表 5-2 所示。

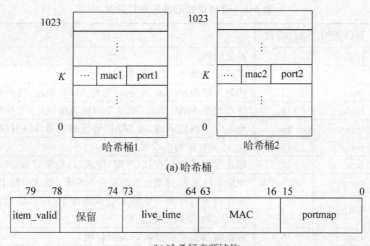

(a) 哈希桶

item_valid	保留	live_time	MAC	portmap

(b) 哈希桶表项结构

图 5-14　哈希桶结构

表 5-2　哈希表项的定义

名　　称	定　　义
item_valid	若为高电平,表示该表项有效;若为低电平,表示该表项无效,可以写入新的表项
live_time	表项的生存时间,本设计中缺省最大表项生存时间为 300s
mac 地址	进行地址学习时,写入源 MAC 地址,进行查找时,与输入的目的 MAC 地址进行匹配
portmap	MAC 地址对应的输出端口位图,其位宽与交换机端口数相同,此处为 16 位,哪个比特位为 1,表示当前帧从哪个端口输出,如果有多个 1,表示其为组播数据帧
保留 5 位	留作以后使用

5.3.1　双桶哈希查找电路的设计

图 5-15 为哈希查找电路的符号,表 5-3 给出了引脚的功能说明。它是一个应用于以太网交换机中的双桶哈希查找电路。

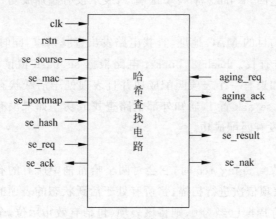

图 5-15　哈希查找电路符号图

表 5-3 哈希查找电路的端口定义

接口名称	I/O 类型	位宽/位	含　　义
clk	input	1	系统时钟
rstn	input	1	系统复位信号,低电平有效
se_source	input	1	其为 1 时表示当前 se_mac 为源 MAC 地址,需要进行地址学习
se_mac	input	48	待匹配的 MAC 地址,地址学习时为源地址,查找时为目的地址
se_portmap	input	16	地址学习时输入的、源 MAC 地址的入端口映射位图
se_hash	input	10	se_mac 对应的哈希值
se_req	input	1	地址学习或地址查找(匹配)请求,高电平有效
se_ack	output	1	地址学习完成,或地址查找完成并实现了匹配时输出 1,否则输出 0
se_nak	output	1	由于缓冲区冲突等原因未完成地址学习,或者地址查找未实现匹配时输出 1,否则输出 0
se_result	output	16	地址查找成功时输出的映射位图
aging_req	input	1	地址老化请求,高电平有效
aging_ack	output	1	地址老化应答,表示此轮地址老化完成

下面的代码是一个双桶哈希查找电路,名为 hash_2_bucket,深度为 1024,主要实现哈希表项插入、MAC 地址精确匹配查找、哈希表项老化 3 种功能,具体介绍如下。

1. 表项插入功能

查找电路提取出当前 MAC 帧的源 MAC 地址,然后进行地址学习操作。进行地址学习和进行地址查找使用的引脚几乎相同,只是进行地址学习时 se_source 为 1,表示当前 se_mac 为源地址。表项插入操作的目的是在 se_hash 对应的存储位置写入与当前 se_mac、se_portmap 对应的表项。hash_2_bucket 电路是一个双桶哈希查找电路,它收到表项添加请求后首先根据 se_hash 值从两个哈希桶中读出对应的两个表项,然后判断当前输入的 MAC 地址是否在表中已经存在并且处于活跃状态,如果是,那么仅更新其生存周期即可;如果不存在该表项,并且两个哈希桶中至少有一个为空,则将 MAC 地址及其对应的 se_portmap 信息写入,将生存周期置为最大值。如果没有该表项并且没有可用的存储空间,则放弃本次操作,表项写入失败,返回 se_nak(将 se_nak 置 1,表示没有添加成功)。

2. 查找功能

针对到达数据帧的目的 MAC 地址,查找电路发出查找请求,同时将 se_source 置 0,表示进行目的 MAC 地址查找。hash_2_bucket 电路根据 se_hash 值读取两个哈希桶中对应的表项并进行匹配。如果有一个表项匹配成功并且表项处于活跃状态,那么通过 se_result 返回查找结果,同时将 se_ack 置 1,通知外部电路查找成功。如果没有匹配成功,那么通过 se_nak 通知外部电路没有匹配成功。

3. 表项老化功能

当哈希查找电路收到 aging_req 时,它会对两个哈希桶中所有的有效表项进行检查,即对地址 0~0x3FF 的表项依次进行扫描,将所有处于活跃状态的表项的生存周期都减 1。如果当前活跃表项的生存周期已经为 0,则将该表项(包括有效指示位)全部清零。

hash_2_bucket.v 的代码如下。

```
`timescale 1ns / 1ps
```

```
// ===================================================================
//表项结构:
//[15:0]: portmap,端口映射位图,是查找结果
//[63:16]: MAC 地址
//[73:64]: 剩余生存时间
//[79]:   表项有效指示位,1 表示当前表项为有效表项,0 表示当前表项无效,
//可以写入新的表项
// ===================================================================
module hash_2_bucket(
input                   clk,
input                   rstn,
//port se signals.
input                   se_source,
input         [47:0]    se_mac,
input         [15:0]    se_portmap,
input         [9:0]     se_hash,
input                   se_req,
output  reg   se_ack,
output  reg   se_nak,
output  reg [15:0]      se_result,
input                   aging_req,
output  reg   aging_ack
);
parameter    LIVE_TH = 10'd300;
// =========================================
//hit0、hit1 用于指示当前待匹配的 se_mac 与两个
//哈希桶中存储的 KEY 是否相同,1 表示相同,0 表示不同
// item_valid0、item_valid1 表示两个哈希桶中存储
//的表项是否有效,1 表示有效,0 表示无效
// live_time0、live_time1 是两个表项的剩余生存时间
// not_outlive_0、not_outlive_1 指出两个表项的剩余
//生存时间是否大于 0,1 表示是,0 表示否
// =========================================
reg      [3:0]          state;
reg                     clear_op;               //表项清除控制寄存器
reg                     hit0;
reg                     hit1;
wire                    item_valid0;
wire                    item_valid1;
wire     [9:0]          live_time0;
wire     [9:0]          live_time1;
wire                    not_outlive_0;
wire                    not_outlive_1;
//ram0 存储哈希桶 0
reg                     ram_wr_0;
reg      [9:0]          ram_addr_0;
reg      [79:0]         ram_din_0;
wire     [79:0]         ram_dout_0;
reg      [79:0]         ram_dout_0_reg;
//ram1 存储哈希桶 1
reg                     ram_wr_1;
```

```
reg        [9:0]         ram_addr_1;
reg        [79:0]        ram_din_1;
wire       [79:0]        ram_dout_1;
reg        [79:0]        ram_dout_1_reg;
reg        [9:0]         aging_addr;          //当前老化表项的地址
reg        [47:0]        hit_mac;
always @(posedge clk or negedge rstn)
    if(!rstn)begin
        state <= #2 0;
        clear_op <= #2 1;                     //用于控制对表项存储空间进行初始化
        ram_wr_0 <= #2 0;
        ram_addr_0 <= #2 0;
        ram_din_0 <= #2 0;
        ram_wr_1 <= #2 0;
        ram_addr_1 <= #2 0;
        ram_din_1 <= #2 0;
        se_ack <= #2 0;
        se_nak <= #2 0;
        se_result <= #2 0;
        aging_ack <= #2 0;
        aging_addr <= #2 0;
        hit_mac <= #2 0;
        end
    else begin
        ram_dout_0_reg <= #2 ram_dout_0;
        ram_dout_1_reg <= #2 ram_dout_1;
        ram_wr_0 <= #2 0;
        ram_wr_1 <= #2 0;
        se_ack <= #2 0;
        se_nak <= #2 0;
        aging_ack <= #2 0;
        case(state)
        0:begin
        // ===================================================
        //状态0有3个分支:
        //(1)系统刚复位时clear_op为1,进入状态15进行表项存储
        //空间的初始化,此后不会再进入此分支
        //(2)当se_req为1时,电路进入匹配查找状态或表项添加状态
        //(3)aging_req为1时,电路进入表项老化状态,需要注意的是
        //表项老化操作的优先级比匹配查找操作的优先级低,因此是在
        //匹配查找操作的间隙完成的
        // ===================================================
            if(clear_op) begin
                ram_addr_0 <= #2 0;
                ram_addr_1 <= #2 0;
                ram_wr_0 <= #2 0;
                ram_wr_1 <= #2 0;
                ram_din_0 <= #2 0;
                ram_din_1 <= #2 0;
                state <= #2 15;
                end
```

```
        else if(se_req) begin
            ram_addr_0   <= #2 se_hash;
            ram_addr_1   <= #2 se_hash;
            hit_mac      <= #2 se_mac;
            state        <= #2 1;
            end
        else if(aging_req) begin
            if(aging_addr < 10'h3ff) aging_addr <= #2 aging_addr + 1;
            else begin
                aging_addr <= #2 0;
                aging_ack <= #2 1;
                end
            ram_addr_0 <= #2 aging_addr;
            ram_addr_1 <= #2 aging_addr;
            state <= #2 8;
            end
        end
1: state <= #2 2;        //等待表项被读出
2: begin
// ===============================================
//根据 se_source 是否为 1,判断当前查找过程是进行源地址学习
//还是目的地址查找。如果进行源 MAC 地址学习,那么进入
//状态 3,如果是目的 MAC 地址查找,则进入状态 6
//在状态 2,在 RAM 中存储的表项已经被读出了,这里又等待
//了一个时钟周期,使得 ram_dout_0_reg 和 ram_dout_1_reg 可以
//寄存 RAM 的输出,然后使用组合逻辑判断表项是否可以匹配
//成功,这种做法增加了时钟周期数,但有利于缩短延迟路径,
//提高系统的工作时钟频率
// ===============================================
    if(se_source) state <= #2 3;
    else state <= #2 6;
    end
3: begin
    // ===============================================
    //如果两个表项都没有匹配成功,则进入状态 4,需要新建立一个表项并
    //写入表项存储区中
    // ===============================================
    if({hit1, hit0} == 2'b00) state <= #2 4;
    // ===============================================
    //如果有 1 个表项匹配成功了,则进入状态 5,更新表项的生存周期
    // ===============================================
    else state <= #2 5;
    end
4: begin
    // ===============================================
    //建立表项时,需要区分 3 种情况:
    //(1)两个表项均未匹配成功,但都是有效表项,说明其已经被占用,
    //新表项无法加入,添加失败
    //(2)两个表项之一当前没有存储有效表项,将新表项写入空闲位置
    //(3)两个表项当前都没有存储有效表项,将新表项写入存储器 0
    //注意: 状态 14 是一个过渡状态,用于等待外部请求清零
```

```
// =========================================================
state < = #2 14;
case({item_valid1,item_valid0})
2'b11: se_nak < = #2 1;
2'b00,2'b10: begin
    se_nak < = #2 0;
    se_ack < = #2 1;
    ram_din_0 < = #2 { 1'b1,5'b0,
                       LIVE_TH,
                       se_mac[47:0],
                       se_portmap[15:0]};
    ram_wr_0 < = #2 1;
    end
2'b01:begin
    se_nak < = #2 0;
    se_ack < = #2 1;
    ram_din_1 < = #2 { 1'b1,5'b0,
                       LIVE_TH,
                       se_mac[47:0],
                       se_portmap[15:0]};
    ram_wr_1 < = #2 1;
    end
endcase
end
5:begin
    // =========================================================
    //待添加的表项已经存在时,需要更新其生存周期,更新其 se_portmap
    // =========================================================
    state < = #2 14;
    case({hit1,hit0})
    2'b01: begin
        se_nak < = #2 0;
        se_ack < = #2 1;
        ram_din_0 < = #2 { 1'b1,5'b0,
                           LIVE_TH,
                           se_mac[47:0],
                           se_portmap[15:0]};
        ram_wr_0 < = #2 1;
        end
    2'b10:begin
        se_nak < = #2 0;
        se_ack < = #2 1;
        ram_din_1 < = #2 { 1'b1,5'b0,
                           LIVE_TH,
                           se_mac[47:0],
                           se_portmap[15:0]};
        ram_wr_1 < = #2 1;
        end
    endcase
    end
6:begin
```

```
// ============================================================
//此状态用于匹配查找,而非表项建立,操作过程较为简单
//此时只有 3 种可能,一是均未匹配成功,二是表项 0 匹配成功,三是
//表项 1 匹配成功,不存在两个表项同时匹配成功的情况
//注意: 状态 14 是一个过渡状态,用于等待外部请求清零
// ============================================================
state < = ♯2 14;
case({hit1,hit0})
2'b00: begin
    se_ack < = ♯2 0;
    se_nak < = ♯2 1;
    end
2'b01: begin
    se_nak < = ♯2 0;
    se_ack < = ♯2 1;
    se_result < = ♯2 ram_dout_0_reg[15:0];
    end
2'b10:begin
    se_nak < = ♯2 0;
    se_ack < = ♯2 1;
    se_result < = ♯2 ram_dout_1_reg[15:0];
    end
endcase
end
// ====================================
//状态 8～10 对一个表项进行老化
//注意:为了避免老化操作影响匹配查找操作,
//每完成一个表项的老化后,需要将地址加 1,
//然后返回状态 0,如果没有查找请求,且本次
//老化未完成,则继续老化操作
//注意: 状态 8 和 9 是两个等待状态,一个等待
//表项从 RAM 中输出,另一个用于对输出值进行寄存
// ====================================
8:state < = ♯2 9;
9:state < = ♯2 10;
10:begin
    state < = ♯2 14;
    if(not_outlive_0)begin
        ram_din_0[79]< = ♯2 1'b1;
        ram_din_0[78:74]< = ♯2 5'b0;
        ram_din_0[73:64]< = ♯2 live_time0 - 10'd1;
        ram_din_0[63:0]< = ♯2   ram_dout_0_reg[63:0];
        ram_wr_0 < = ♯2 1;
        end
    else begin
        ram_din_0[79:0]< = ♯2 80'b0;
        ram_wr_0 < = ♯2 1;
        end
    if(not_outlive_1)begin
        ram_din_1[79]< = ♯2 1'b1;
        ram_din_1[78:74]< = ♯2 5'b0;
```

```verilog
                    ram_din_1[73:64]< = #2 live_time1 - 10'd1;
                    ram_din_1[63:0]< = #2   ram_dout_1_reg[63:0];
                    ram_wr_1 < = #2 1;
                    end
                else begin
                    ram_din_1[79:0]< = #2 80'b0;
                    ram_wr_1 < = #2 1;
                    end
                end
            //状态 14 为一个过渡状态,等待外部的请求取消
            14:begin
                ram_wr_0 < = #2 0;
                ram_wr_1 < = #2 0;
                se_ack < = #2 0;
                se_nak < = #2 0;
                aging_ack < = #2 0;
                clear_op < = #2 0;
                state < = #2 0;
                end
            //状态 15 进行表项存储器初始化操作
            15:begin
                if(ram_addr_0 < 10'h3ff) begin
                    ram_addr_0 < = #2 ram_addr_0 + 1;
                    ram_wr_0 < = #2 1;
                    end
                else ram_addr_0 < = #2 0;
                if(ram_addr_1 < 10'h3ff) begin
                    ram_addr_1 < = #2 ram_addr_1 + 1;
                    ram_wr_1 < = #2 1;
                    end
                else begin
                    ram_addr_1 < = #2 0;
                    ram_wr_0 < = #2 0;
                    ram_wr_1 < = #2 0;
                    clear_op < = #2 0;
                    state < = #2 0;
                    end
                end
        endcase
        end
//下面的代码采用组合逻辑判断当前输入的 MAC 地址与
//有效表项中的 KEY 是否一致
always @( * )begin
    hit0 = (hit_mac == ram_dout_0_reg[63:16])& ram_dout_0_reg[79];
    hit1 = (hit_mac == ram_dout_1_reg[63:16])& ram_dout_0_reg[79];
    end
assign item_valid0 = ram_dout_0_reg[79];
assign item_valid1 = ram_dout_1_reg[79];
assign live_time0 = ram_dout_0_reg[73:64];
assign live_time1 = ram_dout_1_reg[73:64];
assign not_outlive_0 = (live_time0 > 0)?1:0;
```

```
assign not_outlive_1 = (live_time1 > 0)?1:0;
//存储表项 0 的 RAM
sram_w80_d1k u_sram_0 (
.clka(clk),                    // input clka
.wea(ram_wr_0),                // input [0 : 0] wea
.addra(ram_addr_0),            // input [9 : 0] addra
.dina(ram_din_0),              // input [79 : 0] dina
.douta(ram_dout_0)            // output [79 : 0] douta
);
//存储表项 1 的 RAM
sram_w80_d1k u_sram_1 (
    .clka(clk),                // input clka
    .wea(ram_wr_1),            // input [0 : 0] wea
    .addra(ram_addr_1),        // input [9 : 0] addra
    .dina(ram_din_1),          // input [79 : 0] dina
    .douta(ram_dout_1)        // output [79 : 0] douta
    );
endmodule
```

5.3.2 双桶哈希查找电路的仿真分析

hash_2_bucket 的测试平台较复杂,在编写前应梳理需要进行哪些仿真测试,以下是需要进行仿真验证的基本内容:

(1) 地址学习功能,验证是否可以正确进行地址学习,多次针对同一个哈希值添加表项,分析其工作过程是否正确。

(2) 地址查找功能,针对已经添加和添加失败的表项进行查找,分析其操作是否正确。

(3) 地址老化功能,分析地址老化操作是否正确,经过多次老化后,对失效表项进行匹配,分析是否返回 se_nak。

(4) 对经过地址老化后未失效的表项进行生存周期更新,分析生存周期值是否重回最大值。

```
`timescale 1ns / 1ps
module hash_2_bucket_tb;
// Inputs
reg clk;
reg rstn;
reg se_source;
reg [47:0] se_mac;
reg [15:0] se_portmap;
reg [9:0] se_hash;
reg se_req;
reg aging_req;
// Outputs
wire se_ack;
wire se_nak;
wire [15:0] se_result;
wire aging_ack;
always #5 clk = ~clk;
```

```
// Instantiate the Unit Under Test (UUT)
//注意,为了便于进行老化分析,例化时从外部将老化参数设置为10'd3
hash_2_bucket  #(10'd3)  uut (
    .clk(clk),
    .rstn(rstn),
    .se_source(se_source),
    .se_mac(se_mac),
    .se_portmap(se_portmap),
    .se_hash(se_hash),
    .se_req(se_req),
    .se_ack(se_ack),
    .se_nak(se_nak),
    .se_result(se_result),
    .aging_req(aging_req),
    .aging_ack(aging_ack)
);


initial begin
    // Initialize Inputs
    clk = 0;
    rstn = 0;
    se_source = 0;
    se_mac = 0;
    se_portmap = 0;
    se_hash = 0;
    se_req = 0;
    aging_req = 0;

    // Wait 100ns for global reset to finish
    #100;
    rstn = 1;
    // Add stimulus here
    #20_000;                //等待初始化完成
    //连续3次向同一个哈希值添加表项,前两个可以成功,第三个应反馈se_nak
    add_entry(48'he0e1e2e3e4e5,16'h0002,100);
    add_entry(48'hd0d1d2d3d4d5,16'h0004,100);
    add_entry(48'hc0c1c2c3c4c5,16'h0008,100);
    #100;
    //针对前面加入的表项进行查找,前两次查找可以成功,第三次查找反馈se_nak
    search(48'he0e1e2e3e4e5,100);
    search(48'hd0d1d2d3d4d5,100);
    search(48'hc0c1c2c3c4c5,100);
    //连续进行4次老化操作
    #100;
    aging;
    #100;
    aging;
    //对已存在的表项进行生存周期更新操作
    add_entry(48'he0e1e2e3e4e5,16'h0002,100);
    #100;
    aging;
```

```
    #100;
    aging;
    //下面的两次查找操作,由于前面对 48'he0e1e2e3e4e5 进行了
    //生存周期更新,因此可以匹配成功,而 48'hd0d1d2d3d4d5 对应
    //的表项经过 4 次老化后已经无效,因此不应匹配成功
    search(48'he0e1e2e3e4e5,100);
    search(48'hd0d1d2d3d4d5,100);
end
```

//add_entry 任务用于添加表项,输入为 MAC 地址、输出端口位图和 MAC 地址的哈希值
```
task add_entry;
input     [47:0]  mac_addr;
input     [15:0]  portmap;
input     [9:0]   hash;
begin
    repeat(1)@(posedge clk);
    #2;
    se_source = 1;
    se_mac = mac_addr;
    se_portmap = portmap;
    se_hash = hash[9:0];
    se_req <= #2 1;
    while(!(se_ack | se_nak)) repeat(1)@(posedge clk);
    #2;
    se_req = 0;
    end
endtask
```
//MAC 地址查找任务,输入为 MAC 地址及其对应的哈希值
```
task search;
input     [47:0]  mac_addr;
input     [9:0]   hash;
begin
    repeat(1)@(posedge clk);
    #2;
    se_source = 0;
    se_mac = mac_addr;
    se_hash = hash[9:0];
    se_req <= #2 1;
    while(!(se_ack | se_nak)) repeat(1)@(posedge clk);
    #2;
    se_req = 0;
    end
endtask
```

//aging 任务用于请求进行地址老化操作
```
task aging;
begin
    repeat(1)@(posedge clk);
    #2;
    aging_req = 1;
    while(!aging_ack) repeat(1)@(posedge clk);
```

```
        #2;
        aging_req = 0;
        end
    endtask
endmodule
```

　　双桶哈希查找电路的仿真波形如图 5-16 所示,查找模块有自动学习功能,每次查找不仅会查找目的 MAC 地址,还会查找源 MAC 地址。查找源 MAC 时会将其信息加入哈希表中,se_source 为高电平,说明查找的为源 MAC,此时会添加表项,从图中 1、2 和 3 处可以看出,连续三次向同一个哈希值插入不同表项时,前两次可以成功,第三次因为两个哈希桶对应的地址都不为空,所以 se_nak 为高,未成功添加。当进行目的 MAC 地址查找时,se_source 为低,从 4、5 和 6 处能够看出,针对前面加入的表项进行查找,前两次查找可以成功,但第三次因为并未成功添加,所以查找返回 se_nak,查找失败。对于地址老化和后续查找操作的仿真波形此处没有给出。

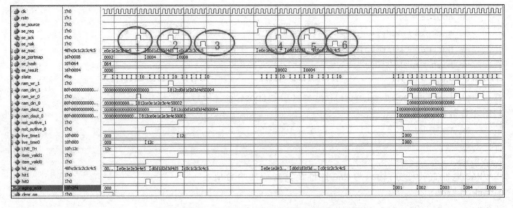

图 5-16　双桶哈希查找电路的仿真波形

## 第6章

深度包检测算法与电路实现

深度包检测(Deep Packet Inspection,DPI)是网络安全领域中广泛使用的一种入侵检测技术,当前,网络安全问题日益增多,其重要性以及研究价值已不言而喻。

本章主要对深度包检测中的关键模块——正则表达式匹配引擎,进行了电路设计与实现。在简要介绍 DPI 基本概念及原理的基础上,对其中涉及的正则表达式匹配算法进行了分析,重点给出了基于硬件逻辑以及基于存储的正则表达式匹配引擎的电路实现方法。

6.1 应用背景

部署于网络边界、实现对进入网络内部的流量进行过滤、检测与控制功能的设备统称为安全网关(Security Gateway)。安全网关起到对内部网络的保护作用,如图 6-1 所示。安全网关类型多样,通常包括防火墙(Firewall)、入侵检测系统(Intrusion Detection System,IDS)、VPN(虚拟专用网)网关和安全路由器等。

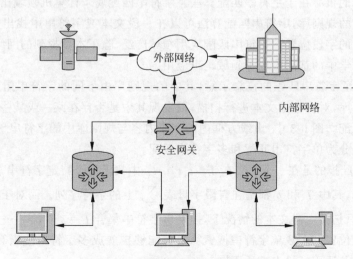

图 6-1　安全网关的部署位置示意图

安全网关的性能与功能随着互联网的发展而不断增强。目前,新一代的高性能安全网关同时具备智能协议识别与智能威胁检测的功能。

协议识别通过分析特定应用在通信过程中使用的特定协议字段实现。特定协议或应用的特征字段一般存在于数据包的应用层载荷中,因此需要使用 DPI 技术对数据包的应用层内容进行检测。例如,BitTorrent(BT)属于一种内容分发协议,其所对应的某些 TCP 数据包中包含有特征串"13BitTorrent"。因此,当安全网关需要对 BT 类型的数据进行识别时,只需将上述特征串添加至对应的特征库中即可。

威胁检测与协议识别类似,所识别的特征字段为威胁信息、恶意字段、非法字符或病毒代码构成的集合,同时,检测对象是数据包中所有的内容,因为上述不良信息可能会出现在应用层载荷的任意位置。

6.1.1 深度包检测

DPI 是一种可对应用层的特征字段进行检测与识别的技术,在对传统的五元组(源 IP 地址、源端口号、目的 IP 地址、目的端口号、传输层协议)进行检测的基础上,DPI 可以深入到数据包的应用层载荷之中,基于给定的规则库,对数据包的应用层内容进行检测,从而识别出数据包所对应的协议、应用类型、用户行为以及潜在的非法信息和威胁字段等,如图 6-2 所示。目前,DPI 已经是防火墙、IDS/IPS(入侵检测系统/入侵防御系统)等设备的关键技术,也是安全网关能够提供高效可靠威胁检测功能的关键所在。

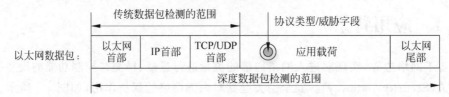

图 6-2　传统包检测与深度包检测在检测范围上的区别

深度包检测的核心在于字符串匹配算法。字符串匹配属于计算机领域比较经典的问题之一。基于给定的规则库,字符串匹配算法可以在一段文本或字符串中找出所有与规则库中字符串相匹配的字段位置。字符串匹配应用领域广泛,除了本章提到的网络安全领域,在信息检索和生物学中的基因检测等领域均可应用。

图 6-3 给出了字符串匹配的概念示意,其中的规则库由不同的字符串组成。匹配引擎依据给定的规则库,对待匹配文本进行扫描,以发现其中是否存在某一或某些字段与规则库中的字符串相匹配。图 6-3 中,虚线方框内的字段内容与规则库中的字符串 3 匹配成功。

字符串匹配分为单字符串匹配和多字符串匹配。

单字符串匹配指的是在一个大文本 $T=t_1t_2\cdots t_n$ 中找出某个特定字符串 $p=p_1p_2\cdots p_m$ 的所有出现位置,其中 T 和 p 都是在有限字母表 $\sum$ 上的字符序列。而对于多字符串匹配而言,其能够在只扫描一遍文本的情况下,搜索出字符串集合 $P=\{p_1,p_2,\cdots,p_r\}$ 中所有字符串的所有出现位置。多数单字符串搜索算法都能够扩展成多字符串搜索算法,只是这些扩展算法在性能及适用场景上有所不同。

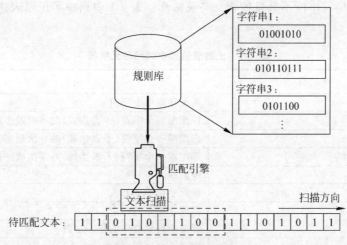

图 6-3 字符串匹配的概念

图 6-4 列出了几种常见的单字符串匹配算法与多字符串匹配算法。

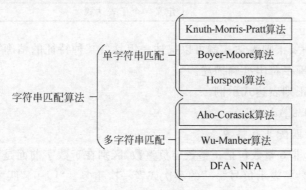

图 6-4 字符串匹配算法的分类

在使用 DPI 技术进行包过滤时,为保证处理效率,尽可能减少处理延迟,DPI 应通过一次过滤操作完成规则库中所有字符串的识别,因此需要使用多字符串匹配算法。

图 6-4 中,传统的多字符串匹配算法有 Aho-Corasick 和 Wu-Manber,二者都属于精确字符串匹配算法且相关的研究已相对成熟。然而,随着威胁信息的类型与分布越来越复杂,无法简单地使用精确字符串确定它们的行为特征,需要借助于正则表达式加以描述。正则表达式使用单个字符串就可以描述一系列满足某个特征规则的字符串集合,其语义表达能力和灵活性以及可扩展性远远高于精确字符串匹配技术。因此,使用正则表达式对特征库中的规则进行描述已逐渐成为数据包检测的主流方案,正在逐步替代传统的精确字符串匹配方式。

6.1.2 正则表达式

正则表达式(Regular Expression,RE)是一种由普通字符(例如,a～z 的字母)和特殊字符(称为"元字符")组合而成的逻辑公式,具体表现为一个具备某种过滤逻辑的"规则字符串",利用这个"规则字符串"可以实现文本的匹配查找操作。

元字符是在正则表达式中被赋予特殊含义的字符,正是因为有了元字符,正则表达式才具有了一般精确字符串所不具备的含义与灵活性。表 6-1 中列举了正则表达式中几种常见的元字符。

表 6-1　正则表达式中的部分元字符

元　字　符	说　　明
.	匹配任意单个字符
*	匹配前一个字符(子表达式)的零次或多次重复
+	匹配前一个字符(子表达式)的一次或多次重复
?	匹配前一个字符(子表达式)的零次或一次重复
|	逻辑或
^	匹配字符串的开头
$	匹配字符串的结束
[ ]	匹配字符集合中的任一字符
-	定义一个区间(例如[0-9])
{n}	匹配前一个字符(子表达式)的 n 次重复
{m, n}	匹配前一个字符(子表达式)至少 m 次且至多 n 次重复
( )	定义一个子表达式

利用元字符,一条正则表达式就可以描述一组具备某种特征的精确字符串,这种特征往往无法使用单个精确字符串准确描述。

下面给出两个正则表达式示例。

示例 1: `^-? [1-9]\d * $`

功能：匹配非 0 整数。

注释：非 0 整数包括正整数与负整数,区别在于数字前面是否有负号"-",使用元字符"?"表示负号"-"的零次或者一次重复。"[1-9]"匹配数字 1～9,"\d *"匹配数字 0～9 的零次或者多次重复。

示例 2: `^([A-Za-z0-9_\-\. ])+\@([A-Za-z0-9_\-\. ])+\. ([A-Za-z])+ $`

功能：检测邮箱格式的合法性。

注释：常规的邮箱格式一般以大写字母[A～Z]、小写字母[a～z]、数字[0～9]、下画线[_]、减号[-]以及点[.]开头,并且需要重复一次或者多次。随后紧跟"@"符号,之后再次连接上述大小写字母、数字、下画线、减号以及点号,并且重复一次或者多次。最后连接点号[.],并连接一个或多个大小写字母。

更多有关正则表达式语法格式与使用的说明可参阅相关书籍,这里不做进一步介绍。下面重点解释使用正则表达式进行字符串匹配的过程。

正则表达式需要首先被编译为有穷自动机(Finite Automata,FA)才能执行后续的匹配过程。在字符串匹配领域,一个自动机是一个状态有限的集合 Q,Q 包含 1 个初始状态 $I(I \in Q)$ 和由若干个终止状态构成的集合 $F(F \subseteq Q)$。状态之间的转移用 $\Sigma \bigcup \{\varepsilon\}$ 中的元素做标记,这里的 Σ 表示有限个输入字符构成的集合,给定了自动机的输入字符范围(在网络中,一般为 256 个 ASCII 字符);ε 表示空字符。使用状态转移函数 S 来形式地定义状态转移,对于 $\Sigma \bigcup \{\varepsilon\}$ 中的每一个字符 α,S 将状态 $q \in Q$ 关联到一个状态的集合 $\{q_1, q_2, \cdots, q_k\}$。由此,可以使用 $A = (Q, \Sigma, I, F, S)$ 定义一个自动机。

　　根据状态转移函数的形式可以将 FA 分为两类：非确定型有穷自动机（Nondeterministic FA，NFA）与确定型有穷自动机（Deterministic FA，DFA）。

　　对于 NFA，有 $S(q,\alpha)=\{q_1,q_2,\cdots,q_k\}$，$k>1$。对于 DFA，有 $S(q,\alpha)=\{q'\}$。由此可见，相较于 NFA，DFA 的状态转移函数 S 在任意时刻对于输入字符仅返回一个确定的状态，即 DFA 中状态的跳转是唯一确定的。图 6-5 给出了这两类自动机的例子。

　　在 FA 中，状态 0 表示初始状态，双线圈表示终止状态，此处的状态 7 表示终止状态。图 6-5(a) 所示的状态机是非确定的，因为从状态 1 通过字符 b 可以跳转至状态 2 和状态 3。图 6-5(b) 所示的状态机是确定的，因为对于每一个字符，每个状态最多都只能跳转至一个状态。

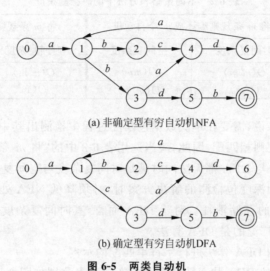

(a) 非确定型有穷自动机NFA

(b) 确定型有穷自动机DFA

图 6-5　两类自动机

　　图 6-6 总结了使用正则表达式对字符串进行匹配的工作流程。

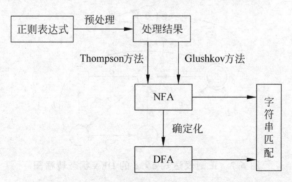

图 6-6　正则表达式对字符串进行匹配的工作流程

　　首先对正则表达式进行预处理，分析其中的元字符与普通字符的组合与含义，之后便可使用 Thompson 构造法或 Glushkov 构造法将预处理结果转换为 NFA。可以直接使用 NFA 进行后续的字符串匹配操作，目前已存在多种 NFA 相关的算法实现这种匹配过程。这种方法的优点是存储 NFA 表项所需的存储空间较小，可以支持较大规模的正则表达式集；缺点是处理速度较慢，因为匹配过程中需要保存活动状态列表，并且每次读入一个新的字符都要更新这个列表。

可以使用 DFA Classical 算法将 NFA 转换为 DFA。DFA 在处理速度方面优于 NFA，因为其在匹配过程中无须保存活动状态列表，无须引入额外的列表更新操作。相对应地，存储 DFA 表项需要耗费较多的存储资源。

我们可将一条正则表达式编译成一个 DFA 或 NFA，也可将多条正则表达式编译成一个 DFA 或 NFA。将多条正则表达式编译成一个自动机的好处在于只需一次扫描，便可找出检测文本中所有与自动机所包含正则表达式相匹配的字段位置。关于 NFA 与 DFA 在不同策略和方法下的时空复杂度，具体可参见表 6-2，其中 m 表示规则集中正则表达式的数目，n 表示一条正则表达式的长度。

表 6-2 不同策略和方法下的时空复杂度

策略	将 m 条规则编译成 m 个自动机		将 m 条规则编译成 1 个自动机	
	时间复杂度	空间复杂度	时间复杂度	空间复杂度
NFA	$O(n^2 m)$	$O(mn)$	$O(n^2 m)$	$O(mn)$
DFA	$O(m)$	$O(m^2 n)$	$O(1)$	$O(2^{nm})$

对于深度包检测来说，需要在单次数据包匹配过程中检测出其中是否存在某一字段与规则库中某一或某些规则相匹配，因此，应当选用表 6-2 中的"将 m 条规则编译成 1 个自动机"的技术方案。NFA 与 DFA 都无法同时满足时间复杂度与空间复杂度都比较低的需求，实际使用二者之一作为深度包检测的解决方案时，必须降低 NFA 处理单个字符所需要的时间或者是降低 DFA 的存储消耗。对于 NFA 而言，其时间复杂度是由其理论模型决定的，因此当前使用较为广泛的是 DFA 算法。

下面给出一个使用 DFA 算法进行字符串匹配的示例。

正则表达式 $ab.c$ 的 DFA 状态转移图和状态转移表分别如图 6-7 和表 6-3 所示。状态转移图与状态转移表是 DFA 的两种表现形式，二者无本质区别。

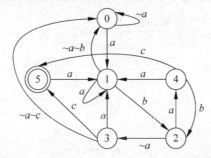

图 6-7 正则表达式 $ab.c$ 的 DFA 状态转移图

表 6-3 正则表达式 $ab.c$ 的 DFA 状态转移表

DFA 状态	输入字符				
	a	b	c	d	e
0	1	0	0	0	0
1	1	2	0	0	0
2	4	3	3	3	3

DFA 状态	输 入 字 符				
	a	b	c	d	e
3	1	0	5	0	0
4	1	2	5	0	0
5	1	0	0	0	0

正则表达式 $ab.c$ 经过编译,形成图 6-7 所示的 DFA 状态转移图,它由 6 个状态组成,其内部的跳转关系都已标注在图上。对于状态 5,使用双线圈对其进行标记,这表明状态 5 是一个终止状态。在逐字节读取字符进行状态跳转的匹配过程中,当 DFA 跳转至状态 5 时,表示匹配成功。图中的符号"～"表示除其后紧跟的字符之外的所有字母表内的字符。注意,在这种情况下,图中的一条转移边实际上由多条转移边构成,这是因为我们在对原始 DFA 进行存储时,在每一状态中,字母表中的每一个字符需要分别与一条转移边对应。实际上,一个具有 n 个状态的 DFA 的主要存储消耗为一个 $n \times \Sigma$ 的二维表,与表 6-3 类似。在表 6-3 中,假定字母表 Σ 为 $\{a,b,c,d,e\}$,存储一个整型变量需要 32bit,则其总共所需的存储资源为 $6 \times 5 \times 32bit = 960bit$。

使用图 6-7 中的状态转移图对字符串"$ababacd$"进行检测,其中的子串"$abac$"可被正则表达式 $ab.c$ 所识别。字符串匹配过程始于状态 0,具体的状态跳转如表 6-4 所示。当读入字符"c"之后,状态跳转至 5,状态 5 为终止状态,表示当前字符位置存在一个字串与正则表达式 $ab.c$ 相匹配。

表 6-4　对字符串"$ababacd$"进行检测时的状态跳转

当 前 状 态	输 入 字 符	下 一 跳 状 态
0	a	1
1	b	2
2	a	4
4	b	2
2	a	4
4	c	5/终止状态

上述匹配过程主要由正则表达式匹配引擎完成,匹配引擎读入待检测字符串,依据其内部所存储的自动机表项,以当前状态与当前字符为输入,自动完成状态跳转,在自动机跳转至某一终止状态或检测至字符串尾部时,结束匹配过程并输出检测结果。

目前来看,随着规则库规模的增大以及待匹配数据量的增加,传统的基于软件实现的正则表达式匹配引擎在应对大规模规则集以及高速应用场景时已显得力不从心,检测速度已经不能充分满足日益增长的应用需求。为适应 DPI 的线速处理要求,执行安全过滤功能应达到万兆数量级的处理速度,因此,TCAM、FPGA 等高速硬件设备成为专用高速 DPI 系统的首选,这类设备通常称为 DFA 匹配引擎。

使用 FPGA 平台实现 DFA 匹配引擎主要有两种方式:一种是将正则表达式转换为 DFA 之后,直接将 DFA 固化为 FPGA 内部的硬件逻辑;另一种采用了面向存储的体系结构,即 FPGA＋内存架构,下面对二者分别加以介绍。

6.2 基于硬件逻辑的 DFA 匹配引擎

目前存在多种方式来实现基于硬件逻辑的 DFA 匹配引擎,采取一定的优化方案后,可以在匹配时间和资源消耗方面对匹配引擎进行改进。本节介绍的是较为基础的基于硬件逻辑的 DFA 匹配引擎实现方案。

图 6-7 中的 DFA 状态转移图与时序逻辑电路中的状态机具备一定的相似性,因此,可借助状态机实现 DFA 表项的存储,同时在状态机中添加额外状态,辅助以相关控制操作,即可完成基于硬件逻辑的 DFA 匹配引擎的设计。

DFA 匹配引擎可识别的字段与其内部存储的 DFA 表项有关。考虑到电路代码的篇幅,选取两条较为简单的正则表达式 $ab.c$ 和 $deg.*h$ 作为本次设计所使用的规则。

首先借助软件工具,将正则表达式 $ab.c$ 与 $deg.*h$ 进行联合编译(具体的编译算法这里不做介绍),生成单个 DFA。表 6-5 为生成的 DFA 转移表,由 17 个状态组成。其中,状态 9、11、15、16 为终止状态,当检测过程跳转至状态 9 或 16 时,表示当前字段与正则表达式 $ab.c$ 匹配成功;当检测过程跳转至状态 11 或 15 时,表示当前字段与正则表达式 $deg.*h$ 匹配成功。

表 6-5 正则表达式 $ab.c$ 与 $deg.*h$ 联合编译后的 DFA 状态转移表

DFA 状态	输入字符							
	a	b	c	d	e	g	h	其他字符
0	1	0	0	2	0	0	0	0
1	1	3	0	2	0	0	0	0
2	1	0	0	2	4	0	0	0
3	6	5	5	7	5	5	5	5
4	1	0	0	2	0	8	0	0
5	0	0	9	2	0	0	0	0
6	1	3	0	2	1	1	1	1
7	1	2	9	2	4	2	2	2
8	10	8	8	8	8	8	11	8
9	1	0	0	2	0	0	0	0
10	10	12	8	8	8	8	11	8
11	10	8	8	8	8	8	11	8
12	14	13	13	13	13	13	15	13
13	10	8	16	8	8	8	11	8
14	10	12	16	8	8	8	11	8
15	10	8	16	8	8	8	11	8
16	10	8	8	8	8	8	11	8

由于在检测过程中,DFA 匹配引擎需要依据当前字符及当前状态确定下一跳状态,因此匹配引擎需要频繁地访问表 6-5 中的 DFA 状态转移表。

考虑到可将 DFA 表项直接固化为时序逻辑电路中的状态机跳转,因此,设计了 6.2.1 节中的基于硬件逻辑的 DFA 匹配引擎,它可以在单个时钟周期内完成一个字符的检测。

6.2.1　电路实现

1. 电路工作流程

电路的主要功能为：①接收待检测字符串，依据给定的 DFA 表项，执行匹配过程；②生成检测结果，记录匹配成功字段的位置。

电路端口定义如表 6-6 所示。

表 6-6　基于硬件逻辑的 DFA 匹配引擎的端口定义

接口名称	I/O 类型	位宽/位	含义
clk	I	1	系统时钟
rst_n	I	1	复位信号，低电平有效
mc_rdy	O	1	匹配引擎状态指示 1：可接收待检测字符串 0：不可接收待检测字符串
matching_data	I	128	128 位的待检测字符串的 ASCII 码，对应 16 个字符
matching_data_dv	I	1	matching_data 信号的有效指示
matching_result	O	2	匹配结果，具体定义如下： matching_result[0]：为 1 表示存在与正则表达式 *ab.c* 匹配成功的字段，反之为 0 matching_result[1]：为 1 表示存在与正则表达式 *deg.*h* 匹配成功的字段，反之为 0
matching_result_dv	O	1	matching_result 信号、field_location_1 信号和 field_location_2 信号的有效指示
field_location_1	O	5	与正则表达式 *ab.c* 匹配成功时，该信号记录了匹配成功字段最后一个字符的位置
field_location_2	O	5	与正则表达式 *deg.*h* 匹配成功时，该信号记录了匹配成功字段最后一个字符的位置

系统上电后，首先进行初始化操作（rst_n=0），对电路内部的所有寄存器清零，此时信号 mc_rdy 为 0，表示当前匹配引擎无法接收待检测字符串。

初始化完成后（rst_n=1），信号 mc_rdy 拉高，外部电路通过信号 matching_data 和 matching_data_dv 将待检测字符串以 ASCII 码方式送至匹配引擎。匹配引擎将按照图 6-8 所示的流程图完成 DFA 匹配过程。

由图 6-8 可以看出，匹配引擎在检测完所有的 16 个字符后，方可结束当前字符串的匹配操作，生成检测结果，供后级模块读取。同时，在 DFA 状态跳转过程中，若跳至终止状态（状态 9、11、15、16），则对寄存器 matching_result、field_location_1 或 field_location_2 的内容进行更新。具体而言，若当前状态为 9 或 16，则将 matching_result[0] 置 1，将 matching_cnt 的值赋给 field_location_1，表示在计数值为 matching_cnt 的字符处，检测到与正则表达式 *ab.c* 匹配成功的字符串；若当前状态为 11 或 15，则将 matching_result[1] 置 1，将 matching_cnt 的值赋给 field_location_2，表示在计数值为 matching_cnt 的字符处，检测到与正则表达式 *deg.*h* 匹配成功的字符串。

可见，若字符串中多个字段与同一正则表达式匹配成功，则在最终的输出结果中，信号

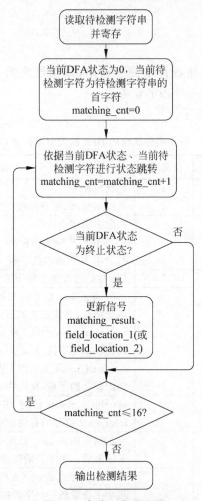

图 6-8　电路工作流程图

field_location_1(或 field_location_2)记录的字符位置,只是最后一个匹配成功的字段的位置信息,前面的记录会被后面的记录所覆盖。

2. 电路的设计代码

下面是匹配引擎的设计代码。

```
`timescale 1ns/1ps
module matching_engine_v1(
input               clk,
input               rst_n,

output   reg         mc_rdy,
input        [127:0] matching_data,
input                matching_data_dv,

output   reg [1:0]   matching_result,
output   reg         matching_result_dv,
output   reg [4:0]   field_location_1,
```

```verilog
output  reg  [4:0]        field_location_2
);

parameter IDLE = 5'b10001;                                //状态机的初始状态

reg    [4:0]  current_state;                              //当前 DFA 状态
reg    [7:0]  current_char;                               //当前待检测字符

//state 0 in DFA
wire  transition_0_1,transition_0_2;                      //状态 0 的转移边
assign transition_0_1 = (current_state == 0) & (current_char == 8'b01100001);  //a = 97
assign transition_0_2 = (current_state == 0) & (current_char == 8'b01100100);  //d = 100
//state 1 in DFA
wire  transition_1_1,transition_1_2,transition_1_3;       //状态 1 的转移边
assign transition_1_1 = (current_state == 1) & (current_char == 8'b01100001);  //a = 97
assign transition_1_2 = (current_state == 1) & (current_char == 8'b01100100);  //d = 100
assign transition_1_3 = (current_state == 1) & (current_char == 8'b01100010);  //b = 98
//state 2 in DFA
wire  transition_2_1,transition_2_2,transition_2_4;       //状态 2 的转移边
assign transition_2_1 = (current_state == 2) & (current_char == 8'b01100001);  //a = 97
assign transition_2_2 = (current_state == 2) & (current_char == 8'b01100100);  //d = 100
assign transition_2_4 = (current_state == 2) & (current_char == 8'b01100101);  //e = 101
//state 3 in DFA
wire  transition_3_6,transition_3_7;                      //状态 3 的转移边
assign transition_3_6 = (current_state == 3) & (current_char == 8'b01100001);  //a = 97
assign transition_3_7 = (current_state == 3) & (current_char == 8'b01100100);  //d = 100
//state 4 in DFA
wire  transition_4_1,transition_4_2,transition_4_8;       //状态 4 的转移边
assign transition_4_1 = (current_state == 4) & (current_char == 8'b01100001);  //a = 97
assign transition_4_2 = (current_state == 4) & (current_char == 8'b01100100);  //d = 100
assign transition_4_8 = (current_state == 4) & (current_char == 8'b01100111);  //g = 103
//state 5 in DFA
wire  transition_5_1,transition_5_2,transition_5_9;       //状态 5 的转移边
assign transition_5_1 = (current_state == 5) & (current_char == 8'b01100001);  //a = 97
assign transition_5_2 = (current_state == 5) & (current_char == 8'b01100100);  //d = 100
assign transition_5_9 = (current_state == 5) & (current_char == 8'b01100011);  //c = 99
//state 6 in DFA
wire  transition_6_2,transition_6_3,transition_6_9;       //状态 6 的转移边
assign transition_6_2 = (current_state == 6) & (current_char == 8'b01100100);  //d = 100
assign transition_6_3 = (current_state == 6) & (current_char == 8'b01100010);  //b = 98
assign transition_6_9 = (current_state == 6) & (current_char == 8'b01100011);  //c = 99
//state 7 in DFA
wire  transition_7_1,transition_7_4,transition_7_9;       //状态 7 的转移边
assign transition_7_1 = (current_state == 7) & (current_char == 8'b01100001);  //a = 97
assign transition_7_4 = (current_state == 7) & (current_char == 8'b01100101);  //e = 101
assign transition_7_9 = (current_state == 7) & (current_char == 8'b01100011);  //c = 99
//state 8 in DFA
wire  transition_8_10,transition_8_11;                    //状态 8 的转移边
assign transition_8_10 = (current_state == 8) & (current_char == 8'b01100001);  //a = 97
assign transition_8_11 = (current_state == 8) & (current_char == 8'b01101000);  //h = 104
//state 9 in DFA
```

```verilog
wire   transition_9_1,transition_9_2;                              //状态 9 的转移边
assign transition_9_1 = (current_state == 9) & (current_char == 8'b01100001);   //a = 97
assign transition_9_2 = (current_state == 9) & (current_char == 8'b01100100);   //d = 100
//state 10 in DFA
wire   transition_10_10,transition_10_11,transition_10_12;   //状态 10 的转移边
assign transition_10_10 = (current_state == 10) & (current_char == 8'b01100001);   //a = 97
assign transition_10_11 = (current_state == 10) & (current_char == 8'b01101000);   //h = 104
assign transition_10_12 = (current_state == 10) & (current_char == 8'b01100010);   //b = 98
//state 11 in DFA
wire   transition_11_10,transition_11_11;                          //状态 11 的转移边
assign transition_11_10 = (current_state == 11) & (current_char == 8'b01100001);   //a = 97
assign transition_11_11 = (current_state == 11) & (current_char == 8'b01101000)   //h = 104
//state 12 in DFA
wire   transition_12_14,transition_12_15;                          //状态 12 的转移边
assign transition_12_14 = (current_state == 12) & (current_char == 8'b01100001);   //a = 97
assign transition_12_15 = (current_state == 12) & (current_char == 8'b01101000);   //h = 104
//state 13 in DFA
wire   transition_13_10,transition_13_11,transition_13_16;   //状态 13 的转移边
assign transition_13_10 = (current_state == 13) & (current_char == 8'b01100001);   //a = 97
assign transition_13_11 = (current_state == 13) & (current_char == 8'b01101000);   //h = 104
assign transition_13_16 = (current_state == 13) & (current_char == 8'b01100011);   //c = 99
//state 14 in DFA
wire   transition_14_10,transition_14_11,transition_14_12,transition_14_16;   //状态 14 的
                                                                              //转移边
assign transition_14_10 = (current_state == 14) & (current_char == 8'b01100001);   //a = 97
assign transition_14_11 = (current_state == 14) & (current_char == 8'b01101000);   //h = 104
assign transition_14_12 = (current_state == 14) & (current_char == 8'b01100010);   //b = 98
assign transition_14_16 = (current_state == 14) & (current_char == 8'b01100011);   //c = 99
//state 15 in DFA
wire   transition_15_10,transition_15_11,transition_15_16;   //状态 15 的转移边
assign transition_15_10 = (current_state == 15) & (current_char == 8'b01100001);   //a = 97
assign transition_15_11 = (current_state == 15) & (current_char == 8'b01101000);   //h = 104
assign transition_15_16 = (current_state == 15) & (current_char == 8'b01100011);   //c = 99
//state 16 in DFA
wire   transition_16_10,transition_16_11;                          //状态 16 的转移边
assign transition_16_10 = (current_state == 16) & (current_char == 8'b01100001);   //a = 97
assign transition_16_11 = (current_state == 16) & (current_char == 8'b01101000);   //h = 104


reg  [4:0]    state = IDLE;             //主状态机
reg  [127:0] matching_data_temp;        //当前待检测字符串
reg  [3:0]    matching_cnt;             //指示当前检测的字符标号,可用于判断当前的检测进程
always @ (posedge clk or negedge rst_n)
    if(!rst_n)begin
        mc_rdy <= 0;
        matching_result_dv <= 0;
        current_state <= 0;
        state <= IDLE;
        end
    else begin
        case(state)
        IDLE:begin              //初始状态,不进行任何检测操作,等待接收外部的数据检测请求
```

```
        mc_rdy <= 1;
        if(matching_data_dv)begin   //接收到外部的数据检测请求,状态机跳至状态0,与
                                    //DFA中的状态0对应

            current_state <= 0;
            mc_rdy <= 0;
            state <= 0;
            end
        end
0:begin//DFA状态0的行为
        if(transition_0_1)begin//状态0与状态1相连的转移边
            current_state <= 1;
            state <= 1;
            end
        else if(transition_0_2)begin//状态0与状态2相连的转移边
            current_state <= 2;
            state <= 2;
            end
        end
1:begin //DFA状态1的行为
        if(transition_1_1)begin
            current_state <= 1;
            state <= 1;
            end
        else if(transition_1_2)begin
            current_state <= 2;
            state <= 2;
            end
        else if(transition_1_3)begin
            current_state <= 3;
            state <= 3;
            end
        else begin
            current_state <= 0;
            state <= 0;
            end
        end
2:begin //DFA状态2的行为
        if(transition_2_1)begin
            current_state <= 1;
            state <= 1;
            end
        else if(transition_2_2)begin
            current_state <= 2;
            state <= 2;
            end
        else if(transition_2_4)begin
            current_state <= 4;
            state <= 4;
            end
        else begin
            current_state <= 0;
```

```verilog
            state <= 0;
            end
        end
    3:begin //DFA 状态 3 的行为
        if(transition_3_6)begin
            current_state <= 6;
            state <= 6;
            end
        else if(transition_3_7)begin
            current_state <= 7;
            state <= 7;
            end
        else begin
            current_state <= 5;
            state <= 5;
            end
        end
    4:begin //DFA 状态 4 的行为
        if(transition_4_1)begin
            current_state <= 1;
            state <= 1;
            end
        else if(transition_4_2)begin
            current_state <= 2;
            state <= 2;
            end
        else if(transition_4_8)begin
            current_state <= 8;
            state <= 8;
            end
        else begin
            current_state <= 0;
            state <= 0;
            end
        end
    5:begin //DFA 状态 5 的行为
        if(transition_5_1)begin
            current_state <= 1;
            state <= 1;
            end
        else if(transition_5_2)begin
            current_state <= 2;
            state <= 2;
            end
        else if(transition_5_9)begin
            current_state <= 9;
            state <= 9;
            end
        else begin
            current_state <= 0;
            state <= 0;
```

```
                    end
                end
6:begin //DFA 状态 6 的行为
    if(transition_6_2)begin
        current_state <= 2;
        state <= 2;
        end
    else if(transition_6_3)begin
        current_state <= 3;
        state <= 3;
        end
    else if(transition_6_9)begin
        current_state <= 9;
        state <= 9;
        end
    else begin
        current_state <= 1;
        state <= 1;
        end
    end
7:begin //DFA 状态 7 的行为
    if(transition_7_1)begin
        current_state <= 1;
        state <= 1;
        end
    else if(transition_7_4)begin
        current_state <= 4;
        state <= 4;
        end
    else if(transition_7_9)begin
        current_state <= 9;
        state <= 9;
        end
    else begin
        current_state <= 2;
        state <= 2;
        end
    end
8:begin //DFA 状态 8 的行为
    if(transition_8_10)begin
        current_state <= 10;
        state <= 10;
        end
    else if(transition_8_11)begin
        current_state <= 11;
        state <= 11;
        end
    else begin
        current_state <= 8;
        state <= 8;
        end
```

```
            end
9:begin //DFA 状态 9 的行为
    if(transition_9_1)begin
        current_state <= 1;
        state <= 1;
        end
    else if(transition_9_2)begin
        current_state <= 2;
        state <= 2;
        end
    else begin
        current_state <= 0;
        state <= 0;
        end
    end
10:begin //DFA 状态 10 的行为
    if(transition_10_10)begin
        current_state <= 10;
        state <= 10;
        end
    else if(transition_10_11)begin
        current_state <= 11;
        state <= 11;
        end
    else if(transition_10_12)begin
        current_state <= 12;
        state <= 12;
        end
    else begin
        current_state <= 8;
        state <= 8;
        end
    end
11:begin //DFA 状态 11 的行为
    if(transition_11_10)begin
        current_state <= 10;
        state <= 10;
        end
    else if(transition_11_11)begin
        current_state <= 11;
        state <= 11;
        end
    else begin
        current_state <= 8;
        state <= 8;
        end
    end
12:begin //DFA 状态 12 的行为
    if(transition_12_14)begin
        current_state <= 14;
        state <= 14;
```

```
            end
        else if(transition_12_15)begin
            current_state <= 15;
            state <= 15;
            end
        else begin
            current_state <= 13;
            state <= 13;
            end
        end
    13:begin //DFA 状态 13 的行为
        if(transition_13_10)begin
            current_state <= 10;
            state <= 10;
            end
        else if(transition_13_11)begin
            current_state <= 11;
            state <= 11;
            end
        else if(transition_13_16)begin
            current_state <= 16;
            state <= 16;
            end
        else begin
            current_state <= 8;
            state <= 8;
            end
        end
    14:begin //DFA 状态 14 的行为
        if(transition_14_10)begin
            current_state <= 10;
            state <= 10;
            end
        else if(transition_14_11)begin
            current_state <= 11;
            state <= 11;
            end
        else if(transition_14_12)begin
            current_state <= 12;
            state <= 12;
            end
        else if(transition_14_16)begin
            current_state <= 16;
            state <= 16;
            end
        else begin
            current_state <= 8;
            state <= 8;
            end
        end
    15:begin //DFA 状态 15 的行为
```

```
                          if(transition_15_10)begin
                              current_state <= 10;
                              state <= 10;
                              end
                          else if(transition_15_11)begin
                              current_state <= 11;
                              state <= 11;
                              end
                          else if(transition_15_16)begin
                              current_state <= 16;
                              state <= 16;
                              end
                          else begin
                              current_state <= 8;
                              state <= 8;
                              end
                          end
                  16:begin //DFA 状态 16 的行为
                          if(transition_16_10)begin
                              current_state <= 10;
                              state <= 10;
                              end
                          else if(transition_16_11)begin
                              current_state <= 11;
                              state <= 11;
                              end
                          else begin
                              current_state <= 8;
                              state <= 8;
                              end
                          end
                  endcase
                  if(matching_cnt == 15)begin //当前字符串检测完毕
                      matching_result_dv <= 1;
                      state <= IDLE;
                      end
                  else
                      matching_result_dv <= 0;
                  end
      always @(posedge clk or negedge rst_n)
          if(!rst_n)
              matching_cnt <= 0;
          else begin
              if(state == IDLE)
                  matching_cnt <= 0;
              else
                  matching_cnt <= matching_cnt + 1;   //字符串检测过程中对计数值进行更新
              end
      always @(posedge clk or negedge rst_n)
          if(!rst_n)begin
              matching_data_temp <= 0;
```

```
                current_char <= 0;
                end
        else begin
            if(matching_data_dv & (state == IDLE))begin//初始化待检测字符串及当前字符
                matching_data_temp <= {matching_data[119:0],8'b0};
                current_char <= matching_data[127:120];
                end
            else begin                    //通过移位寄存的方式更新当前待检测字符串及当前字符
                matching_data_temp[127:0] <= {matching_data_temp[119:0],8'b0};
                current_char <= matching_data_temp[127:120];
                end
            end
        end
wire   reach_state_9,reach_state_16;                        //指示是否抵达状态9和16
assign reach_state_9 = transition_5_9 | transition_6_9 | transition_7_9;
assign reach_state_16 = transition_13_16 | transition_14_16 | transition_15_16;
wire   reach_state_11,reach_state_15;                       //指示是否抵达状态11和15
assign reach_state_11 = transition_8_11 | transition_10_11 | transition_11_11 | transition_
13_11 | transition_14_11 | transition_15_11 | transition_16_11;
assign reach_state_15 = transition_12_15;
always @(posedge clk or negedge rst_n)                      //生成检测结果
    if(!rst_n)begin
        matching_result <= 0;
        field_location_1 <= 0;
        field_location_2 <= 0;
        end
    else begin
        if(state == IDLE)begin
            matching_result <= 0;
            field_location_1 <= 0;
            field_location_2 <= 0;
            end
        else begin
            if(reach_state_9 | reach_state_16)begin //抵达状态9、16表明当前字段与正则表达
                                                    //式 ab.c 匹配成功
                matching_result[0] <= 1;
                field_location_1 <= matching_cnt + 1;
                end
            if(reach_state_11 | reach_state_15)begin //抵达状态11、15表明当前字段与正则表
                                                     //达式 deg. * h 匹配成功
                matching_result[1] <= 1;
                field_location_2 <= matching_cnt + 1;
                end
            end
        end
endmodule
```

6.2.2 电路仿真验证平台设计

本节提供的 testbench 通过调用 task 任务自动完成字符串检测请求的产生、检测结果的读取与分析操作,同时使用 $display 系统任务打印检测记录。下面是匹配引擎的仿真验

证代码。

```verilog
`timescale 1ns/1ps
module matching_engine_tb;
reg             clk;
reg             rst_n;
reg    [127:0]  matching_data;
reg             matching_data_dv;
wire            mc_rdy;
wire   [1:0]    matching_result;
wire            matching_result_dv;
wire   [4:0]    field_location_1;
wire   [4:0]    field_location_2;
always #2.5 clk = ~clk;              //生成时钟频率为 200MHz 的时钟
reg  [15:0]  rand_16;
initial begin
    clk = 0;
    rst_n = 0;
    matching_data = 0;
    matching_data_dv = 0;
    rand_16 = 0;
    #1000;
    rst_n = 1;
    //add codes here.
    data_detection({{$random},{$random},32'h6162ff63,{$random}});
    rand_16 = {$random}%16'hffff;
    data_detection({48'h646567616268,rand_16,{$random},32'h6162ff63});
    data_detection({{$random},{$random},{$random},{$random}});
end
task data_detection;                 //生成待检测数据送至匹配引擎,并打印检测结果
input  [127:0]   data;
reg    [1:0]     m_cnt;
begin
    wait(mc_rdy);                    //等待 mc_rdy 信号拉高
    @(posedge clk);
    matching_data = data;
    matching_data_dv = 1;
    @(posedge clk);
    matching_data = 0;
    matching_data_dv = 0;
    wait(matching_result_dv);        //等待检测结果
    m_cnt = matching_result[0] + matching_result[1];
    $display("Matching data: %h",data);
    $display("Fields that match successfully: %d",m_cnt);
    if(matching_result[0])
        $display("Char %d matches the 'ab.c' successfully",field_location_1);
    if(matching_result[1])
        $display("Char %d matches the 'deg.*h' successfully",field_location_2);
end
endtask
matching_engine_v1 uut(
```

```
    .clk(clk),
    .rst_n(rst_n),
    .mc_rdy(mc_rdy),
    .matching_data(matching_data),
    .matching_data_dv(matching_data_dv),
    .matching_result(matching_result),
    .matching_result_dv(matching_result_dv),
    .field_location_1(field_location_1),
    .field_location_2(field_location_2)
    );
endmodule
```

通过构造内容不同的待检测数据,送至匹配引擎进行检测,观察仿真图中匹配引擎的内部信号变化以及 $display 系统函数打印的检测结果信息与期望是否一致,从而验证电路逻辑功能的正确性。

图 6-9 为输入字符串中存在一个待匹配字段时的仿真波形。它是匹配引擎对字符串 {{$random},{$random},32'h6162ff63,{$random}} 进行检测的仿真波形,其中,在字符串的第 9~12 个字符处插入的文本串 32'h6162ff63(61 为字符 a 的 ASCII 码的十六进制形式,62 为字符 b 的 ASCII 码的十六进制形式,63 为字符 c 的 ASCII 码的十六进制形式,ff 匹配通配符".",可改为其他任意 8 比特数值)可被正则表达式 $ab.c$ 成功识别。字符串其余位置的内容使用系统函数 $random 生成随机数进行填充。单个 {$random} 对应 32 位的随机数,因此,{{$random},{$random},32'h6162ff63,{$random}} 对应一个 128 比特的待检测字符串。

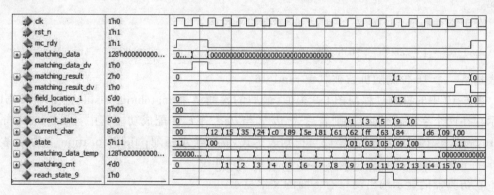

图 6-9 输入字符串中存在一个待匹配字段时的仿真波形

在信号 ma_rdy 拉高时,通过将 matching_data_dv 置 1,将待检测字符串送至匹配引擎。随后,电路内部寄存器 matching_data_temp 对 matching_data 的内容进行寄存,并从中提取出第一个待检测字符(在图 6-9 中为 12),在 DFA 状态为 0 的条件下,逐字符地进行后续的匹配过程。信号 current_state 反映了 DFA 状态的变化情况,current_char 为当前待检测字符。

在匹配过程进行至第 12 个字符处,对应于我们所插入文本的最后一个字符(63),信号 reach_state_9 拉高,表示当前 DFA 状态跳转至状态 9,其为终止状态,与正则表达式 $ab.c$ 对应。因此,更新 matching_result 为 1,field_location_1 为 12。在 matching_cnt 计数值为 15 时,matching_data_dv 信号被拉高,输出检测结果。

从仿真器的显示输出窗口可得到下面的文本显示：

```
# Matching data: 12153524c0895e816162ff638484d609
# Fields that match successfully: 1
# Char 12 matches the 'ab.c' successfully
```

结果显示，第 12 个字符处的字段与正则表达式 *ab.c* 匹配成功。

图 6-10 是输入字符串中存在两个待匹配字段时的仿真波形。它是对字符串 {48'h646567616268,rand_16,{＄random},32'h6162ff63} 进行检测的仿真波形。

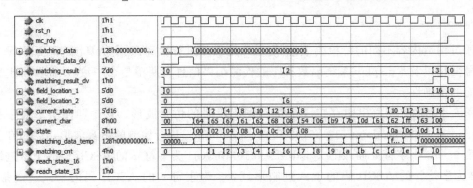

图 6-10　输入字符串中存在两个待匹配字段时的仿真波形

在字符串的第 1～6 个字符处插入的字符串 48'h646567616268 可与正则表达式 *deg. ＊h* 成功匹配，在第 13～16 个字符处插入的字符串 32'h6162ff63 可与正则表达式 *ab.c* 成功匹配。

对于寄存器 rand_16，在 testbench 中有如下代码：

```
rand_16 = {＄random}％16'hffff;
```

它表示将一个 16 位的随机数被赋予 rand_16。

图 6-10 中的检测过程与图 6-9 类似，最后的检测结果 matching_result 为 3，即 2'b11，表示存在两个字段，分别与正则表达式 *ab.c* 与 *deg. ＊h* 匹配成功。其中，field_location_1 为 16，表示第 16 个字符处的字段与正则表达式 *ab.c* 实现匹配；field_location_2 为 6，表示第 6 个字符处的字段与正则表达式 *deg. ＊h* 实现匹配。

在仿真器的显示输出窗口有下面的文本显示：

```
# Matching data: 646567616268085406b97b0d6162ff63
# Fields that match successfully: 2
# Char 16 matches the 'ab.c' successfully
# Char 6 matches the 'deg. ＊h' successfully
```

结果显示，第 16 个字符处的字段与正则表达式 *ab.c* 匹配成功，第 6 个字符处的字段与正则表达式 *deg. ＊h* 匹配成功。

当待检测字符串中不存在与正则表达式匹配的字段时，其仿真波形如图 6-11 所示。在这种情况下，在检测完第 16 个字符后，matching_result_dv 被拉高，输出检测结果。此时，matching_result 为 0，表示无字段与正则表达式 *ab.c* 或 *deg. ＊h* 匹配成功。

从仿真器的显示窗口可输出下面的内容：

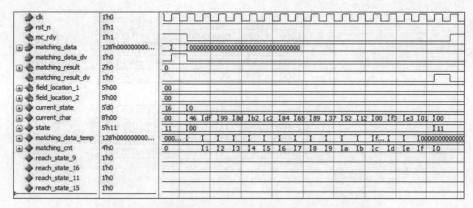

图 6-11　待检测数据中无字段位置可被正则表达式识别

\# Matching data: 46df998db2c284658937521200f3e301
\# Fields that match successfully: 0

结果显示，无匹配成功的字段。

6.3　面向存储的 DFA 匹配引擎

相较于基于硬件逻辑的 DFA 匹配引擎，面向存储的 DFA 匹配引擎将 DFA 表项存储至片内 RAM 或片外 DDR3 等存储器中，而非将其固化为时序逻辑电路中的状态机跳转。

在目前规则库日益增长的背景下，单纯的基于 FPGA 硬件逻辑的字符串匹配由于资源消耗较多以及不便于进行规则更新而逐渐向面向存储的体系架构转变，形成了 FPGA＋内存架构。

FPGA＋内存架构有效地弥补了前者的劣势，使用片内或片外存储器对大规模的规则集进行存储，可使得整个系统具有良好的灵活性和可扩展性。但此时整个系统的匹配速度会严重地受限于存储器的访问速度，匹配单个字符往往需要耗费数个时钟周期。

图 6-12 给出了面向存储的 DFA 匹配引擎的电路构成。存储器中存储着正则表达式编译后的 DFA 表项，控制电路维护着匹配过程中的状态跳转，同时生成相应的匹配结果。对于每一待检测字符串，首先经过预处理，分离出各个单个字符，控制电路依据当前活跃状态标号及当前字符，从存储器中读取出相对应的下一跳状态信息，进而完成单个字符的匹配过程。由上述分析可以看出，整个电路的工作效率在很大程度上受限于存储器的访问延迟。

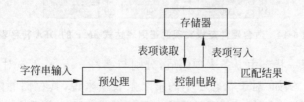

图 6-12　面向存储的 DFA 匹配引擎的电路构成

表 6-3 和表 6-5 中的 DFA 转移表无法直接用于硬件匹配查找，需要对其进行二次转换，生成一种适合硬件查找的数据结构，这里提供了一种适合硬件查找的 DFA 数据结构，具体如图 6-13 所示。

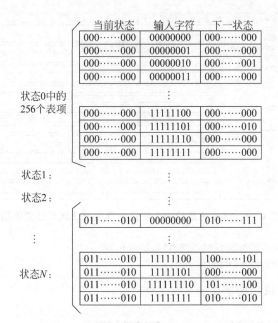

图 6-13　一种适合硬件查找的 DFA 数据结构

图 6-13 中的每一表项由 3 部分组成,分别为当前状态、输入字符和下一状态,输入字符有 256 种可能性(与 ASCII 码对应,card(Σ)=256),因而表中每一状态对应有 256 个表项。对上述表项进行存储时,只需存储图 6-13 中下一状态所对应的表项即可。因其是连续存储,在进行表项查询时只需计算出每一表项针对首表项的地址偏移,即可获得任意表项的存储地址。例如,对于表 6-3 中的正则表达式 $ab.c$ 所对应的 DFA 转移表,使用图 6-13 所示的数据格式对其进行转换(字母表 $\Sigma = \{a,b,c,d,e\}$),可得到如图 6-14 所示的表项。

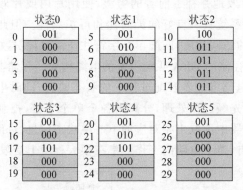

图 6-14　适合硬件查找实现的正则表达式 $ab.c$ 的 DFA 转移表

在图 6-14 中,每一状态由 5 条表项组成,分别与字符 a、b、c、d、e 对应。表项中记录的是下一跳状态标号。例如,对于状态 1 中的第二条表项来说,其存储的内容为 010,表示当系统处于状态 1 时,读入字符 b,其下一跳状态是状态 2。每一表项的左侧分别对应一个十进制数字,表示其在内存中的存储地址。从图中可以看出,状态 0~5 中的表项是按照地址顺序依次进行存储的,目的在于为匹配引擎中的控制器提供一种便捷的寻址方式:内存地址=当前状态首表项地址+当前字符偏移量。在本例中,当前状态首表项地址=状态标号×每一状态所具有的表项数量,字符 a、b、c、d、e 的当前字符偏移量分别为 0、1、2、3、4。假设当前状态为 3,当前输入字符为 c,则控制器需要对内存地址为 $3×5+2=17$ 的表项进行读取,即可得到查询结果,101 表示下一跳状态是 5。

6.3.1 电路实现

1. 电路工作流程

电路的主要功能为:①接收待检测字符串,依据存储器中的 DFA 表项,执行匹配过程;②生成检测结果,记录匹配成功时的终止状态标号。

电路端口定义如表 6-7 所示。

表 6-7 面向存储的 DFA 匹配引擎的端口定义

接口名称	I/O 类型	位宽/位	含义
clk	I	1	系统时钟
rst_n	I	1	复位信号,低电平有效
mc_rdy	O	1	匹配引擎状态指示 1:可接收待检测字符串 0:不可接收待检测字符串
work_status	O	1	匹配引擎复位指示 1:复位完成 0:正在复位
matching_data	I	128	128 位的待检测字符串的 ASCII 码,对应 16 个字符
matching_data_dv	I	1	matching_data 信号的有效指示
matching_result	O	1	匹配结果 1:检测到匹配成功的字段 0:未检测到匹配成功的字段
matching_result_dv	O	1	matching_result 信号、final_state 信号的有效指示
final_state	O	5	与正则表达式匹配成功时,该信号记录了终止状态的标号
memory_rdy	I	1	存储器状态指示 1:可接收表项查询请求 0:不可接收表项查询请求
dfa_table_req	O	1	存储器表项查询请求
dfa_table_addr	O	13	存储器表项查询地址
dfa_table	I	8	DFA 表项,其中 dfa_table[7] 为 1 表示当前下一跳状态为终止状态
dfa_table_dv	I	1	dfa_table 信号的有效指示
cpu_cfg_req	I	1	CPU 配置请求,用于动态配置 DFA 表项
cpu_cfg_ack	O	1	CPU 配置应答
cpu_cfg_addr	I	13	CPU 配置的 DFA 表项对应的存储地址
cpu_cfg_din	I	8	CPU 配置的 DFA 表项

系统上电后,首先进行初始化操作(rst_n=0),对电路内部的所有寄存器清零,此时信号 mc_rdy 为 0,表示当前匹配引擎无法接收待检测字符串。

初始化完成后(rst_n=1),信号 mc_rdy 拉高,外部电路通过信号 matching_data 和 matching_data_dv 将待检测字符串的 ASCII 编码送至匹配引擎。匹配引擎将按照图 6-15 所示的流程图完成 DFA 匹配过程。

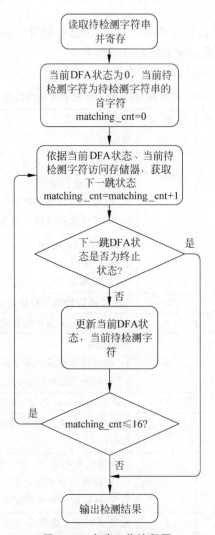

图 6-15　电路工作流程图

由图 6-15 可以看出,匹配引擎在检测完所有的 16 个字符,或者跳转至终止状态后,便结束当前字符串的匹配操作,生成检测结果,供后级模块读取。这一点与前一小节设计的 DFA 匹配引擎有所不同,前面的匹配引擎只在检测完所有字符后才能结束针对当前字符串的匹配操作,而图 6-15 中的匹配引擎在检测到匹配成功的字段后即可结束匹配过程。

在 DFA 状态的跳转过程中,若跳至终止状态(状态 9、11、15、16),则通过寄存器 final_state 对匹配成功的终止状态标号进行记录,作为检测结果输出至后级模块。后级模块依据终止状态标号即可确定当前字符串与哪一正则表达式匹配成功。

2. 流水线操作

本设计使用片内 RAM 存储 DFA 表项,同时通过 CPU 配置接口对 RAM 中存储的表项进行动态更新。

在 FPGA 中可以生成位宽和深度可配置的片内 RAM。片内 RAM 具有一个时钟周期的访问延迟,在这种前提下,DFA 匹配引擎检测单个字符需要耗费 2 个时钟周期。为提高检测效率,可以借助于流水线技术。

在计算机科学领域,流水线技术广泛应用于处理器中指令执行的优化。当前先进的处理器普遍采用流水线结构来增加吞吐率。对于需要 n 个步骤才能执行完成的指令,需要使用 n 级流水线对其进行优化。当第一条指令开始执行第二个步骤时,一条新的指令可以开始执行第一个步骤,后续的指令依次不断进入流水线。

本电路使用了一种二级流水线结构,如图 6-16 所示。

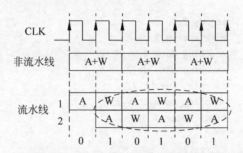

图 6-16 本设计的流水线概念图

图 6-16 中使用 A、W 分别表示存储访问操作及访问等待。实际上,当希望获得高吞吐率时,应尽量保证所有的电路都持续工作,而不是有的电路处于工作状态,有的电路处于空闲或等待状态。在未使用流水线技术时,完成单个字符的处理需要花费 2 个时钟周期。当系统进入 A、W 中的某一阶段时,部分电路处于工作状态,另一部分电路处于空闲状态,这在一定程度上限制了其速度的提升。

引入流水线技术后,单个时钟周期便可以完成一个字符的处理,与 6.2 节中基于 FPGA 硬件逻辑实现的 DFA 匹配引擎的处理速度一致,这是各部分电路同时进行工作的结果。具体来看,在图 6-16 所示的二级流水线中,同时进行两个字符串的检测任务,有的任务处于 A 阶段,有的任务处于 W 阶段。总的来看,在一时钟周期内电路单元会完成一个字符的处理,从而使得整个 DFA 匹配引擎的处理速度为 $O(1)$。

在使用流水线技术优化 DFA 匹配电路时,应尽量保证单个字符的匹配过程能够被明确地拆分为固定数量的多个子任务,且各个子任务的处理时间长度应当一致,否则子任务与子任务之间便会产生额外的等待时间,从而无法实现最大的吞吐率。

3. 设计代码

下面是面向存储的匹配引擎的设计代码。

```
`timescale 1ns/1ps
module matching_engine_v2(
input                    clk,
input                    rst_n,
```

```verilog
    input                       cpu_cfg_req,
    output  reg                 cpu_cfg_ack,
    input           [12:0]      cpu_cfg_addr,
    input           [7:0]       cpu_cfg_din,

    //engine 1
    output                      mc_rdy_1,
    output                      work_status_1,
    input           [127:0]     matching_data_1,
    input                       matching_data_dv_1,
    output                      matching_result_1,
    output                      matching_result_dv_1,
    output          [4:0]       final_state_1,

    //engine 2
    output                      mc_rdy_2,
    output                      work_status_2,
    input           [127:0]     matching_data_2,
    input                       matching_data_dv_2,
    output                      matching_result_2,
    output                      matching_result_dv_2,
    output          [4:0]       final_state_2
    );
//RAM 的接口信号
reg         dfa_table_ram_wr;
reg [12:0]  dfa_table_ram_addr;
reg [7:0]   dfa_table_ram_din;
wire [7:0]  dfa_table_ram_dout;
spram_w8_d8k dfa_table_ram(     //例化位宽为 8 位,深度为 8192 的单端口 RAM
    .clka(clk)
    .wea(dfa_table_ram_wr),
    .addra(dfa_table_ram_addr),
    .dina(dfa_table_ram_din),
    .douta(dfa_table_ram_dout)
    );
reg [2:0]   state;              //主状态机
reg         cfg_operation;      //高电平表示正在进行 DFA 表项的配置
reg [12:0]  ram_cfg_addr;
always @(posedge clk or negedge rst_n)
    if(!rst_n)begin
        cpu_cfg_ack <= 0;
        dfa_table_ram_wr <= 0;
        dfa_table_ram_din <= 0;
        state <= 0;
        cfg_operation <= 0;
        ram_cfg_addr <= 0;
        end
    else begin
        case(state)
        0:begin
            if(cpu_cfg_req)begin//在 cpu_cfg_req 为高电平时,进行 RAM 中的 DFA 表项配置操作
```

```
                    cpu_cfg_ack <= 1;
                    dfa_table_ram_wr <= 1;
                    dfa_table_ram_din <= cpu_cfg_din;
                    ram_cfg_addr <= cpu_cfg_addr;
                    cfg_operation <= 1;
                    state <= 1;
                    end
                end
          1:begin
                cpu_cfg_ack <= 0;
                dfa_table_ram_wr <= 0;
                cfg_operation <= 0;
                state <= 0;
                end
            endcase
            end
reg    pipeline_cnt;              //流水线计数值
always @(posedge clk or negedge rst_n)
    if(!rst_n)
        pipeline_cnt <= 0;
    else
        pipeline_cnt <= pipeline_cnt + 1;   //复位完成后,计数值在0~1范围内循环


wire  [12:0]   engine1_req_addr;
wire  [12:0]   engine2_req_addr;
always @( * )
    if(cfg_operation)
        dfa_table_ram_addr = ram_cfg_addr;
    else
        if(pipeline_cnt)          //依据流水线计数值,确定RAM地址线的连接
            dfa_table_ram_addr = engine1_req_addr;
        else
            dfa_table_ram_addr = engine2_req_addr;


wire    engine1_access_rdy;     //匹配引擎1是否可以访问RAM,1:可访问,0:不可访问
wire    engine2_access_rdy;     //匹配引擎2是否可以访问RAM,1:可访问,0:不可访问
assign  engine1_access_rdy = !pipeline_cnt;
assign  engine2_access_rdy = pipeline_cnt;


wire engine1_req;
wire engine2_req;
reg    ram_dout_dv_1;           //在其为高电平时,匹配引擎1接收到的dfa_table_ram_dout有效
reg    ram_dout_dv_2;           //在其为高电平时,匹配引擎2接收到的dfa_table_ram_dout有效
always @(posedge clk or negedge rst_n)
    if(!rst_n)begin
        ram_dout_dv_1 <= 0;
        ram_dout_dv_2 <= 0;
        end
    else begin
        if((pipeline_cnt == 1) & (engine1_req == 1))  //判断匹配引擎1在其所属的存储器
                                                      //访问时间是否发出了存储访问请求
```

```
                        ram_dout_dv_1 <= 1;
                 else
                        ram_dout_dv_1 <= 0;
                 if((pipeline_cnt == 0) & (engine2_req == 1))   //判断匹配引擎 2 是否在其所属的存
                                                                //储器访问时间发出了存储访问请求
                        ram_dout_dv_2 <= 1;
                 else
                        ram_dout_dv_2 <= 0;
                 end
    matching_engine_m u1              //例化匹配引擎 1
        .clk(clk),
        .rst_n(!cfg_operation),
        .mc_rdy(mc_rdy_1),
        .work_status(work_status_1),
        .matching_data(matching_data_1),
        .matching_data_dv(matching_data_dv_1),
        .matching_result(matching_result_1),
        .matching_result_dv(matching_result_dv_1),
        .final_state(final_state_1),
        .memory_rdy(engine1_access_rdy),
        .dfa_table_req(engine1_req),
        .dfa_table_addr(engine1_req_addr),
        .dfa_table(dfa_table_ram_dout),
        .dfa_table_dv(ram_dout_dv_1)
    );
    matching_engine_m u2              //例化匹配引擎 2
        .clk(clk),
        .rst_n(!cfg_operation),
        .mc_rdy(mc_rdy_2),
        .work_status(work_status_2),
        .matching_data(matching_data_2),
        .matching_data_dv(matching_data_dv_2),
        .matching_result(matching_result_2),
        .matching_result_dv(matching_result_dv_2),
        .final_state(final_state_2),
        .memory_rdy(engine2_access_rdy),
        .dfa_table_req(engine2_req),
        .dfa_table_addr(engine2_req_addr),
        .dfa_table(dfa_table_ram_dout),
        .dfa_table_dv(ram_dout_dv_2)
    );
    endmodule
```

下面是被例化电路的代码。

```
`timescale 1ns / 1ps
module matching_engine_m(
input               clk,
input               rst_n,

output reg          mc_rdy,
```

```
    output   reg                work_status,
    input          [127:0]     matching_data,
    input                      matching_data_dv,

    output   reg                matching_result,
    output   reg                matching_result_dv,
    output   reg  [4:0]         final_state,

    input                      memory_rdy,
    output   reg                dfa_table_req,
    output   reg  [12:0]        dfa_table_addr,
    input          [7:0]       dfa_table,
    input                      dfa_table_dv
);


reg  [7:0]    current_state;        //当前 DFA 状态
reg  [7:0]    current_char;         //当前待检测字符
reg  [4:0]    state;                //主状态机
reg  [127:0]  matching_data_temp;   //当前待检测字符串
reg  [4:0]    matching_cnt;         //指示当前检测的字符位置,可用于判断当前的检测进程
always @(posedge clk or negedge rst_n)
    if(!rst_n)begin
        matching_result <= 0;
        matching_result_dv <= 0;
        final_state <= 0;
        dfa_table_req <= 0;
        dfa_table_addr <= 0;
        current_state <= 0;
        current_char <= 0;
        state <= 0;
        matching_data_temp <= 0;
        matching_cnt <= 0;
        work_status <= 0;
        mc_rdy <= 0;
        end
    else begin
        work_status <= 1;
        case(state)
        0:begin //等待接收外部的数据检测请求
            matching_cnt <= 0;
            mc_rdy <= 1;
            matching_result_dv <= 0;
            matching_result <= 0;
            if(matching_data_dv)begin
                matching_data_temp <= {matching_data[119:0],8'b0};
                current_char <= matching_data[127:120];
                current_state <= 0;
                mc_rdy <= 0;
                state <= 1;
                end
            end
```

```
    1:begin //在 memory_rdy 为高电平时,访问 RAM
        if(memory_rdy)begin
            dfa_table_req <= 1;
            dfa_table_addr[12:0] <= {current_state[4:0],8'b0} + current_char[7:0];
            matching_cnt <= matching_cnt + 1;
            matching_data_temp[127:0] <= {matching_data_temp[119:0],8'b0};
            current_char <= matching_data_temp[127:120];
            state <= 2;
            end
        end
    2:begin //等待 RAM 返回查询结果,并继续进行下一字符的检测
        dfa_table_req <= 0;
        dfa_table_addr[12:0] <= 0;
        if(dfa_table_dv)begin
            current_state <= dfa_table;
            if(dfa_table[7] | (matching_cnt == 16))//若 DFA 跳转至终止状态或已检测完
                                                    //最后一个字符
                state <= 3;
            else begin
                if(memory_rdy)begin //在存储器可访问时,对 DFA 表进行读操作
                    dfa_table_req <= 1;
                    dfa_table_addr[12:0] <= {dfa_table[4:0],8'b0} + current_char[7:0];
                    matching_cnt <= matching_cnt + 1;
                    matching_data_temp[127:0] <= {matching_data_temp[119:0],8'b0};
                    current_char <= matching_data_temp[127:120];
                    state <= 2;
                    end
                else state <= 1;
                end
            end
        end
    3:begin //生成检测结果
        matching_result <= current_state[7];
        matching_result_dv <= 1;
        final_state[4:0] <= current_state[4:0];
        state <= 0;
        end
    endcase
    end
endmodule
```

6.3.2 电路仿真验证平台设计

本节的 testbench 提供了 3 个 task。

cfg_dfa: DFA 表项配置任务,通过 CPU 配置接口将 DFA 表项写入片内 RAM 中。

data_detection_engine1: 实现 DFA 匹配引擎 1 的字符串检测请求产生、检测结果读取与分析操作。

data_detection_engine2：实现 DFA 匹配引擎 2 的字符串检测请求产生、检测结果读取与分析操作。

最后，使用 $display 系统任务打印检测记录。

下面是具体的 testbench 代码。

```
`timescale 1ns/1ps
module matching_engine_v2_tb;
reg             clk;
reg             rst_n;

reg             cpu_cfg_req;
wire            cpu_cfg_ack;
reg    [12:0]   cpu_cfg_addr;
reg    [7:0]    cpu_cfg_din;
reg    [127:0]  matching_data_1;
reg             matching_data_dv_1;
wire            mc_rdy_1;
wire            work_status_1;
wire            matching_result_1;
wire            matching_result_dv_1;
wire   [4:0]    final_state_1;
reg    [127:0]  matching_data_2;
reg             matching_data_dv_2;
wire            mc_rdy_2;
wire            work_status_2;
wire            matching_result_2;
wire            matching_result_dv_2;
wire   [4:0]    final_state_2;
reg    [15:0]   rand_16;
always #2.5 clk = ~clk;            //产生 200MHz 的时钟
initial begin
    clk = 0;
    rst_n = 0;
    cpu_cfg_req = 0;
    cpu_cfg_addr = 0;
    cpu_cfg_din = 0;
    matching_data_1 = 0;
    matching_data_dv_1 = 0;
    matching_data_2 = 0;
    matching_data_dv_2 = 0;
    rand_16 = {$random} % 16'hffff;
    #1000;
    rst_n = 1;
    #1000;
    cfg_dfa;
    fork
        data_detection_engine1({{$random},{$random},32'h6162ff63,{$random}});
        data_detection_engine2({48'h646567616268,rand_16,{$random},32'h6162ff63});
        join
    fork
        data_detection_engine1({{$random},{$random},{$random},{$random}});
        data_detection_engine2({{$random},{$random},{$random},{$random}});
        join
```

```
        end
    task cfg_dfa;                        //配置 DFA 表项
    reg [7:0]  init_tran_tab[8191:0];
    reg [7:0]     tran_tab_temp;
    integer i;
        begin
        $ readmemb("dfa.txt",init_tran_tab);   //dfa.txt 中存储着 DFA 转移表,它由专用编译软件
                                                //结合匹配规则生成

        for(i = 0;i < 8192;i = i + 1)begin
            tran_tab_temp = init_tran_tab[i];
            @(posedge clk);
            cpu_cfg_req = 1;
            cpu_cfg_addr = i;
            cpu_cfg_din = tran_tab_temp;
            wait(cpu_cfg_ack);
            @(posedge clk);
            cpu_cfg_req = 0;
            end

        end
    endtask
    task data_detection_engine1;         //为匹配引擎 1 生成待检测数据,并记录检测结果
    input     [127:0]      data;
    begin
        wait(mc_rdy_1);
        @(posedge clk);
        matching_data_1 = data;
        matching_data_dv_1 = 1;
        @(posedge clk);
        matching_data_1 = 0;
        matching_data_dv_1 = 0;
        wait(matching_result_dv_1 | (!work_status_1));
        if(!work_status_1)
            $ display("Matching engine 1:The matching engine was reset,please try again.");
        if(matching_result_dv_1)begin
            if(matching_result_1)
                $ display ("Matching engine 1:The successfully matched field has been detected and
                    the final state is % d.",final_state_1);
            else
                $ display("Matching engine 1:No fields matched successfully.");
            end
        end
    endtask
    task data_detection_engine2;         //为匹配引擎 2 生成待检测数据,并记录检测结果
    input     [127:0]      data;
    begin
        wait(mc_rdy_2);
        @(posedge clk);
        matching_data_2 = data;
        matching_data_dv_2 = 1;
        @(posedge clk);
        matching_data_2 = 0;
        matching_data_dv_2 = 0;
        wait(matching_result_dv_2 | (!work_status_2));
        if(!work_status_2)
```

```
        $ display("Matching engine 2:The matching engine was reset,please try again.");
    if(matching_result_dv_2)begin
        if(matching_result_2)
            $ display ("Matching engine 2:The successfully matched field has been detected and
                    the final state is % d.",final_state_2);
        else
            $ display("Matching engine 2:No fields matched successfully.");
        end
    end
endtask
matching_engine_v2 uut(
    .clk(clk),
    .rst_n(rst_n),
    .cpu_cfg_req(cpu_cfg_req),
    .cpu_cfg_ack(cpu_cfg_ack),
    .cpu_cfg_addr(cpu_cfg_addr),
    .cpu_cfg_din(cpu_cfg_din),
    .mc_rdy_1(mc_rdy_1),
    .work_status_1(work_status_1),
    .matching_data_1(matching_data_1),
    .matching_data_dv_1(matching_data_dv_1),
    .matching_result_1(matching_result_1),
    .matching_result_dv_1(matching_result_dv_1),
    .final_state_1(final_state_1),
    .mc_rdy_2(mc_rdy_2),
    .work_status_2(work_status_2),
    .matching_data_2(matching_data_2),
    .matching_data_dv_2(matching_data_dv_2),
    .matching_result_2(matching_result_2),
    .matching_result_dv_2(matching_result_dv_2),
    .final_state_2(final_state_2)
);
endmodule
```

下面对仿真结果进行分析。在 testbench 中,首先调用任务 cfg_dfa 完成 DFA 表项的配置操作。此时需要预先将 DFA 转移表按照图 6-13 和图 6-14 所示的数据格式,存储至文本文件 dfa. txt 中,dfa. txt 中的每一表项由 8 位构成,低 5 位为下一跳状态标号,最高位为终止状态标识。每一状态由 256 个表项构成,分别对应 256 个 ASCII 字符,按顺序依次存储,状态与状态之间按照图 6-14 连续存储。使用 $ readmemb 系统函数将 dfa.txt 中的表项读入寄存器文件 init_tran_tab 中,具体代码为

$ readmemb(" ··· /dfa.txt",init_tran_tab);

随后便可使用 CPU 配置接口,将寄存器文件 init_tran_tab 中存储的 DFA 表项写入匹配引擎电路的片内 RAM 中,DFA 表项配置过程的仿真波形如图 6-17 所示。

将 cpu_cfg_req 信号置 1,同时将信号 cpu_dfa_addr 赋值为欲配置的 RAM 地址,cpu_cfg_din 为欲配置的 DFA 表项,即可产生表项配置请求。当信号 cpu_cfg_ack 为 1 时,表示当前配置请求已被正确接收,此时可将 cpu_cfg_req 信号拉低,完成一次表项配置操作。

DFA 表项配置完成后,mc_rdy 和 work_status 信号拉高,此时可进行正常的字符串匹配操作。通过 fork-join 语句,分别在匹配引擎 1 和匹配引擎 2 同时产生字符串检测请求,

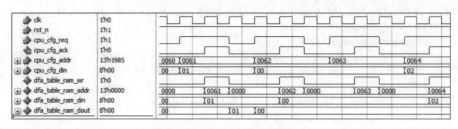

图 6-17　DFA 表项的配置过程

其中匹配引擎 1 处理的字符串为{{ $ random},{ $ random},32'h6162ff63,{ $ random}},匹配引擎 2 处理的字符串为{48'h646567616268,rand_16,{ $ random},32'h6162ff63}。图 6-18 给出了双匹配引擎分别对上述字符串进行检测的仿真结果。

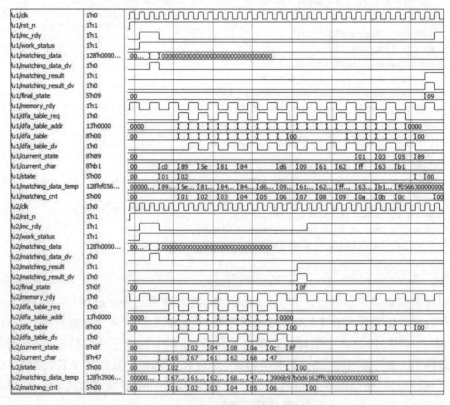

图 6-18　双匹配引擎同时进行数据检测

匹配引擎 1 和匹配引擎 2 共用同一片内 RAM,二者访问 RAM 的时机分别由各自的 memory_rdy 信号决定。在 memory_rdy 拉高时,匹配引擎可将 dfa_table_req 信号置 1,向 RAM 产生表项读取请求;在 memory_rdy 信号为低电平时,即使 dfa_table_req 为高电平,此时的表项读取请求也将被 RAM 忽略。信号 memory_rdy 的电平变化与电路中的流水线机制有关,这种方式保证了两个匹配引擎可以交替访问 RAM,使得 RAM 始终处于表项读取的过程中,提高了工作效率。

由图 6-18 可以看出,面向存储的 DFA 匹配引擎对字符串进行检测的过程主要由连续不断的存储访问操作构成。依据从 RAM 中读取到的数据和当前字符,确定当前 DFA 状态以及下一跳状态信息在 RAM 中的存储地址,进行状态跳转。匹配引擎 2 在字符 47 处检测到匹配成功的字段后停止检测过程,输出检测结果(matching_result=1'b1,matching_result_dv=1'b1,final_state=5'h0f)。

从仿真器的显示输出窗口得到下面的文本显示:

Matching engine 2:The successfully matched field has been detected and the final state is 15.
Matching engine 1:The successfully matched field has been detected and the final state is 9.

结果显示,匹配引擎 2 检测到匹配成功的字段,终止状态为 15;匹配引擎 1 检测到匹配成功的字段,终止状态为 9。

当待检测字符串中不存在与正则表达式匹配的字符串时,其仿真波形如图 6-19 所示。这种情况下,检测完第 16 个字符后,matching_result_dv 被拉高,输出检测结果。此时,matching_result 为 0,表示无字段位置与正则表达式 $ab.c$ 或 $deg. * h$ 匹配成功。此时,从仿真器的显示输出窗口可得到下面的文本显示:

Matching engine 2:No fields matched successfully.
Matching engine 1:No fields matched successfully.

结果显示,无匹配成功的字段。

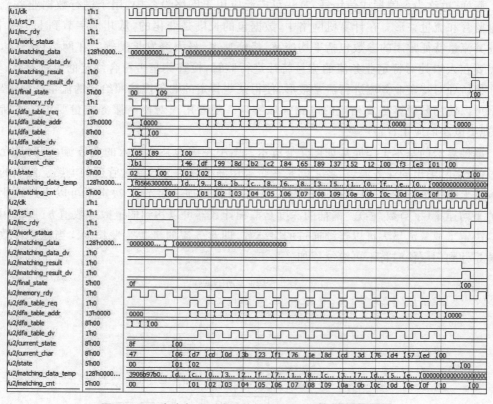

图 6-19 不存在与正则表达式匹配的字符串时的仿真波形

第7章

漏桶算法与电路实现

7.1 漏桶算法在网络设备中的应用

漏桶(也称为令牌桶或信用桶)算法可广泛应用于网络设备中,用于进行数据业务流的流量监管和流量整形。在计算机网络中,数据包的长度是变化的,从几十字节到上千字节,描述其流量特征常用的参数包括平均速率、峰值速率、最大突发长度等。在网络设备中,如果需要在入口处对特定业务流的流量特征进行监管,检查其是否符合约定的流量特征;或者在出口处对特定业务流进行流量整形,使得某些特定的业务流按照给定的流量特征输出,那么可以使用漏桶算法及相应的电路加以实现。随着用户对网络服务质量要求的不断提高,此类电路的应用日益广泛。

漏桶算法的基本工作原理如图 7-1 所示。图中左侧为某个输入的业务流,右侧是允许通过的、实际输出的业务流,二者之间是一个采用漏桶算法进行流量管理的电路。图中的漏桶本质上是一个计数器,其值按照预先的配置,每秒增加 r 字节,r 决定了可以通过的业务流的平均速率(字节数/秒)。漏桶的深度是漏桶计数器可以达到的最大计数值 h(即信用门限),决定了业务流最大可以连续通过的字节数,即业务流的最大突发长度。当漏桶计数器的值累计到门限值时将不再继续累加。

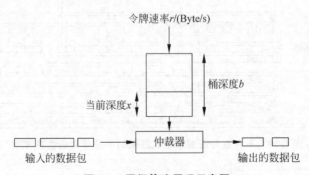

图 7-1 漏桶算法原理示意图

该电路在具体工作时,每当一个数据包到达,都需要与其长度(字节数)对应的信用值才能通过。仲裁器根据到达的数据包的长度查看令牌桶(信用计数器)中现有的信用值,看是否可以满足当前请求,如果满足,则将当前令牌桶中的信用值减去当前数据包申请的值并重新保存,然后将数据包交给后级电路进行处理。如果当前可用信用值小于当前包长,那么可以将该数据包作为违反流量约定的数据包丢弃,或者在交给后级电路时加上标记。如后级电路发生了拥塞,那么可以将该数据包丢弃;如果没有发生拥塞,则可以为其提供处理服务。

在电路实现时,由于可能需要同时管理成千上万个数据流(可以是由特定源 IP 地址、目的 IP 地址、源传输层端口号、目的传输层端口号决定的具体数据流,也可以是具有某个特征的粗粒度的流),每个流对应的流量特征参数可以存储在 RAM 中。图 7-2 所示的是本章所设计的实现漏桶算法的电路结构图。它内部包括 3 块存储器,深度均为 M,分别存储 M 个数据流单位时间片内增加的信用量(credit_ram)、信用量门限(credit_th_ram)和当前可用信用值(credit_cnt_ram)。定时管理电路根据外部输入的定时器门限进行循环计数,产生所需的时间片定时信号。信用管理状态机用于进行存储器配置和当前用户信用值的管理。用户信用请求状态机根据用户信用请求,查看当前数据流的可用信用值,产生确认或否认应答。

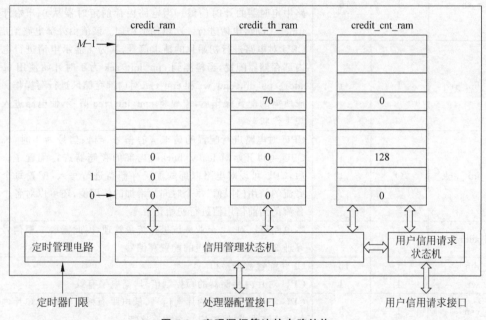

图 7-2　实现漏桶算法的电路结构

7.2　漏桶算法的电路实现

图 7-3 是实现漏桶算法的电路的符号图。其接口信号定义如表 7-1 所示。其中包括 CPU 配置接口,用于对不同业务流的流量特征进行配置。本电路中假定共有 32 个业务流需要进行流量管理,如果需要增加管理的流数,扩展内部流量参数存储器的深度即可。

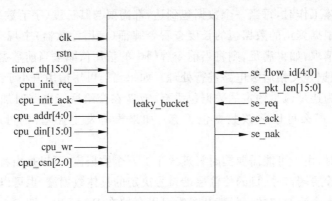

图 7-3   漏桶算法电路符号

表 7-1   leaky_bucket 电路的接口信号定义

接 口 名 称	I/O 类型	位宽/位	含　　义
clk	I	1	系统时钟
rstn	I	1	系统复位,低电平有效
timer_th	I	16	定时器门限值。漏桶算法中,每个时间片都需要向漏桶中的每个业务流添加可发送字节数,即信用值。timer_th 用于确定电路中定时器的计时门限。当电路内部的定时器从 0 开始计到 timer_th 时,申请进行一次信用值添加。该值由外部电路给出
cpu_init_req	I	1	CPU 对电路进行初始化的请求信号,其为 1 表示申请进行电路内部存储器配置,当检测到 cpu_init_ack 为 1 时开始使用 cpu_addr、cpu_din、cpu_wr 和 cpu_csn 对内部存储区进行写操作。完成所需的配置操作后,需要将 cpu_init_req 清零,使电路进入常规工作状态
cpu_init_ack	O	1	CPU 对电路进行配置的请求应答信号,当该信号为 1 时,说明 CPU 可以开始对 leaky_bucket 内部的存储器进行配置了。此后,CPU 可以对电路内部的配置存储器进行写入,配置每个业务流的信用门限值、每个时间片增加的信用值,还可以对各个业务流的当前信用值进行初始化清零
cpu_addr	I	5	本电路可以对 32 个业务流进行流量管理,因此需要 5 根信号线寻址 32 个业务流对应的配置存储器
cpu_din	I	16	CPU 配置数据接口
cpu_wr	I	1	CPU 对片内存储器的写控制信号,高电平有效
cpu_csn	I	3	CPU 对片内存储器的片选信号,低电平有效。这里已知片内有 3 块存储器,每块对应一个片选比特
se_flow_id	I	5	数据流编号,共 5 位,可支持 32 个数据流
se_pkt_len	I	16	当前数据包的长度,以字节为单位,同时代表着对信用量的需求
se_req	I	1	信用请求信号,为 1 时表示流编号为 se_flow_id 的业务流申请由 se_pkt_len 确定的信用量。当 se_ack 或 se_nak 为 1 后,se_req 应立刻清零
se_ack	O	1	se_ack 为 1 表示当前业务流拥有所申请的信用量
se_nak	O	1	se_nak 为 1 表示当前业务流不具有所申请的信用量。se_nak 和 se_ack 不能同时为 1

电路的基本功能和工作流程如下。

(1) 电路的输入 timer_th 是电路内部确定信用添加时间片长度的计数门限。应根据时钟周期长度确定 timer_th 值。例如系统时钟频率为 100MHz,即时钟周期为 10ns,假如进行信用更新的时间片长度为 $10\mu s$(即每 $10\mu s$ 添加一次信用值),则需要的 timer_th 值为 1000;如果时间片长度为 $100\mu s$,则需要的 timer_th 值为 10000。

(2) 本电路中的 CPU 配置接口是根据实际的 CPU 接口转换得到的。CPU 配置操作可以在电路工作过程中进行,在电路内部状态机设计时对此已考虑。在 CPU 配置请求发出后,如果得到了本电路内部状态机的确认,那么可以进行多次配置操作,配置操作完成后,CPU 需要将 cpu_init_req 清零以撤除请求。此后状态机重新进入工作状态。

(3) 在电路中使用了 3 块 RAM 用于进行参数存储。一块用于存储各个流的当前可用信用值,采用双端口 RAM 实现,一个端口用于进行信用加注和更新,另一个端口用于进行信用读取。第二、三块 RAM 是单端口 RAM,一块用于存储每个时间片各个业务流的信用增加值,另一块用于存储每个业务流的信用值上限。CPU 配置端口可以对二者进行写操作。进入工作状态后,内部电路只对其进行读操作。每当一个时间片结束时,电路内部的状态机需要根据预先配置的每个业务流的信用增量更新其累计信用值,如果累计信用值超过了其信用门限,则将信用门限上限值作为当前可用信用量。

(4) 外部用户通过 se_req 提出信用请求,同时给出业务流的 id 和需要的信用量。如果该业务流的可用信用量可以满足此请求,则通过 se_ack 予以响应,同时在当前信用计数值中减去请求的信用量;否则用 se_nak 予以响应,表示该业务流当前信用不足。

下面是漏桶算法实现的代码。

```
`timescale 1ns / 1ps
module leaky_bucket(
input           clk,
input           rstn,
input   [15:0]  timer_th,
//处理器接口
input           cpu_init_req,
output  reg     cpu_init_ack,
input   [4:0]   cpu_addr,
input   [15:0]  cpu_din,
input           cpu_wr,
input   [2:0]   cpu_csn,
//用户信用请求接口
input   [4:0]   se_flow_id,
input   [15:0]  se_pkt_len,
input           se_req,
output  reg     se_ack,
output  reg     se_nak
);
//在电路中使用♯2 定性模拟 2ns 的门延迟
reg     [15:0]  cnt;
reg             timer_pulse;   //每次计满一个时间片后在一个时钟周期内保持 1
//下面是一个简单的计数器,cnt 在 0～timer_th-1 之间循环计数
//每当计数器计满后,timer_pulse 产生一个脉冲,提示进行信用更新
```

```
always @(posedge clk or negedge rstn)
    if(!rstn)begin
        cnt <= #2 0;
        timer_pulse <= #2 0;
        end
    else begin
        if(cnt < timer_th-1) begin
            cnt <= #2 cnt+1;
            timer_pulse <= #2 0;
            end
        else begin
            cnt <= #2 0;
            timer_pulse <= #2 1;
            end
        end
// ================================================
//使用状态机 timer_state 进行信用加注请求。由于 timer_pulse
//只在1个时钟周期内保持有效,因此需要使用此状态机,按照
//请求-应答的方式申请信用加注
//本电路正常工作有一个前提,即两个 timer_pulse 之间一定
//可以完成一轮信用更新操作,否则会出现 timer_pulse 漏检
//的情况
// ================================================
reg     timer_state;
reg     timer_pulse_req;
reg     timer_pulse_ack;
always @(posedge clk or negedge rstn)
    if(!rstn)begin
        timer_state <= #2 0;
        timer_pulse_req <= #2 0;
        end
    else begin
        case(timer_state)
        0:begin
            if(timer_pulse)begin
                timer_pulse_req <= #2 1;
                timer_state <= #2 1;
                end
            end
        1:begin
            if(timer_pulse_ack)begin
                timer_pulse_req <= #2 0;
                timer_state <= #2 0;
                end
            end
        endcase
        end
// =====================================================
//下面例化了3块存储器:
// credit_ram 用于存储每个用户在一个时间片内的信用增加量
// credit_th_ram 用于存储每个用户的信用累计上限值
```

```verilog
// credit_cnt_ram用于记录每个用户的当前可用信用值,其每个时间片
//按照credit_ram提供的信用增加量增加一次,根据用户请求进行减少,
//其计数值的上限由credit_th_ram中存储的信用门限值决定
// ==========================================================
reg             credit_ram_wr;
reg    [4:0]    credit_ram_addr;
reg    [15:0]   credit_ram_din;
wire[15:0]      credit_ram_dout;

//下面例化的是一个位宽为16位,深度为32的RAM
sram_w16_d32 u_credit_ram (
.clka(clk),                          // input clka
.wea(credit_ram_wr),                 // input [0 : 0] wea
.addra(credit_ram_addr),             // input [4 : 0] addra
.dina(credit_ram_din),               // input [15 : 0] dina
.douta(credit_ram_dout)              // output [15 : 0] douta
);


reg             credit_th_ram_wr;
reg    [4:0]    credit_th_ram_addr;
reg    [15:0]   credit_th_ram_din;
wire   [15:0]   credit_th_ram_dout;

//下面例化的是一个位宽为16位,深度为32的RAM
sram_w16_d32 u_credit_th_ram (
.clka(clk),                          // input clka
.wea(credit_th_ram_wr),              // input [0 : 0] wea
.addra(credit_th_ram_addr),          // input [4 : 0] addra
.dina(credit_th_ram_din),            // input [15 : 0] dina
.douta(credit_th_ram_dout)           // output [15 : 0] douta
);


reg             credit_cnt_ram_wra;
reg    [4:0]    credit_cnt_ram_addra;
reg    [15:0]   credit_cnt_ram_dina;
wire [15:0]     credit_cnt_ram_douta;
reg    [4:0]    credit_cnt_ram_addrb;
wire [15:0]     credit_cnt_ram_doutb;

//下面例化的是一个位宽为16位,深度为32的双端口RAM
//端口a可以进行读写,端口b只读
dpram_w16_d32 u_credit_cnt_ram (
.clka(clk),                          // input clka
.wea(credit_cnt_ram_wra),            // input [0 : 0] wea
.addra(credit_cnt_ram_addra),        // input [4 : 0] addra
.dina(credit_cnt_ram_dina),          // input [15 : 0] dina
.douta(credit_cnt_ram_douta),        // output [15 : 0] douta
.clkb(clk),                          // input clkb
.web(1'b0),                          // input [0 : 0] web
.addrb(credit_cnt_ram_addrb),        // input [4 : 0] addrb
.dinb(16'b0),                        // input [15 : 0] dinb
```

```
      .doutb(credit_cnt_ram_doutb)              // output [15 : 0] doutb
      );


// =========================================================
//状态机 state 用于维护与信用管理相关的三块存储器的操作,主要功能包括:
//(1)根据 CPU 的请求进行存储器配置
//(2)当一个时间片到达时,进行信用计数值的更新
//(3)当前信用可以满足当前业务流的请求时,将当前信用值减去
//请求值,将结果写入信用计数器,更新剩余可用信用值
//当前状态机不负责判断用户请求的信用是否可以满足,此任务由后续状态机
//se_state 实现
// =========================================================
reg     [3:0]      state;
reg     [15:0]     credit;
reg     [15:0]     credit_th;
reg     [15:0]     credit_cnt;
reg     [15:0]     se_credit_cnt;
reg                se_refresh_req;
reg                se_refresh_ack;
reg     [15:0]     se_refresh_len;
reg     [4:0]      credit_refresh_addr;

always @ (posedge clk or negedge rstn)
    if(!rstn)begin
        state <= #2 0;
        cpu_init_ack <= #2 0;
        timer_pulse_ack <= #2 0;
        credit_refresh_addr <= #2 0;
        credit_ram_addr <= #2 0;
        credit_th_ram_addr <= #2 0;
        credit_cnt_ram_addra <= #2 0;

        credit_ram_addr <= #2 0;
        credit_th_ram_addr <= #2 0;
        credit_cnt_ram_addra <= #2 0;

        credit <= #2 0;
        credit_th <= #2 0;
        credit_cnt <= #2 0;

        credit_ram_wr <= #2 0;
        credit_ram_din <= #2 0;
        credit_th_ram_wr <= #2 0;
        credit_th_ram_din <= #2 0;
        credit_cnt_ram_wra <= #2 0;
        credit_cnt_ram_dina <= #2 0;

        se_refresh_ack <= #2 0;
        end
    else begin
        case(state)
```

```
0:begin
    credit_cnt_ram_wra<=#2 0;
    //当 cpu_init_req 为 1 时,进入状态 15,进行各存储器配置
    if(cpu_init_req) begin
        cpu_init_ack<=#2 1;
        state<=#2 15;
        end
    //信用添加通过 timer_pulse_req 触发
    else if(timer_pulse_req)begin
        timer_pulse_ack<=#2 1;
        credit_refresh_addr<=#2 0;
        credit_ram_addr<=#2 0;
        credit_th_ram_addr<=#2 0;
        credit_cnt_ram_addra<=#2 0;
        state<=#2 1;
        end
    // ====================================================
    //根据用户请求,查看相应信用计数器中的信用量是否可以满足
    //当前需求,如果可以满足则予以确认,更新当前信用计数值;
    //否则返回否认信号。在信用值更新时,从地址 0 开始,每次更
    //新一项,更新后地址加 1,更新至地址最大值后又返回 0
    //本电路中,信用更新操作的优先级低于用户信用请求操作
    //这里的 se_refresh_req 是一个内部信用更新请求信号,由后面的
    //状态机 se_state 根据外部用户请求产生。注意:
    // credit_cnt_ram 是一个双端口 RAM,se_state 通过端口 b 可以查
    //询某个用户的信用是否够用,如果够用才会发出 se_refresh_req,
    //因此在本状态机中不会判断用户信用是否够用
    // ====================================================
    else if(se_refresh_req)begin
        credit_cnt_ram_addra<=#2 se_flow_id;
        state<=#2 8;
        end
    //若当前 credit_refresh_addr 不为 0,则进入状态 1,继续进行信用更新
    else begin
        if(credit_refresh_addr)begin
            credit_ram_addr<=#2 credit_refresh_addr;
            credit_th_ram_addr<=#2 credit_refresh_addr;
            credit_cnt_ram_addra<=#2 credit_refresh_addr;
            state<=#2 1;
            end
        end
    end
// ====================================
//状态 1~5 用于对一个流添加信用
// ====================================
1:begin
    timer_pulse_ack<=#2 0;
    state<=#2 2;
    end
2:begin
    credit<=#2 credit_ram_dout;
```

```
            credit_th <= #2 credit_th_ram_dout;
            credit_cnt <= #2 credit_cnt_ram_douta;
            state <= #2 3;
            end
    3:begin
        // ===================================================
        //如果当前用户信用加上信用增加量超过了信用门限,则
        //以信用门限为最终结果,否则以和值为更新结果
        // ===================================================
        if(credit + credit_cnt <= credit_th) credit_cnt <= #2 credit + credit_cnt;
        else credit_cnt <= #2 credit_th;
        state <= #2 4;
        end
    4:begin
        credit_cnt_ram_dina <= #2 credit_cnt;
        credit_cnt_ram_wra <= #2 1;
        state <= #2 5;
        end
    5:begin
        credit_cnt_ram_wra <= #2 0;
        credit_refresh_addr <= #2 credit_refresh_addr + 1;
        state <= #2 0;
        end
    // ===================================================
    //状态 8~11 用于根据当前请求,进行信用计数值的更新
    // ===================================================
    8:state <= #2 9;
    9:begin
        credit_cnt <= #2 credit_cnt_ram_douta;
        state <= #2 10;
        end
    10:begin
        credit_cnt <= #2 credit_cnt-se_refresh_len;
        se_refresh_ack <= #2 1;
        state <= #2 11;
        end
    11:begin
        se_refresh_ack <= #2 0;
        credit_cnt_ram_dina <= #2 credit_cnt;
        credit_cnt_ram_wra <= #2 1;
        state <= #2 0;
        end
    // ===================================================
    //状态 15 用于对信用 RAM 和信用门限 RAM 进行配置
    // ===================================================
    15:begin
        cpu_init_ack <= #2 0;
        credit_ram_wr <= #2 cpu_wr & !cpu_csn[0];
        credit_ram_addr <= #2 cpu_addr;
        credit_ram_din <= #2 cpu_din;
```

```
                credit_th_ram_wr <= #2 cpu_wr & !cpu_csn[1];
                credit_th_ram_addr <= #2 cpu_addr;
                credit_th_ram_din <= #2 cpu_din;

                credit_cnt_ram_wra <= #2 cpu_wr & !cpu_csn[2];
                credit_cnt_ram_addra <= #2 cpu_addr;
                credit_cnt_ram_dina <= #2 cpu_din;

                if(!cpu_init_req) state <= #2 0;
                end
            endcase
            end
```
// ==
//状态机 se_state 主要功能包括:
//(1)接受用户信用申请
//(2)判断该业务流可用信用是否可以满足需求
//(3)如果可以满足,申请更新该业务流的信用值,返回确认信息;否则返回否认信息
// ==
```
reg  [2:0]   se_state;
reg  [15:0]  credit_cnt_b;
always @(posedge clk or negedge rstn)
    if(!rstn)begin
        se_state <= #2 0;
        se_ack <= #2 0;
        se_nak <= #2 0;
        se_credit_cnt <= #2 0;
        se_refresh_req <= #2 0;
        se_refresh_len <= #2 0;
        credit_cnt_ram_addrb <= #2 0;
        credit_cnt_b <= #2 0;
        end
    else begin
        case(se_state)
        0:begin
            se_ack <= #2 0;
            se_nak <= #2 0;
            //如果有用户请求,根据 flow_id 读出其可用信用值
            if(se_req) begin
                credit_cnt_ram_addrb <= #2 se_flow_id;
                se_state <= #2 1;
                end
            end
        //在状态 1 等待可用信用值被读出
        1:se_state <= #2 2;
        2:begin
            //使用 credit_cnt_b 寄存当前用户的可用信用值
            credit_cnt_b <= #2 credit_cnt_ram_doutb;
            se_state <= #2 3;
            end
        //如果该用户的当前信用值可以满足该用户请求则通过
        // se_refresh_req 发出用户信用更新请求,返回 se_ack;
```

```
                    //否则返回 se_nak 并进入状态 5,等待外部请求撤销
              3:begin
                   if(se_pkt_len <= credit_cnt_b) begin
                       se_ack <= #2 1;
                       se_refresh_req <= #2 1;
                       se_refresh_len <= #2 se_pkt_len;
                       se_state <= #2 4;
                       end
                   else begin
                       se_nak <= #2 1;
                       se_state <= #2 5;
                       end
                   end
              4:begin
                   se_ack <= #2 0;
                   if(se_refresh_ack) begin
                       se_refresh_req <= #2 0;
                       se_state <= #2 0;
                       end
                   end
              5:begin
                   se_nak <= #2 0;
                   se_state <= #2 0;
                   end
              endcase
              end
       endmodule
```

对应的测试代码如下:

```
`timescale 1ns / 1ps
module credit_bucket_v2_tb;
// Inputs
reg clk;
reg rstn;
reg [15:0] timer_th;
reg cpu_init_req;
reg [4:0] cpu_addr;
reg [15:0] cpu_din;
reg cpu_wr;
reg [2:0] cpu_csn;
reg [4:0] se_flow_id;
reg [15:0] se_pkt_len;
reg se_req;

// Outputs
wire cpu_init_ack;
wire se_ack;
wire se_nak;
integer    m;
always #5 clk = ~clk;
```

```
// Instantiate the Unit Under Test (UUT)
leaky_bucket uut (
    .clk(clk),
    .rstn(rstn),
    .timer_th(timer_th),
    .cpu_init_req(cpu_init_req),
    .cpu_init_ack(cpu_init_ack),
    .cpu_addr(cpu_addr),
    .cpu_din(cpu_din),
    .cpu_wr(cpu_wr),
    .cpu_csn(cpu_csn),
    .se_flow_id(se_flow_id),
    .se_pkt_len(se_pkt_len),
    .se_req(se_req),
    .se_ack(se_ack),
    .se_nak(se_nak)
);
initial begin
    // Initialize Inputs
    clk = 0;
    rstn = 0;
    //timer_th 为定时器门限值, 用于确定每次添加信用的时间间隔
    //本例中, 系统时钟周期为 10ns, timer_th 为 1000, 对应信用添加的时间间隔(时间片)为 10μs
    timer_th = 1000;
    cpu_init_req = 0;
    cpu_addr = 0;
    cpu_din = 0;
    cpu_wr = 0;
    //3 个片选比特对应片内的 3 块存储器, 低电平有效
    cpu_csn = 3'b111;
    se_flow_id = 0;
    se_pkt_len = 0;
    se_req = 0;
    m = 0;
    // Wait 100ns for global reset to finish
    #100;
    rstn = 1;
    // Add stimulus here
    #1000;
    //对信用计数值进行初始化, 将其全部清零, 此时需要调用 credit_cnt_init 任务
    credit_cnt_init;
    #1000;
    //调用 credit_cfg 任务, 对单位时间片增加的信用值进行配置, 此处均设置为 200 字节
    for(m = 0;m <= 31;m = m + 1) credit_cfg(m[4:0],200);
    #1000;
    //调用 credit_th_cfg 任务, 对信用门限值进行配置, 此处均为 2000 字节
    for(m = 0;m <= 31;m = m + 1) credit_th_cfg(m[4:0],2000);
    //等待 100μs 后, 连续发出 3 个用户信用请求, 请求的信用值均为 500 字节
    #100_000;
    se_user(10,500);
    se_user(10,500);
```

```
        se_user(10,500);
    end

//模拟 CPU 进行单位时间片信用增量配置的任务
task credit_cfg;
input  [4:0]   cfg_flow_id;
input  [15:0]  cfg_flow_credit;
begin
    repeat(1)@(posedge clk);
    #2;
    cpu_init_req = 1;
    while(!cpu_init_ack) repeat(1)@(posedge clk);
    #2;
    cpu_addr = cfg_flow_id;
    cpu_din = cfg_flow_credit;
    cpu_wr = 1;
    cpu_csn = 3'b110;
    repeat(1)@(posedge clk);
    #2;
    cpu_wr = 0;
    cpu_init_req = 0;
    cpu_csn = 3'b111;
    end
endtask

//模拟 CPU 进行信用门限配置的任务
task credit_th_cfg;
input  [4:0]   cfg_flow_id;
input  [15:0]  cfg_flow_credit_th;
begin
    repeat(1)@(posedge clk);
    #2;
    cpu_init_req = 1;
    while(!cpu_init_ack) repeat(1)@(posedge clk);
    #2;
    cpu_addr = cfg_flow_id;
    cpu_din = cfg_flow_credit_th;
    cpu_wr = 1;
    cpu_csn = 3'b101;
    repeat(1)@(posedge clk);
    #2;
    cpu_wr = 0;
    cpu_init_req = 0;
    cpu_csn = 3'b111;
    end
endtask

//模拟 CPU 对信用计数值进行配置的任务
task credit_cnt_cfg;
input   [4:0]    cfg_flow_id;
input   [15:0]   cfg_flow_credit_cnt;
```

```
begin
    repeat(1)@(posedge clk);
    #2;
    cpu_init_req = 1;
    while(!cpu_init_ack) repeat(1)@(posedge clk);
    #2;
    cpu_addr = cfg_flow_id;
    cpu_din = cfg_flow_credit_cnt;
    cpu_wr = 1;
    cpu_csn = 3'b011;
    repeat(1)@(posedge clk);
    #2;
    cpu_wr = 0;
    cpu_init_req = 0;
    cpu_csn = 3'b111;
    end
endtask

//模拟 CPU 对信用计数 RAM 进行初始化(清零)的任务
task credit_cnt_init;
integer i;
begin
    for(i = 0; i < 32; i = i + 1)  credit_cnt_cfg(i[4:0],0);
    end
endtask

//模拟外部用户电路进行信用申请的任务
task se_user;
input    [4:0]    user_flow_id;
input    [15:0]   user_pkt_len;
begin
    repeat(1)@(posedge clk);
    #2;
    se_flow_id = user_flow_id;
    se_pkt_len = user_pkt_len;
    se_req = 1;
    while(!se_ack & !se_nak) repeat(1)@(posedge clk);
    #2;
    se_req = 0;
    end
endtask
endmodule
```

　　图 7-4 是对漏桶算法电路中的存储器进行初始配置的仿真波形,包括对每个流当前信用计数 RAM 的初始化、信用增量和信用门限的配置。

　　图 7-5 是一个时间片到达后,对信用计数器 RAM 中每个流的信用计数值,根据配置的信用增量进行添加的仿真波形。

　　图 7-6 是一个用户连续发送信用请求的仿真波形,由于当前该业务流的信用计数器值为 1000,因此前两次请求可以满足,以 se_ack 予以响应;第三次请求时,该业务流信用不足,因此以 se_nak 予以响应。

图 7-4　电路初始配置的仿真波形

图 7-5　时间片到达后进行信用计数值添加的仿真波形

图 7-6　一个用户连续发送信用请求的仿真波形

## 第8章

典型数据交换单元的原理与设计

8.1 crossbar 的原理与设计

8.1.1 crossbar 的工作原理

crossbar 是典型的基本交换单元(也称为交换结构),可广泛应用于各种网络设备中,包括以太网交换机和路由器等,也可以作为 IP 核用于各种分布式处理系统中,进行不同处理单元之间的信息交互。crossbar 具有内部无阻塞、结构简单、可扩展性良好、易于模块化等特性。$N \times N$ 的 crossbar 交换结构如图 8-1 所示。图中水平线代表输入,垂直线表示输出。一个 $N \times N$ 的 crossbar 包括 N^2 个交叉点,每个交叉点对应一个输入/输出对。交叉点有两个可能的状态:交叉状态(cross state)或闭合状态(bar state)。若输入端口 i 和输出端口 j 之间需建立连接,则将第 (i,j) 个交叉点设为闭合状态,通路上的其他交叉点保持在交叉状态即可。在同一时刻,crossbar 交换结构至多允许 N 个交叉点处于闭合状态。

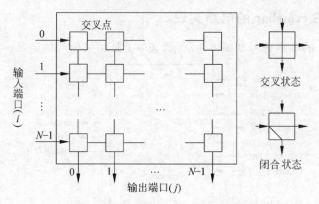

图 8-1 $N \times N$ 的 crossbar 交换结构图

我们以应用于大容量 ATM(Asynchronous Transfer Mode,异步转移模式)交换机(事实上目前的大容量 IP 路由器中的交换电路采用的也是同一机制)为例分析其工作特点。图 8-2 为一个 4×4 crossbar 的示意图。图中,输入端口 0 的数据分组(ATM 交换中为定长的信元)将去往输出端口 2,输入端口 1 的信元将去往输出端口 3,输入端口 2 的信元将去往输出端口 0,输入端口 3 的信元将去往输出端口 2。此时,输入端口 1 和 2 的请求没有遇到冲突,都能够被满足。输入端口 0 和 3 的请求之间存在冲突,如图中的标注所示,只能有一个可以输出,另一个需要在入口处等待。随着交换规模的不断增大,crossbar 交换结构的交叉点数量将按 N^2 关系增长,会使其实现复杂度快速增加。

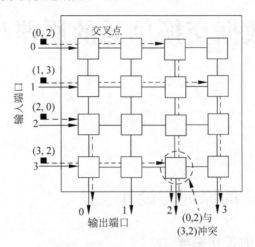

图 8-2 4×4 的 crossbar 交换结构

crossbar 交换结构虽然是无阻塞的,但当来自不同输入端口的分组请求去往同一个输出端口时,就会产生输出冲突。为了解决冲突问题,最为常用的是在输入端口处增加一个先入先出(First-In-First-Out,FIFO)缓存队列,进行数据的输入缓存,将待发送数据进行临时存储。此外,为了提高交换性能,会在交换结构内部采用较高的加速比,即无阻塞情况下交换单元的最大吞吐率与输入数据带宽之和的比值,用 s 表示。采用内部加速策略后,到达输入端的数据大多会被迅速转发到目的输出端口。crossbar 经常和不同类型的队列管理器配合使用,构成复杂的交换结构。下面以 8×8 crossbar 为例加以分析。

8.1.2　8×8 crossbar 的电路实现

8×8 crossbar 的电路符号如图 8-3 所示,表 8-1 是相关信号的定义。

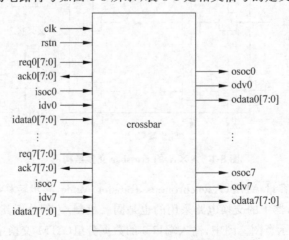

图 8-3　8×8 crossbar 电路符号图

表 8-1　8×8 crossbar 接口信号定义

接口名称	I/O类型	位宽/位	含义
clk	I	1	系统时钟
rstn	I	1	系统复位
req0	I	8	输出端口请求信号,位宽为8,比特位0对应输出端口0,比特位7对应输出端口7,如果一个比特位为1,表示申请从该端口输出。如果有多个比特位为1,表示同时申请从多个端口输出
ack0	O	8	输入端口0的请求应答信号,哪个比特位为1,表示哪个输出端口对输入端口0的请求给予了应答。当req0中有多个1时,输入端口必须收到所有被请求输出端口的应答后才能发送数据
isoc0	I	1	信元(帧)起始标志信号(input start of cell),其为1时表示当前输入数据是一个信元(或数据包)的第一个字节
idv0	I	1	输入数据有效指示,为1表示idata0上是有效数据。其应该在信元(数据包)有效期间始终保持为1
idata0	I	8	输入信元(数据包)数据,本电路中对其长度没有限制
req1、ack1、isoc1、idv1、idata1	I	8	输入信元(数据包)数据,本电路中对其长度没有限制
req2、ack2、isoc2、idv2、idata2	I	8	输入信元(数据包)数据,本电路中对其长度没有限制
req3、ack3、isoc3、idv3、idata3	I	8	输入信元(数据包)数据,本电路中对其长度没有限制
req4、ack4、isoc4、idv4、idata4	I	8	输入信元(数据包)数据,本电路中对其长度没有限制
req5、ack5、isoc5、idv5、idata5	I	8	输入信元(数据包)数据,本电路中对其长度没有限制
req6、ack6、isoc6、idv6、idata6	I	8	输入信元(数据包)数据,本电路中对其长度没有限制
req7、ack7、isoc7、idv7、idata7	I	8	输入信元(数据包)数据,本电路中对其长度没有限制
osoc0	O	1	输出信元(帧)起始标志信号,其为1时表示当前输出数据是一个信元(或数据包)的第一个字节
odv0	O	1	输出数据有效指示,为1表示odata0上是有效数据。其应该在信元(数据包)有效期间始终保持为1
odata0	O	8	输出信元(数据包)数据,本电路中对其长度没有限制
osoc1、odv1、odata1	O	8	输出信元(数据包)数据,本电路中对其长度没有限制
osoc2、odv2、odata2	O	8	输出信元(数据包)数据,本电路中对其长度没有限制
osoc3、odv3、odata3	O	8	输出信元(数据包)数据,本电路中对其长度没有限制
osoc4、odv4、odata4	O	8	输出信元(数据包)数据,本电路中对其长度没有限制
osoc5、odv5、odata5	O	8	输出信元(数据包)数据,本电路中对其长度没有限制
osoc6、odv6、odata6	O	8	输出信元(数据包)数据,本电路中对其长度没有限制
osoc7、odv7、odata7	O	8	输出信元(数据包)数据,本电路中对其长度没有限制

下面是 8×8 crossbar 的具体代码。

```verilog
`timescale 1ns/1ps
module ace_8_8 (
input              clk,
input              rstn,
// ingress cell ports.
input      [7:0]   req0,          //哪个比特位为 1,表示请求从哪个端口输出
output     [7:0]   ack0,          //哪个比特位为 1,表示哪个输出端口对当前请求有应答
input              isoc0,         //指出当前 idata0 上的数据是一个帧(信元)的第一个字节
input              idv0,          //输入数据有效指示,为 1 表示 idata0 上是有效数据
input      [7:0]   idata0,        //输入数据包(信元)的数据

input      [7:0]   req1,
output     [7:0]   ack1,
input              isoc1,
input              idv1,
input      [7:0]   idata1,

input      [7:0]   req2,
output     [7:0]   ack2,
input              isoc2,
input              idv2,
input      [7:0]   idata2,

input      [7:0]   req3,
output     [7:0]   ack3,
input              isoc3,
input              idv3,
input      [7:0]   idata3,

input      [7:0]   req4,
output     [7:0]   ack4,
input              isoc4,
input              idv4,
input      [7:0]   idata4,

input      [7:0]   req5,
output     [7:0]   ack5,
input              isoc5,
input              idv5,
input      [7:0]   idata5,

input      [7:0]   req6,
output     [7:0]   ack6,
input              isoc6,
input              idv6,
input      [7:0]   idata6,

input      [7:0]   req7,
output     [7:0]   ack7,
```

```
input                   isoc7,
input                   idv7,
input       [7:0]       idata7,

// egress cell ports.
output      reg [7:0]   odata0,
output      reg         osoc0,
output      reg         odv0,
output      reg [7:0]   odata1,
output      reg         osoc1,
output      reg         odv1,
output      reg [7:0]   odata2,
output      reg         osoc2,
output      reg         odv2,
output      reg [7:0]   odata3,
output      reg         osoc3,
output      reg         odv3,
output      reg [7:0]   odata4,
output      reg         osoc4,
output      reg         odv4,
output      reg [7:0]   odata5,
output      reg         osoc5,
output      reg         odv5,
output      reg [7:0]   odata6,
output      reg         osoc6,
output      reg         odv6,
output      reg [7:0]   odata7,
output      reg         osoc7,
output      reg         odv7
);


// =================================================
//                  调度电路
//outport0_req用于汇总来自于8个输入端口的、去往输出端口
//0的请求,供输出端口0判断和选择向哪个输入端口给予应
//答。outport1_req～outport7_req相同,分别针对端口1～7
//outport0_sel是输出端口0针对收到的8个入口的请求给出
//的选择信号,面对多个请求时,一个输出端口只能选择一个
//输入端口。outport1_sel～outport7_sel相同,分别针对端
//口1～7
// =================================================
wire [7:0]  outport0_req,   outport1_req,   outport2_req,
            outport3_req,   outport4_req,   outport5_req,
            outport6_req,   outport7_req;
wire [3:0]  outport0_sel,   outport1_sel,   outport2_sel,   outport3_sel,
            outport4_sel,   outport5_sel,   outport6_sel,   outport7_sel;
// =================================================
//output0_req用于将8个输入端口对输出端口0的请求进行汇总,如果某1位为1,
//表示对应的输入端口向输出端口0提出发送请求。如果有多个比特位为1,
//表示有多个输入端口向端口0发出请求。其余请求信号功能类似
// =================================================
```

```verilog
assign outport0_req =    {req7[0],req6[0],req5[0],req4[0], req3[0],req2[0],req1[0],req0[0]};
assign outport1_req =    {req7[1],req6[1],req5[1],req4[1], req3[1],req2[1],req1[1],req0[1]};
assign outport2_req =    {req7[2],req6[2],req5[2],req4[2], req3[2],req2[2],req1[2],req0[2]};
assign outport3_req =    {req7[3],req6[3],req5[3],req4[3], req3[3],req2[3],req1[3],req0[3]};
assign outport4_req =    {req7[4],req6[4],req5[4],req4[4], req3[4],req2[4],req1[4],req0[4]};
assign outport5_req =    {req7[5],req6[5],req5[5],req4[5], req3[5],req2[5],req1[5],req0[5]};
assign outport6_req =    {req7[6],req6[6],req5[6],req4[6], req3[6],req2[6],req1[6],req0[6]};
assign outport7_req =    {req7[7],req6[7],req5[7],req4[7], req3[7],req2[7],req1[7],req0[7]};
//idv 是一个位宽为 8 位的当前输入有效指示,用于供 8 个输出仲裁器检查所关注的输入端口
//是否完成了数据发送
wire [7:0]  idv;
assign idv = {idv7,idv6,idv5,idv4,idv3,idv2,idv1,idv0};
// =======================================================
//                       outport 0
// =======================================================
// =======================================================
//仲裁器 0 用于处理向输出端口 0 提出的发送请求,通过 output0_sel 输出
//仲裁器选择的输入端口。仲裁器给出端口选择信号后,会监视所选择输入端口
//的 idv 信息,当监测到其为 1 时,说明输入端口开始发送数据;当监测到其由 1
//跳变为 0 时,说明发送完成,仲裁器开始新的仲裁过程
// =======================================================
cb_arbiter u_0(
    .clk(clk),
    .rstn(rstn),
    .req(outport0_req),         //合并后发给输出端口 0 仲裁器的请求
    .sel(outport0_sel),         //输出端口 0 选择的输入端口号,0~7 表示选择输入端口 0~7,
                                //8 表示未选择任何输入端口
    .idv(idv)                   //仲裁器根据 idv 的状态判断当前数据何时
                                //开始发送,何时发送完成
    );

//输出端口数据选择电路,它根据仲裁器输出的 output0_sel 选择对应的输入端口,
//其功能等效于将所选择的交叉点闭合
always @(posedge clk)
    case(outport0_sel)
    0:{odata0,osoc0,odv0}<= #2 {idata0,isoc0,idv0};
    1:{odata0,osoc0,odv0}<= #2 {idata1,isoc1,idv1};
    2:{odata0,osoc0,odv0}<= #2 {idata2,isoc2,idv2};
    3:{odata0,osoc0,odv0}<= #2 {idata3,isoc3,idv3};
    4:{odata0,osoc0,odv0}<= #2 {idata4,isoc4,idv4};
    5:{odata0,osoc0,odv0}<= #2 {idata5,isoc5,idv5};
    6:{odata0,osoc0,odv0}<= #2 {idata6,isoc6,idv6};
    7:{odata0,osoc0,odv0}<= #2 {idata7,isoc7,idv7};
    default:{odata0,osoc0,odv0}<= #2 0;
    endcase
// =============================================
//                    outport 1
// =============================================
cb_arbiter u_1(
    .clk(clk),
    .rstn(rstn),
```

```
        .req(outport1_req),
        .sel(outport1_sel),
        .idv(idv)
        );


always @(posedge clk)
    case(outport1_sel)
    0:{odata1,osoc1,odv1}<= #2 {idata0,isoc0,idv0};
    1:{odata1,osoc1,odv1}<= #2 {idata1,isoc1,idv1};
    2:{odata1,osoc1,odv1}<= #2 {idata2,isoc2,idv2};
    3:{odata1,osoc1,odv1}<= #2 {idata3,isoc3,idv3};
    4:{odata1,osoc1,odv1}<= #2 {idata4,isoc4,idv4};
    5:{odata1,osoc1,odv1}<= #2 {idata5,isoc5,idv5};
    6:{odata1,osoc1,odv1}<= #2 {idata6,isoc6,idv6};
    7:{odata1,osoc1,odv1}<= #2 {idata7,isoc7,idv7};
    default:{odata1,osoc1,odv1}<= #2 0;
    endcase
// ===================================================
//                          outport 2
// ===================================================
cb_arbiter u_2(
    .clk(clk),
    .rstn(rstn),
    .req(outport2_req),
    .sel(outport2_sel),
    .idv(idv)
    );
always @(posedge clk)
    case(outport2_sel)
    0:{odata2,osoc2,odv2}<= #2 {idata0,isoc0,idv0};
    1:{odata2,osoc2,odv2}<= #2 {idata1,isoc1,idv1};
    2:{odata2,osoc2,odv2}<= #2 {idata2,isoc2,idv2};
    3:{odata2,osoc2,odv2}<= #2 {idata3,isoc3,idv3};
    4:{odata2,osoc2,odv2}<= #2 {idata4,isoc4,idv4};
    5:{odata2,osoc2,odv2}<= #2 {idata5,isoc5,idv5};
    6:{odata2,osoc2,odv2}<= #2 {idata6,isoc6,idv6};
    7:{odata2,osoc2,odv2}<= #2 {idata7,isoc7,idv7};
    default:{odata2,osoc2,odv2}<= #2 0;
    endcase
// ===================================================
//                          outport 3
// ===================================================
cb_arbiter u_3(
    .clk(clk),
    .rstn(rstn),
    .req(outport3_req),
    .sel(outport3_sel),
    .idv(idv)
    );
always @(posedge clk)
    case(outport3_sel)
```

```verilog
        0:{odata3,osoc3,odv3}<= #2 {idata0,isoc0,idv0};
        1:{odata3,osoc3,odv3}<= #2 {idata1,isoc1,idv1};
        2:{odata3,osoc3,odv3}<= #2 {idata2,isoc2,idv2};
        3:{odata3,osoc3,odv3}<= #2 {idata3,isoc3,idv3};
        4:{odata3,osoc3,odv3}<= #2 {idata4,isoc4,idv4};
        5:{odata3,osoc3,odv3}<= #2 {idata5,isoc5,idv5};
        6:{odata3,osoc3,odv3}<= #2 {idata6,isoc6,idv6};
        7:{odata3,osoc3,odv3}<= #2 {idata7,isoc7,idv7};
        default:{odata3,osoc3,odv3}<= #2 0;
    endcase
// ================================================
//                     outport 4
// ================================================
cb_arbiter u_4(
    .clk(clk),
    .rstn(rstn),
    .req(outport4_req),
    .sel(outport4_sel),
    .idv(idv)
    );
always @(posedge clk)
    case(outport4_sel)
        0:{odata4,osoc4,odv4}<= #2 {idata0,isoc0,idv0};
        1:{odata4,osoc4,odv4}<= #2 {idata1,isoc1,idv1};
        2:{odata4,osoc4,odv4}<= #2 {idata2,isoc2,idv2};
        3:{odata4,osoc4,odv4}<= #2 {idata3,isoc3,idv3};
        4:{odata4,osoc4,odv4}<= #2 {idata4,isoc4,idv4};
        5:{odata4,osoc4,odv4}<= #2 {idata5,isoc5,idv5};
        6:{odata4,osoc4,odv4}<= #2 {idata6,isoc6,idv6};
        7:{odata4,osoc4,odv4}<= #2 {idata7,isoc7,idv7};
        default:{odata4,osoc4,odv4}<= #2 0;
    endcase
// ================================================
//                     outport 5
// ================================================

cb_arbiter u_5(
    .clk(clk),
    .rstn(rstn),
    .req(outport5_req),
    .sel(outport5_sel),
    .idv(idv)
    );

always @(posedge clk)
    case(outport5_sel)
        0:{odata5,osoc5,odv5}<= #2 {idata0,isoc0,idv0};
        1:{odata5,osoc5,odv5}<= #2 {idata1,isoc1,idv1};
        2:{odata5,osoc5,odv5}<= #2 {idata2,isoc2,idv2};
        3:{odata5,osoc5,odv5}<= #2 {idata3,isoc3,idv3};
        4:{odata5,osoc5,odv5}<= #2 {idata4,isoc4,idv4};
```

```
        5:{odata5,osoc5,odv5}<= #2 {idata5,isoc5,idv5};
        6:{odata5,osoc5,odv5}<= #2 {idata6,isoc6,idv6};
        7:{odata5,osoc5,odv5}<= #2 {idata7,isoc7,idv7};
        default:{odata5,osoc5,odv5}<= #2 0;
    endcase
// ===============================================
//                      outport 6
// ===============================================
cb_arbiter u_6(
    .clk(clk),
    .rstn(rstn),
    .req(outport6_req),
    .sel(outport6_sel),
    .idv(idv)
    );

always @(posedge clk)
    case(outport6_sel)
    0:{odata6,osoc6,odv6}<= #2 {idata0,isoc0,idv0};
    1:{odata6,osoc6,odv6}<= #2 {idata1,isoc1,idv1};
    2:{odata6,osoc6,odv6}<= #2 {idata2,isoc2,idv2};
    3:{odata6,osoc6,odv6}<= #2 {idata3,isoc3,idv3};
    4:{odata6,osoc6,odv6}<= #2 {idata4,isoc4,idv4};
    5:{odata6,osoc6,odv6}<= #2 {idata5,isoc5,idv5};
    6:{odata6,osoc6,odv6}<= #2 {idata6,isoc6,idv6};
    7:{odata6,osoc6,odv6}<= #2 {idata7,isoc7,idv7};
    default:{odata6,osoc6,odv6}<= #2 0;
    endcase
// ===============================================
//                      outport 7
// ===============================================
cb_arbiter u_7(
    .clk(clk),
    .rstn(rstn),
    .req(outport7_req),
    .sel(outport7_sel),
    .idv(idv)
    );
always @(posedge clk)
    case(outport7_sel)
    0:{odata7,osoc7,odv7}<= #2 {idata0,isoc0,idv0};
    1:{odata7,osoc7,odv7}<= #2 {idata1,isoc1,idv1};
    2:{odata7,osoc7,odv7}<= #2 {idata2,isoc2,idv2};
    3:{odata7,osoc7,odv7}<= #2 {idata3,isoc3,idv3};
    4:{odata7,osoc7,odv7}<= #2 {idata4,isoc4,idv4};
    5:{odata7,osoc7,odv7}<= #2 {idata5,isoc5,idv5};
    6:{odata7,osoc7,odv7}<= #2 {idata6,isoc6,idv6};
    7:{odata7,osoc7,odv7}<= #2 {idata7,isoc7,idv7};
    default:{odata7,osoc7,odv7}<= #2 0;
    endcase
// ===============================================
```

```
//向入口产生 ack 信号
// =============================================
//ack0 为针对输入端口 0 所发出请求的应答信息。需要说明的是,如果 req0 中有
//多个 1,表示当前输入数据为多播的,各个仲裁器独立仲裁给出各自的应答信息,
// ack0 是汇总后的应答信息。对于发送电路来说,多个输出端口都给出应答所需的
//等待时间可能较长
assign ack0 = {(outport7_sel == 0),(outport6_sel == 0),(outport5_sel == 0),(outport4_sel == 0),
            (outport3_sel == 0),(outport2_sel == 0),(outport1_sel == 0),(outport0_sel == 0)};
assign ack1 = {(outport7_sel == 1),(outport6_sel == 1),(outport5_sel == 1),(outport4_sel == 1),
            (outport3_sel == 1),(outport2_sel == 1),(outport1_sel == 1),(outport0_sel == 1)};
assign ack2 = {(outport7_sel == 2),(outport6_sel == 2),(outport5_sel == 2),(outport4_sel == 2),
            (outport3_sel == 2),(outport2_sel == 2),(outport1_sel == 2),(outport0_sel == 2)};
assign ack3 = {(outport7_sel == 3),(outport6_sel == 3),(outport5_sel == 3),(outport4_sel == 3),
            (outport3_sel == 3),(outport2_sel == 3),(outport1_sel == 3),(outport0_sel == 3)};
assign ack4 = {(outport7_sel == 4),(outport6_sel == 4),(outport5_sel == 4),(outport4_sel == 4),
            (outport3_sel == 4),(outport2_sel == 4),(outport1_sel == 4),(outport0_sel == 4)};
assign ack5 = {(outport7_sel == 5),(outport6_sel == 5),(outport5_sel == 5),(outport4_sel == 5),
            (outport3_sel == 5),(outport2_sel == 5),(outport1_sel == 5),(outport0_sel == 5)};
assign ack6 = {(outport7_sel == 6),(outport6_sel == 6),(outport5_sel == 6),(outport4_sel == 6),
            (outport3_sel == 6),(outport2_sel == 6),(outport1_sel == 6),(outport0_sel == 6)};
assign ack7 = {(outport7_sel == 7),(outport6_sel == 7),(outport5_sel == 7),(outport4_sel == 7),
            (outport3_sel == 7),(outport2_sel == 7),(outport1_sel == 7),(outport0_sel == 7)};

endmodule
```

下面是 crossbar 仲裁器的代码,在这段代码中,输入端口在面对多个输入端口的请求时,采用的是优先级仲裁策略,即端口 0 的请求具有最高优先级,端口 7 的请求具有最低优先级。设计者可以选择公平轮询策略,此时输出端口会依次判断各个输入请求,使得各个入口公平分配出口的带宽。

```
`timescale 1ns / 1ps
module cb_arbiter(
input               clk,
input               rstn,
input       [7:0]   req,
output  reg [3:0]   sel,
input       [7:0]   idv
    );
reg  [1:0]  outport_state;
always @(posedge clk or negedge rstn)
    if(!rstn) begin
        outport_state <= #2 0;
        sel <= #2 4'b1000;
        end
    else begin
        case(outport_state)
        0:begin
            //输出端口采用的是固定优先级仲裁策略,0 为最高优先级,7 为最低优先级
            casex(req)
            8'bxxxxxxx1:begin
                sel <= #2 0;
```

```
                outport_state <= #2 1;
            end
        8'bxxxxxx10:begin
            sel <= #2 1;
            outport_state <= #2 1;
            end
        8'bxxxxx100:begin
            sel <= #2 2;
            outport_state <= #2 1;
            end
        8'bxxx1000:begin
            sel <= #2 3;
            outport_state <= #2 1;
            end
        8'bxxx10000:begin
            sel <= #2 4;
            outport_state <= #2 1;
            end
        8'bxx100000:begin
            sel <= #2 5;
            outport_state <= #2 1;
            end
        8'bx1000000:begin
            sel <= #2 6;
            outport_state <= #2 1;
            end
        8'b10000000:begin
            sel <= #2 7;
            outport_state <= #2 1;
            end
        default: begin
            sel <= #2 8;
            outport_state <= #2 0;
            end
        endcase
    end
//等待所选择输入端口的 idv 由 0 变为 1,表示监测到数据包开始传输
1:begin
    case(sel)
    0:  if(idv[0]) outport_state <= #2 2;
    1:  if(idv[1]) outport_state <= #2 2;
    2:  if(idv[2]) outport_state <= #2 2;
    3:  if(idv[3]) outport_state <= #2 2;
    4:  if(idv[4]) outport_state <= #2 2;
    5:  if(idv[5]) outport_state <= #2 2;
    6:  if(idv[6]) outport_state <= #2 2;
    7:  if(idv[7]) outport_state <= #2 2;
    endcase
    end
//等待所选择输入端口的 idv 由 1 变为 0,表示监测到数据包传输结束
2:begin
```

```
            case(sel)
            0:  if(!idv[0]) outport_state <= #2 3;
            1:  if(!idv[1]) outport_state <= #2 3;
            2:  if(!idv[2]) outport_state <= #2 3;
            3:  if(!idv[3]) outport_state <= #2 3;
            4:  if(!idv[4]) outport_state <= #2 3;
            5:  if(!idv[5]) outport_state <= #2 3;
            6:  if(!idv[6]) outport_state <= #2 3;
            7:  if(!idv[7]) outport_state <= #2 3;
            endcase
            end
        3:begin
            outport_state <= #2 0;
            sel <= #2 4'b1000;
            end
        endcase
        end
endmodule
```

下面是 crossbar 的测试代码。

```
`timescale 1ns / 1ps
module ace_tb;
    // Inputs
    reg clk;
    reg rstn;
    reg [7:0] req0;
    reg isoc0;
    reg idv0;
    reg [7:0] idata0;
    reg [7:0] req1;
    reg isoc1;
    reg idv1;
    reg [7:0] idata1;
    reg [7:0] req2;
    reg isoc2;
    reg idv2;
    reg [7:0] idata2;
    reg [7:0] req3;
    reg isoc3;
    reg idv3;
    reg [7:0] idata3;
    reg [7:0] req4;
    reg isoc4;
    reg idv4;
    reg [7:0] idata4;
    reg [7:0] req5;
    reg isoc5;
    reg idv5;
    reg [7:0] idata5;
    reg [7:0] req6;
```

```
reg isoc6;
reg idv6;
reg [7:0] idata6;
reg [7:0] req7;
reg isoc7;
reg idv7;
reg [7:0] idata7;

// Outputs
wire [7:0] ack0;
wire [7:0] ack1;
wire [7:0] ack2;
wire [7:0] ack3;
wire [7:0] ack4;
wire [7:0] ack5;
wire [7:0] ack6;
wire [7:0] ack7;
wire [7:0] odata0;
wire osoc0;
wire odv0;
wire [7:0] odata1;
wire osoc1;
wire odv1;
wire [7:0] odata2;
wire osoc2;
wire odv2;
wire [7:0] odata3;
wire osoc3;
wire odv3;
wire [7:0] odata4;
wire osoc4;
wire odv4;
wire [7:0] odata5;
wire osoc5;
wire odv5;
wire [7:0] odata6;
wire osoc6;
wire odv6;
wire [7:0] odata7;
wire osoc7;
wire odv7;
always # 5 clk = ~clk;
// Instantiate the Unit Under Test (UUT)
ace_generate uut (
    .clk(clk),       .rstn(rstn),
    .req0(req0),   .ack0(ack0),   .isoc0(isoc0),   .idv0(idv0),   .idata0(idata0),
    .req1(req1),   .ack1(ack1),   .isoc1(isoc1),   .idv1(idv1),   .idata1(idata1),
    .req2(req2),   .ack2(ack2),   .isoc2(isoc2),   .idv2(idv2),   .idata2(idata2),
    .req3(req3),   .ack3(ack3),   .isoc3(isoc3),   .idv3(idv3),   .idata3(idata3),
    .req4(req4),   .ack4(ack4),   .isoc4(isoc4),   .idv4(idv4),   .idata4(idata4),
    .req5(req5),   .ack5(ack5),   .isoc5(isoc5),   .idv5(idv5),   .idata5(idata5),
```

```
           .req6(req6),   .ack6(ack6),   .isoc6(isoc6),   .idv6(idv6),   .idata6(idata6),
           .req7(req7),   .ack7(ack7),   .isoc7(isoc7),   .idv7(idv7),   .idata7(idata7),
           .odata0(odata0),   .osoc0(osoc0),   .odv0(odv0),
           .odata1(odata1),   .osoc1(osoc1),   .odv1(odv1),
           .odata2(odata2),   .osoc2(osoc2),   .odv2(odv2),
           .odata3(odata3),   .osoc3(osoc3),   .odv3(odv3),
           .odata4(odata4),   .osoc4(osoc4),   .odv4(odv4),
           .odata5(odata5),   .osoc5(osoc5),   .odv5(odv5),
           .odata6(odata6),   .osoc6(osoc6),   .odv6(odv6),
           .odata7(odata7),   .osoc7(osoc7),   .odv7(odv7)
       );

       initial begin
           // Initialize Inputs
           clk = 0;        rstn = 0;
           req0 = 0;  isoc0 = 0;  idv0 = 0;  idata0 = 0;
           req1 = 0;  isoc1 = 0;  idv1 = 0;  idata1 = 0;
           req2 = 0;  isoc2 = 0;  idv2 = 0;  idata2 = 0;
           req3 = 0;  isoc3 = 0;  idv3 = 0;  idata3 = 0;
           req4 = 0;  isoc4 = 0;  idv4 = 0;  idata4 = 0;
           req5 = 0;  isoc5 = 0;  idv5 = 0;  idata5 = 0;
           req6 = 0;  isoc6 = 0;  idv6 = 0;  idata6 = 0;
           req7 = 0;  isoc7 = 0;  idv7 = 0;  idata7 = 0;
           // Wait 100ns for global reset to finish
           #100;
           rstn = 1;
           // Add stimulus here
           #1000;
           //调用 port0_send_frame 任务,模拟输入端口 0 请求发送数据包
           port0_send_frame(8'b0000_0001,100);
           #100;
           //调用 port0_send_frame 任务,模拟输入端口 0 请求发送多播数据包
           port0_send_frame(8'b0000_1111,100);
       end

   //任务 port0_send_frame 用于模拟输入端口 0 发送数据包
   task port0_send_frame;
   input  [7:0]    request;
   input  [10:0]   pkt_length;
   integer         i;
   begin
       repeat(1)@(posedge clk);
       #2;
       req0 = request;
       isoc0 = 0;
       idv0 = 0;
       idata0 = 0;
       //不同输出端口向输入端口 0 的请求给予响应的时间可能不同,
       //只有收到与请求相同的响应时才能发送数据
       while(ack0 !== req0) repeat(1)@(posedge clk);
       #2;
       req0 = 0;
       for(i = 0;i < pkt_length - 1;i = i + 1)begin
           if(!i) isoc0 = 1;
```

```
            else isoc0 = 0;
            idv0 = 1;
            idata0 = { $ random} % 256;
            repeat(1)@(posedge clk);
            #2;
            end
        idv0 = 0;
        idata0 = 0;
        end
    endtask
//每个端口都需要按照 port0_send_frame 的方式编写发送任务,此处不再赘述
endmodule
```

图 8-4 是从端口 0 输入一个单播数据包时的输入、输出仿真波形。可以看出,req0 最初为 8'b1,表示请求从第 1 个输出端口(输出端口 0)输出数据包。当收到 ack0=8'b1 后,req0 跳变为 0,同时开始输出数据包。数据包的第 1 个字节对应的 idv0 为 1,isoc0 为 1。此后 isoc0 跳变为 0,idv0 持续为 1,直至数据包发送完成。在数据包发送完成 2 个时钟周期之后,ack0 跳变为 0,在此之前 req0 不能产生新的请求。

图 8-4　端口 0 发送一个单播数据包的仿真波形

图 8-5 是从端口 0 输入一个多播数据包时的输入、输出仿真波形。可以看出,req0 最初为 8'b1111,表示请求从端口 0～端口 3 输出数据包。当收到 ack0=8'b1111 后,req0 跳变为 0,同时开始输出数据包。数据包的第一个字节对应的 idv0 为 1,isoc0 为 1。此后 isoc0 跳变为 0,idv0 持续为 1,直至数据包发送完成。可以看出,数据包同时从端口 0～端口 3 输出。

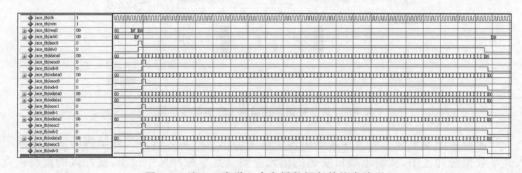

图 8-5　端口 0 发送一个多播数据包的仿真波形

8.2　共享缓存交换单元算法原理与电路实现

共享存储(Shared Memory,SM)交换单元是以太网交换机、路由器等网络设备中广泛使用的基本电路。共享存储交换单元将所有输入的数据包都先存储到一个公共的存储区中,根据其输出端口进行排队,然后读出并发送到目标输出端口中。共享存储交换单元本身

是一个队列管理器,具有存储资源利用率高、结构简单、低时延的特性。共享存储交换单元曾广泛应用于大容量 ATM 交换机中,后来被用于 IP 交换机中。应用于 IP 交换机时,输入的 IP 包通常先被分割成定长的内部信元,然后进入共享存储交换单元。同一个 IP 包的内部信元被转发到交换机的出口处时,重新拼装成 IP 包并输出。

8.2.1 共享存储交换单元的工作原理

图 8-6 给出了 SM 交换结构的工作机制示意图。如果输入的是 ATM 信元,那么通常需要为每个信元加上一个交换结构进行信元转发所需的本地头(或者称为本地标签),本地头中主要包括输出端口映射位图、转发优先级等信息。输出端口映射位图字段的位宽与输出端口数相同,每个比特对应一个输出端口,某个比特位为 1 表示要从该端口输出,多个比特位为 1 表示要从多个端口输出。如果是 IP 分组,可以为 IP 包加上包含包长度、输出端口映射位图、转发优先级等信息的本地头,然后进行定长分割。我们也可以先对 IP 分组进行定长分割,然后为每一个分割后的单元加上包含输出端口信息的映射位图和转发优先级等信息,构成本地信元(也可简称为信元)。如图 8-6 所示,来自不同输入端口的信元经过时分复用器进行数据合路,合并为一路高速数据流,交由队列管理器处理。队列管理器对共享的数据缓冲区进行分割和管理,它根据信元本地头中的转发映射位图和转发优先级等信息将去往不同输出端口的信元存储在不同的逻辑队列中。逻辑队列的数量与端口数和优先级数都有关系。数据缓冲区可以按照一定机制被所有用户共享,在某一时刻,业务量大的输出端口可能占用更多的数据缓冲区,业务量小的端口占用的缓冲区深度会相对较少。与为每个输出端口固定分配缓冲区的方式相比,共享缓冲区有利于提高存储空间的利用率,改善系统性能。

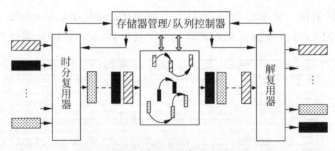

图 8-6 共享存储交换结构工作机制示意图

存储器访问带宽是影响 SM 交换结构吞吐率的主要因素。进入交换结构的信元需要写入共享数据缓冲区中,从输出端口发送的信元需要从共享缓冲区中读出,缓冲区的读写速度直接制约了交换结构的吞吐率。一般来说,交换机吞吐率的理论上限是存储器访问带宽的 1/2。

图 8-7 给出了一个包括 N 个端口的共享存储交换结构。其各个组成部分的基本功能如下。

(1) 输入接口。来自 N 个输入端口的 IP 包经过路由查找等前级处理后得到包括输出端口映射位图和转发优先级在内的转发控制信息。IP 包在进入交换结构之前需要进行分割,IP 包带有本地头(包含转发控制信息),本地头中包含了数据包长度、输出映射位图、转

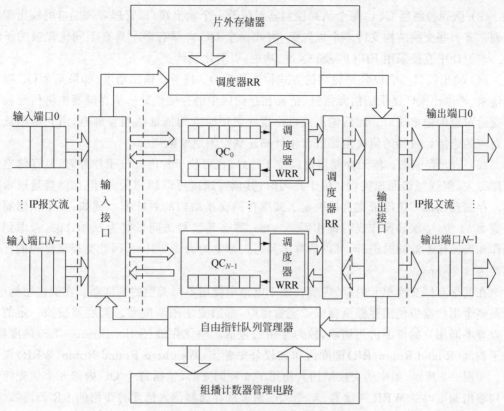

图 8-7　包含 *N* 个端口的共享存储交换结构

发优先级等信息。来自不同端口的经过分割的数据包在交换结构的输入接口处进行合路，成为一路高速数据流（合路电路也可以出现在前级，先合路再进入交换结构，此时输入接口不需要实现合路功能）。此后，输入接口会检查片外信元存储器使用情况，判断是否接收某个输入的数据包。如果可以接收，则从自由指针队列管理器中读出一个指向信元存储器中一个空闲信元存储区的指针（地址），然后将当前信元写入该存储空间，并将指针根据输出映射位图写入对应的队列控制器（Queue Controller，QC）中。如果不可以接收，那么输入接口将根据相关算法丢弃该当前包对应的所有信元。

（2）自由指针队列管理器。在交换结构刚完成初始化时，其内部存储着片外信元存储器的全部地址指针，其深度与信元存储器能够存储的信元个数相同。交换结构工作过程中，其当前深度反映了信元存储器还能够接收多少个信元。它向输入接口提供空闲指针，用于信元写入，输入接口将该指针交给对应输出端口的 QC，输出接口根据 QC 的请求，从 QC 中读出当前队列首部的信元指针，并在信元输出后将指针交给空闲地址队列管理器。空闲地址队列管理器和组播计数器管理电路相连，如果输入的信元为多播信元，空闲地址队列管理器会将该指针去往的端口数记录下来并交给组播计数器管理电路，该指针会被写入多个 QC。输出接口每归还一次指针，组播计数器管理电路就会将对应指针的输出计数值减 1。如果是单播信元，其值为 1，减 1 后为 0，此时该指针就会返回空闲指针队列；如果是多播信元，计数值需要减至 0 才会归还到自由指针队列。这种组播实现机制称为指针复制机制，广泛应用于共享存储交换结构中。

（3）队列控制器 QC。每个队列控制器对应着一个输出端口，管理着该端口的输出逻辑队列。有一些交换结构支持多个优先级，因此一个 QC 内部有多个具有不同优先级的子队列。本设计中直接采用 FIFO 实现 QC 的功能，以简化设计。

（4）输出接口。它以公平轮询的方式检查各个 QC 是否有输出请求，如果某个 QC 有输出请求，则取出 QC 提供的信元指针（信元在存储区中的存储地址），从存储器中将信元读出并交给对应的输出端口。此后输出接口将指针交还给空闲地址队列管理器，由它根据该指针对应的组播计数器的值决定是否将指针归还到空闲地址队列。

（5）信元存储器。信元存储器可以位于片外，也可位于片内。位于片外时，其存储空间可以很大，但读写访问速度慢；位于片内时，其读写速度可以达到最大，但存储容量通常较小。存储器的读写访问带宽直接决定了共享存储交换结构的吞吐率。例如，一个存储器的位宽为 64 位，一次读操作或写操作需要 10ns，那么其读写访问带宽为 6.4Gbps，考虑到写操作和读操作不能同时进行，可以估算出其写入带宽约为 3.2Gbps，因此交换机结构的吞吐率约为 3.2Gbps。

在共享存储交换单元内部，需要在多个电路中使用不同类型的调度器。在交换结构中，凡是多个用户竞争使用存储资源或带宽资源时，都需要使用调度器。调度器按照一定的算法处理不同用户的资源占用请求，较为常用的包括严格优先级（Strict Priority，SP）调度器、公平轮询（Round Robin，RR）调度器和加权公平轮询（Weighted Round Robin，WRR）调度器。如图 8-7 所示，图中的交换结构共使用了 3 种调度器，包括每个 QC 内部 8 个优先级子队列输出调度时的 WRR 调度器、N 个 QC 请求从存储器读入信元时使用的 RR 调度器、控制对存储器进行写入与读出操作的 RR 调度器。

8.2.2　共享缓存交换结构及工作流程

图 8-8 是一个支持 4 个输出端口的共享缓存输出排队交换结构的电路框图，它同时是一个队列管理器。与图 8-7 不同的是，该电路的每个输出端口队列中没有进一步划分优先级，因此只需要用一个指针 FIFO 就可实现队列控制器的功能。另外，数据存储器采用的是片内的双端口 SRAM，两个端口可以同时进行操作，以获得最大的交换带宽。

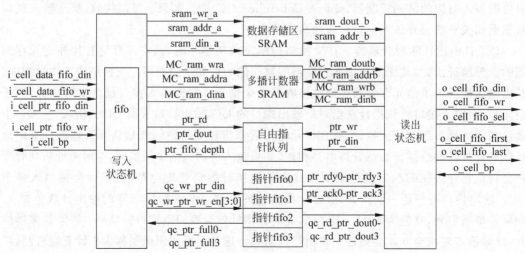

图 8-8　4 端口共享缓存输出排队交换结构电路框图

下面分别介绍各组成部分的功能。

写入状态机：队列管理器的写入状态机负责本级电路和前级电路之间的数据交互。前级电路交给写入状态机的是完成填充的数据包(长度为 64 字节的整数倍)以及与该数据包对应的指针信息。在写入状态机中设置两个 FIFO，用于存储输入的数据包和对应的指针，指针中存储着与该数据包相关的信息。i_cell_data_fifo_wr 就是信元输入时对该 FIFO 的写信号。i_cell_data_fifo_din 是前级输入数据，在本电路中，我们将其位宽设置为 128 位，通过这种方式，增大交换结构的内部带宽，具体帧结构如图 8-9 所示。i_cell_ptr_fifo_din 是输入的指针，指针的位宽为 16 位，低 8 位是当前写入的数据包中包括多少个信元，高 8 位中的低 4 位是输出端口映射位图信息。i_cell_ptr_fifo_wr 是指针 FIFO 写入控制信号。i_cell_bp 是输入缓冲 FIFO 给前级的反压信号，当接口缓冲区不能接收一个最大数据包或指针 FIFO 满时其为 1，此时如果有数据包需要写入，那么可能会发生丢包。

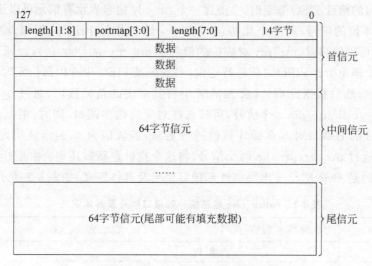

图 8-9 进入交换单元的数据包结构

SRAM：SRAM 是本电路的数据存储区，也是整个交换单元的主存储区。

多播计数器：如果有的信元需要去往多个输出端口，多播计数器对应每一个信元都存有一个值，这个值是该信元要去往端口的总数。例如，某信元对应的多播计数值是 1，表示该信元要去往的是一个端口，即该信元为单播信元；如果是 4，就表示要去往的是 4 个端口，这个值是由信元输入时对应的 portmap(端口映射位图)决定的。在这里我们使用的是一个双端口的 RAM，信元输入时，从 A 端口写入其对应的值，在信元从某端口输出后，我们可以从 B 端口将其对应的值进行更新维护。

自由指针队列：在 SRAM 主存储区中，每一个 64 字节的数据块对应着一个自由指针，当有信元到达时，我们首先从自由指针队列中读取一个自由指针，然后依据这个指针将数据写入 SRAM 中。如果一个指针对应的信元被读出，并且多播计数器当前值为 1，则该指针会被写入自由指针队列中。

指针队列存储器：针对每个输出端口都有一个指针队列存储器，它实现的是图 8-7 中 QC 的功能。当输入的信元被写入 SRAM 后，对应的指针被写入相应的队列存储器中，队列存储器是一个 FIFO。这里的 FIFO 采用 fall through 模式，它的队首数据不需要外部读信号就可以直接输出,可以减小外部操作的复杂度,提高读出处理效率。fall through 模式 FIFO 的具体特点可以查找相关资料进行分析。

下面分析一个数据包进入队列管理器后的具体操作流程。例如,某个含有 3 个信元的数据包需要输入到队列管理器。队列管理器会根据图 8-8 中写入状态机内部 FIFO 的数据深度 i_cell_data_fifo_depth 判断输入缓冲区中能否接收一个完整的最大数据包以及指针 FIFO 是非满,若可以,则 i_cell_bp 为 0,否则为 1,表示有反压。当前数据包的所有信元都写入输入接口缓冲区后,前级电路将对应的指针写入到接口指针缓冲区。写入状态机在接口指针缓冲区非空、本电路所维护的共享数据缓冲区有剩余空间(自由指针队列非空)时,会从自由指针队列中读出一个指针,从输入接口数据 FIFO 中读出一个信元并写入指针所指向的 64 字节存储块中。这个指针被写入其 portmap 对应的指针 FIFO 中。同时,写入状态机会以该指针为地址,在多播计数器中写一个多播计数值,这个数值与 portmap 中 1 的个数相同。输出端口的指针 FIFO 非空时,会通过一个 ptr_rdy 信号表示有信元可以读出。ptr_rdy 是一个位宽为 4 位的信号,每一个比特位对应一个输出指针 FIFO。例如,输出端口指针 fifo1 中有信元可以输出时,ptr_rdy 对应位的值为 1(ptr_rdy 为 4'b0010),否则为 0。读出状态机就在这 4 个输出指针 FIFO 之间进行轮询,当发现某 FIFO 中有内部信元时,就将该队列首部的指针取出,然后根据此指针,从 SRAM 中将其对应的信元读出,通过 o_cell_fifo_sel、o_cell_fifo_wr、o_cell_fifo_din 3 个信号,将其送往对应的输出端口,同时,根据该指针,从多播计数器 RAM 的 B 端口对其多播计数值进行更新,若该值为 1,表示该信元已经完成发送,这时,我们通过 ptr_wr、ptr_din 两个信号,将这个指针重新归还到自由指针队列当中。

下面给出的是 switch_core 电路的外部接口信号及具体定义,如表 8-2 所示。

表 8-2　switch_core 电路的外部接口信号及具体定义

接 口 名 称	I/O 类型	位宽/位	含　　义
clk	I	1	时钟
rstn	I	1	复位信号
i_cell_data_fifo_din	I	128	数据输入
i_cell_data_fifo_wr	I	1	数据写信号
i_cell_ptr_fifo_din	I	16	当前数据包对应的指针,低 8 位是当前数据包对应的信元数,高 8 位中的低 4 位是输出端口映射位图
i_cell_ptr_fifo_wr	I	1	当前数据包指针写信号
i_cell_bp	O	1	给前级电路的反压信号,为 1 时表示当前输入接口缓冲区不能接收一个最大帧
o_cell_fifo_wr	O	1	信元输出写信号
o_cell_fifo_sel	O	4	信元输出端口选择信号,哪个比特位为 1 表示选择哪个输出端口
o_cell_fifo_din	O	128	信元数据输出
o_cell_first	O	1	输出首信元指示
o_cell_last	O	1	输出尾信元指示
o_cell_bp	O	4	交换单元后级的 4 个输出端口给本级的反压信号

8.2.3 switch_core 中的自由指针队列管理电路

图 8-10 为指针与信元存储方式示意图。图 8-10 中，SRAM 是一个容量较大的存储器，是交换结构的共享缓冲区。一个可以存储 512 个信元的 SRAM（每个信元长度为 64 字节）的存储深度为 512（信元），与之相对应的是一个深度同样为 512 的自由指针空间，对应的指针值为 0～511。本电路中，自由指针的位宽为 10 位（实际使用了 9 位，预留 1 位是为了便于进行缓冲区扩展），每一个自由指针对应 SRAM 中可以存储一个完整信元的存储块。在初始化过程中，我们将 0～511 写入自由指针 FIFO（位于自由指针队列管理电路内部）。若 SRAM 位宽为 128 位，则 4 个 128 位的存储单元可以存储一个完整的信元，这也说明一个信元在存入 SRAM 中时会占用 4 个 128 位的存储单元。这时，我们除了使用自由指针外，还应该在其低位上加两位计数值，取值 00～11，加在一起才是我们真正使用的 SRAM 地址。也就是说，我们申请的自由指针指向的是这个信元存入 SRAM 时占用的数据存储块编号，使用自由指针和两位计数值进行并位运算后的值作为地址时，指向的才是确切的数据存储位置，如图 8-10 所示。需要注意的是，存储信元时使用的计数值 00～11 并不是固定的，是与存储器位宽相关的。在本电路中，SRAM 的位宽为 128 位，那么一个 64 字节的信元需要分 4 次存入 SRAM，此时的计数值为 00～11；若将 SRAM 位宽改为 64 位，那么一个 64 字节的信元需要分 8 次才能完全存入，此时，计数值应当改为 000～111，表示一个完整的信元需要分成 8 次才完全存入。

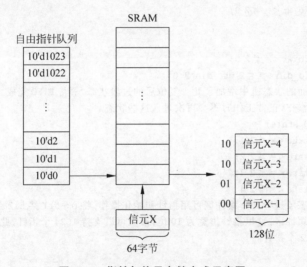

图 8-10 指针与信元存储方式示意图

无论去往哪个输出端口的数据包都可以存到这一共享存储区中。在某时刻，如果有大量数据包去往某端口，那么这些数据包可能占据较大的数据缓冲区；如果没有去往某个端口的数据，则该端口不会占用数据缓冲区。

自由指针队列本质上是一个先入先出的 FIFO，用于存储 SRAM 的信元地址指针，自由指针队列的深度应当与其对应的信元存储区深度（可存储信元数量）相同。

当写入状态机开始从与 switch_pre 接口的 FIFO 中读取信元时，会先从自由指针队列中读取一个自由指针，用于生成信元写入 SRAM 时使用的地址。在电路复位后，自由指针队列管理电路应当先进行初始化,将所有可用的地址指针存入其中。下面是自由指针队列管理电路的代码。

```verilog
`timescale 1ns / 1ps
module multi_user_fq(
input              clk,
input              rstn,

input      [15:0]  ptr_din,
input              FQ_wr,
input              FQ_rd,
output     [9:0]   ptr_dout_s,
output             ptr_fifo_empty
    );
reg    [2:0]   FQ_state;
reg    [9:0]   addr_cnt;
reg    [9:0]   ptr_fifo_din;
reg            ptr_fifo_wr;
always@(posedge clk or negedge rstn)
    if(!rstn)
        begin
        FQ_state <= #2 0;
        addr_cnt <= #2 0;
        ptr_fifo_wr <= #2 0;
        end
    else  begin
        ptr_fifo_wr <= #2 0;
        ptr_fifo_din <= #2 ptr_din[9:0];
        //在下面的状态机中增加了几个复位后的过渡状态,等待 FIFO 完成
        //复位操作,正常工作时不会再次进入这些状态
        case(FQ_state)
        0:FQ_state <= #2 1;
        1:FQ_state <= #2 2;
        2:FQ_state <= #2 3;
        3:FQ_state <= #2 4;
        //在状态 4 进行共享缓冲区可用指针初始化操作,将 0~511 共 512 个指针写入
        //指针缓冲区,这里指针位宽为 10 位,最大可以支持 1024 个指针,此处只使用
        //了 512 个指针
        4:begin
            ptr_fifo_din <= #2 addr_cnt;
            if(addr_cnt < 10'h1ff)
                addr_cnt <= #2 addr_cnt + 1;
            if(ptr_fifo_din < 10'h1ff)
                ptr_fifo_wr <= #2 1;
            else begin
                FQ_state <= #2 5;
                ptr_fifo_wr <= #2 0;
                end
            end
        5:begin          //归还自由指针
```

```
        if(FQ_wr)ptr_fifo_wr<= #2 1;
            end
        endcase
    end
//注意,这里 sfifo_ft_w10_d512 表示此 FIFO 位宽为 10 位,深度为 512,
//采用 fall through 模式的 FIFO,其读操作方式与通用 FIFO 不同
sfifo_ft_w10_d512 u_ptr_fifo(
    .clk(clk),
    .rst(!rstn),
    .din(ptr_fifo_din[9:0]),
    .wr_en(ptr_fifo_wr),
    .rd_en(FQ_rd),
    .dout(ptr_dout_s[9:0]),
    .empty(ptr_fifo_empty),
    .full(),
    .data_count()
    );
endmodule
```

注意:在上面的电路中,系统复位后 FQ_state 经过几个过渡状态后才进入工作状态,原因是某些 FIFO IP 核的复位需要经过几个时钟周期才能完成,插入这些状态是为了等待其复位完成后再进行初始化。

8.2.4　switch_core 电路的设计实现

本节将介绍队列管理器电路的工作机制。队列管理器电路的结构在图 8-8 中已经给出,其中的写入状态机和读出状态机控制着队列管理器 switch_core 的写入和读出操作。

写入状态机用于接收并存储前级传输的信元,主要完成申请自由指针、进行多播计数、存储信元、将自由指针写入对应的输出指针 FIFO 等工作。读出状态机用于从数据存储区中将信元读出并传给下一级,主要完成读取输出指针 FIFO 中的指针、读取信元、修改多播计数器,归还自由指针等工作。

写入和读出状态机中都会涉及对多播计数器的操作。数据包在前级电路中,通过路由查找,可以确定输出的端口,形成输出端口位图存放于本地头中。在队列管理器中,对于单播数据包,每将一个信元从输出端口输出后,都会立即将对应的指针写入自由指针队列。当遇到多播信元时,每将多播信元输出一次,都需要根据多播计数值做进一步的判断以决定是否应该归还指针。例如,某信元输入时,输出端口映射位图为"4'b1101",表示该信元需要从端口 0、端口 2 和端口 3 输出。在申请到自由指针后,我们在多播计数器中以该自由指针为地址,写入计数值 3(表示需要从 3 个端口输出)。每当该信元从某个端口输出一次,就将多播计数器中的数值减 1。当计数器值减 1 后为 0 时,表明该信元已经从 3 个端口中输出,发送完成,此时应当归还指针。需要说明的是,在信元写入缓冲区时,其对应的指针应该被写入到 3 个输出端口对应的队列控制器中。

下面是队列管理器的代码。

```
`timescale 1ns / 1ps
module switch_core(
input            clk,
```

```
input                  rstn,
// ================================================
//下面是与前级电路的接口信号,前级电路在本电路反压为
//0(i_cell_bp 为 0)时,可以连续地将一个完整的数据帧
//写入本电路内部的数据 FIFO 中,然后将对应的指针按照
//规定的格式写入本电路内部的指针 FIFO 中。需要注意的是,
//写入的数据帧长度为 64 字节的整数倍,具有本地头
// ================================================
input      [127:0]     i_cell_data_fifo_din,
input                  i_cell_data_fifo_wr,
input      [15:0]      i_cell_ptr_fifo_din,
input                  i_cell_ptr_fifo_wr,
output  reg            i_cell_bp,
// ====================================================
//下面是与后级电路的接口信号,后级电路包括 4 个独立的
//输出端口处理电路,这些电路共用 o_cell_fifo_din、o_cell_first
//和 o_cell_last 信号,通过 o_cell_fifo_sel 确定当前输出数据属于
//哪个输出端口,o_cell_bp 是来自外部输出端口处理电路的反
//压信号
// ====================================================
output  reg            o_cell_fifo_wr,
output  reg  [3:0]     o_cell_fifo_sel,
output      [127:0]    o_cell_fifo_din,
output                 o_cell_first,
output                 o_cell_last,
input       [3:0]      o_cell_bp
    );
//双端口 RAM 接口信号,存储用户数据
wire    [127:0]  sram_din_a;              //SRAM 输入信号
wire    [127:0]  sram_dout_b;             //SRAM 输出信号
wire    [11:0]   sram_addr_a;             //SRAM a 口地址信号
wire    [11:0]   sram_addr_b;             //SRAM b 口地址信号
wire             sram_wr_a;               //SRAM a 口写信号


//输入缓冲 FIFO 接口信号,临时存储来自前级的数据包和指针
reg              i_cell_data_fifo_rd;
wire    [127:0]  i_cell_data_fifo_dout;
wire    [8:0]    i_cell_data_fifo_depth;
reg              i_cell_ptr_fifo_rd;
wire    [15:0]   i_cell_ptr_fifo_dout;
wire             i_cell_ptr_fifo_full;
wire             i_cell_ptr_fifo_empty;
reg     [5:0]    cell_number;
reg              i_cell_last;
reg              i_cell_first;
//自由指针队列接口信号
reg     [15:0]   FQ_din;                  //归还给自由指针队列的指针值
reg              FQ_wr;                   //自由指针队列写信号
reg              FQ_rd;                   //自由指针队列读信号
reg     [9:0]    FQ_dout;                 //寄存输入信元时读取的自由指针值
wire             FQ_empty;
```

```
// ===================================================
// sram_cnt_a、sram_cnt_b 是 2bit 的计数器,产生信元读出所需
//的 00~11 的低位地址,与指针并位,产生实际信元读地址
//从 SRAM 中读数据不需要读信号,sram_rd 在这里用作读操作指示
// sram_rd_dv 是将 sram_rd 延迟一个时钟周期得到的信号,其为 1
//表示 SRAM 当前输出的是有效数据
// ===================================================
reg    [1:0]      sram_cnt_a;
reg    [1:0]      sram_cnt_b;
reg              sram_rd;
reg              sram_rd_dv;                //SRAM 输出数据有效指示
//写入状态机相关信号
reg    [3:0]      wr_state;                  //写入状态机
reg    [3:0]      qc_portmap;
reg    [3:0]      qc_wr_ptr_wr_en;           //队列控制器写入信号
wire             qc_ptr_full0;
wire             qc_ptr_full1;
wire             qc_ptr_full2;
wire             qc_ptr_full3;
reg              qc_ptr_full;
wire   [9:0]      ptr_dout_s;                //从自由指针队列中申请的指针
reg    [15:0]     qc_wr_ptr_din;             //存储完信元后,准备写入 QC 的自由指针

//多播计数器相关信号
wire   [8:0]      MC_ram_addra;              //多播计数器 SRAM a 口地址信号
wire   [3:0]      MC_ram_dina;               //多播计数器 SRAM a 口输入数据信号
reg              MC_ram_wra;                 //多播计数器 SRAM a 口读写信号
reg              MC_ram_wrb;                 //多播计数器 SRAM b 口读写信号
reg    [3:0]      MC_ram_dinb;               //多播计数器 SRAM b 口输入数据信号
wire   [3:0]      MC_ram_doutb;              //多播计数器 SRAM b 口输出数据信号

always@(posedge clk)
    qc_ptr_full <= #2 ({ qc_ptr_full3,qc_ptr_full2,qc_ptr_full1,
                    qc_ptr_full0} == 4'b0)?0:1;


//输入信元缓冲区,为 fall through 模式的 FIFO
sfifo_ft_w128_d256 u_i_cell_fifo(
    .clk(clk),
    .rst(!rstn),
    .din(i_cell_data_fifo_din[127:0]),
    .wr_en(i_cell_data_fifo_wr),
    .rd_en(i_cell_data_fifo_rd),
    .dout(i_cell_data_fifo_dout[127:0]),
    .full(),
    .empty(),
    .data_count(i_cell_data_fifo_depth[8:0])
    );
always @(posedge clk)
    i_cell_bp <= #2 (i_cell_data_fifo_depth[8:0]>161) | i_cell_ptr_fifo_full;


//输入指针缓冲区,为 fall through 模式的 FIFO
```

```verilog
sfifo_ft_w16_d32 u_ptr_fifo (
    .clk(clk),                           // input clk
    .rst(!rstn),                         // input rst
    .din(i_cell_ptr_fifo_din),           // input [15 : 0] din
    .wr_en(i_cell_ptr_fifo_wr),          // input wr_en
    .rd_en(i_cell_ptr_fifo_rd),          // input rd_en
    .dout(i_cell_ptr_fifo_dout),         // output [15 : 0] dout
    .full(i_cell_ptr_fifo_full),         // output full
    .empty(i_cell_ptr_fifo_empty)  ,     // output empty
    .data_count()                        // output [5 : 0] data_count
    );
// ===================================================== //
//                     写入控制状态机
// ===================================================== //
always@(posedge clk or negedge rstn)
    if(!rstn)
        begin
        wr_state <= #2   0;
        FQ_rd <= #2   0;
        MC_ram_wra <= #2   0;
        sram_cnt_a <= #2   0;
        i_cell_data_fifo_rd <= #2 0;
        i_cell_ptr_fifo_rd <= #2 0;
        qc_wr_ptr_wr_en <= #2 0;
        qc_wr_ptr_din <= #2 0;
        FQ_dout <= #2   0;
        qc_portmap <= #2 0;
        cell_number <= #2 0;
        i_cell_last <= #2 0;
        i_cell_first <= #2 0;
        end
    else begin
        MC_ram_wra <= #2   0;
        FQ_rd <= #2   0;
        qc_wr_ptr_wr_en <= #2   0;
        i_cell_ptr_fifo_rd <= #2   0;
        case(wr_state)
        0:begin
            sram_cnt_a <= #2   0;
            i_cell_last <= #2 0;
            i_cell_first <= #2 0;
            if(!i_cell_ptr_fifo_empty & !qc_ptr_full & !FQ_empty)begin
                i_cell_data_fifo_rd <= #2   1;
                i_cell_ptr_fifo_rd <= #2   1;
                qc_portmap <= #2 i_cell_ptr_fifo_dout[11:8];
                FQ_rd <= #2   1;
                FQ_dout <= #2   ptr_dout_s;
                cell_number[5:0]<= #2 i_cell_ptr_fifo_dout[5:0];
                i_cell_first <= #2   1;
                if(i_cell_ptr_fifo_dout[5:0] == 6'b1) i_cell_last <= #2 1;
                wr_state <= #2 1;
```

```
            end
         end
     1:begin
         cell_number <= #2 cell_number-1;
         sram_cnt_a <= #2 1;
         //注意：写入队列控制器中的指针的[15:14]两个比特分别
         //源于 i_cell_last 和 i_cell_first 两个信号
         qc_wr_ptr_din <= #2 {i_cell_last,i_cell_first,4'b0,FQ_dout};
         if(qc_portmap[0])qc_wr_ptr_wr_en[0]<= #2 1;
         if(qc_portmap[1])qc_wr_ptr_wr_en[1]<= #2 1;
         if(qc_portmap[2])qc_wr_ptr_wr_en[2]<= #2 1;
         if(qc_portmap[3])qc_wr_ptr_wr_en[3]<= #2 1;
         MC_ram_wra <= #2 1;
         wr_state <= #2 2;
      end
     2:begin
         sram_cnt_a <= #2 2;
         wr_state <= #2 3;
      end
     3:begin
         sram_cnt_a <= #2 3;
         wr_state <= #2 4;
      end
     4:begin
         i_cell_first <= #2 0;
         if(cell_number) begin
            FQ_rd          <= #2 1;
            FQ_dout        <= #2 ptr_dout_s;
            sram_cnt_a     <= #2 0;
            wr_state       <= #2 1;
            if(cell_number == 1) i_cell_last <= #2 1;
            else i_cell_las  t <= #2 0;
            end
         else begin
            i_cell_data_fifo_rd <= #2 0;
            wr_state  <= #2 0;
            end
         end
     default:wr_state <= #2 0;
     endcase
     end
assign  sram_wr_a = i_cell_data_fifo_rd;
assign  sram_addr_a = {FQ_dout[9:0],sram_cnt_a[1:0]};
assign  sram_din_a = i_cell_data_fifo_dout[127:0];
assign  MC_ram_addra = FQ_dout[8:0];
assign  MC_ram_dina = qc_portmap[0] + qc_portmap[1] + qc_portmap[2] + qc_portmap[3];
// ==========================================================
//                      读出状态机
// ==========================================================
reg    [3:0]    rd_state;
wire   [15:0]   qc_rd_ptr_dout0,qc_rd_ptr_dout1,
```

```
                              qc_rd_ptr_dout2,qc_rd_ptr_dout3;
    reg    [1:0]    RR;
    reg    [3:0]    ptr_ack;
    wire   [3:0]    ptr_rd_req_pre;
    wire            ptr_rdy0,ptr_rdy1,ptr_rdy2,ptr_rdy3;
    wire            ptr_ack0,ptr_ack1,ptr_ack2,ptr_ack3;

assign  ptr_rd_req_pre = {ptr_rdy3,ptr_rdy2,ptr_rdy1,ptr_rdy0} & (~o_cell_bp);
assign  {ptr_ack3,ptr_ack2,ptr_ack1,ptr_ack0} = ptr_ack;
assign  sram_addr_b = {FQ_din[9:0],sram_cnt_b[1:0]};
// =========================================
// FQ_din 寄存的是队列控制器输出的指针,其中比特位[15]
//是尾信元指示信号,[14]是头信元指示信号。指出当前信
//元是一个完整数据帧的头信元还是尾信元,供后级电路
//将收到的信元重新拼接成完整数据包使用
// =========================================
assign  o_cell_last = FQ_din[15];
assign  o_cell_first = FQ_din[14];
assign  o_cell_fifo_din[127:0] = sram_dout_b[127:0];
always@(posedge clk or negedge rstn)
    if(!rstn)begin
        rd_state <= #2  0;
        FQ_wr <= #2  0;
        FQ_din <= #2  0;
        MC_ram_wrb <= #2  0;
        MC_ram_dinb <= #2  0;
        RR <= #2  0;
        ptr_ack <= #2  0;
        sram_rd <= #2  0;
        sram_rd_dv <= #2  0;
        sram_cnt_b <= #2  0;
        o_cell_fifo_wr <= #2  0;
        o_cell_fifo_sel <= #2  0;
        end
    else begin
        FQ_wr <= #2  0;
        MC_ram_wrb <= #2  0;
        o_cell_fifo_wr <= #2 sram_rd;
        case(rd_state)
        0:begin
            sram_rd <= #2  0;
            sram_cnt_b <= #2  0;
            //当任意一个队列控制器中有准备好的数据包时,开始读出
            if(ptr_rd_req_pre)  rd_state <= #2  1;
            end
        1:begin
            rd_state <= #2  2;
            sram_rd <= #2  1;
            RR <= #2 RR + 2'b01;
            //采用公平轮询的机制,轮流对4个端口进行发送轮询
            case(RR)
```

```
0:begin
    casex(ptr_rd_req_pre[3:0])
    4'bxxx1:begin
        FQ_din <= #2   qc_rd_ptr_dout0;
        o_cell_fifo_sel <= #2   4'b0001;
        ptr_ack <= #2   4'b0001;
        end
    4'bxx10:begin
        FQ_din <= #2   qc_rd_ptr_dout1;
        o_cell_fifo_sel <= #2   4'b0010;
        ptr_ack <= #2   4'b0010;
        end
    4'bx100:begin
        FQ_din <= #2   qc_rd_ptr_dout2;
        o_cell_fifo_sel <= #2   4'b0100;
        ptr_ack <= #2   4'b0100;
        end
    4'b1000:begin
        FQ_din <= #2   qc_rd_ptr_dout3;
        o_cell_fifo_sel <= #2   4'b1000;
        ptr_ack <= #2   4'b1000;
        end
    endcase
    end
1:begin
    casex({ptr_rd_req_pre[0],ptr_rd_req_pre[3:1]})
    4'bxxx1:begin
        FQ_din <= #2   qc_rd_ptr_dout1;
        o_cell_fifo_sel <= #2   4'b0010;
        ptr_ack <= #2   4'b0010;
        end
    4'bxx10:begin
        FQ_din <= #2   qc_rd_ptr_dout2;
        o_cell_fifo_sel <= #2   4'b0100;
        ptr_ack <= #2   4'b0100;
        end
    4'bx100:begin
        FQ_din <= #2   qc_rd_ptr_dout3;
        o_cell_fifo_sel <= #2   4'b1000;
        ptr_ack <= #2   4'b1000;
        end
    4'b1000:begin
        FQ_din <= #2   qc_rd_ptr_dout0;
        o_cell_fifo_sel <= #2   4'b0001;
        ptr_ack <= #2   4'b0001;
        end
    endcase
end
2:begin
    casex({ptr_rd_req_pre[1:0],ptr_rd_req_pre[3:2]})
    4'bxxx1:begin
```

```verilog
                                FQ_din <= #2   qc_rd_ptr_dout2;
                                o_cell_fifo_sel <= #2   4'b0100;
                                ptr_ack <= #2   4'b0100;
                                end
                        4'bxx10:begin
                                FQ_din <= #2   qc_rd_ptr_dout3;
                                o_cell_fifo_sel <= #2   4'b1000;
                                ptr_ack <= #2   4'b1000;
                                end
                        4'bx100:begin
                                FQ_din <= #2   qc_rd_ptr_dout0;
                                o_cell_fifo_sel <= #2   4'b0001;
                                ptr_ack <= #2   4'b0001;
                                end
                        4'b1000:begin
                                FQ_din <= #2   qc_rd_ptr_dout1;
                                o_cell_fifo_sel <= #2   4'b0010;
                                ptr_ack <= #2   4'b0010;
                                end
                        endcase
                        end
                3:begin
                        casex({ptr_rd_req_pre[2:0],ptr_rd_req_pre[3]})
                        4'bxxx1:begin
                                FQ_din <= #2   qc_rd_ptr_dout3;
                                o_cell_fifo_sel <= #2   4'b1000;
                                ptr_ack <= #2   4'b1000;
                                end
                        4'bxx10:begin
                                FQ_din <= #2   qc_rd_ptr_dout0;
                                o_cell_fifo_sel <= #2   4'b0001;
                                ptr_ack <= #2   4'b0001;
                                end
                        4'bx100:begin
                                FQ_din <= #2   qc_rd_ptr_dout1;
                                o_cell_fifo_sel <= #2   4'b0010;
                                ptr_ack <= #2   4'b0010;
                                end
                        4'b1000:begin
                                FQ_din <= #2   qc_rd_ptr_dout2;
                                o_cell_fifo_sel <= #2   4'b0100;
                                ptr_ack <= #2   4'b0100;
                                end
                        endcase
                        end
                endcase
                end
        2:begin
            ptr_ack <= #2   0;
            sram_cnt_b <= #2   sram_cnt_b + 1;
            rd_state <= #2   3;
```

```
                    end
                3:begin
                    sram_cnt_b <= #2   sram_cnt_b+1;
                    MC_ram_wrb <= #2   1;
                    if(MC_ram_doutb == 1)   begin
                        MC_ram_dinb <= #2   0;
                        FQ_wr <= #2   1;
                        end
                    else   MC_ram_dinb <= #2   MC_ram_doutb-1;
                    rd_state <= #2   4;
                 end
                4:begin
                    sram_cnt_b <= #2   sram_cnt_b+1;
                    rd_state <= #2   5;
                 end
                5:begin
                    sram_rd <= #2   0;
                    rd_state <= #2   0;
                 end
                default:rd_state <= #2   0;
                endcase
                end
// =============================
//例化自由指针队列管理电路
// =============================
multi_user_fq u_fq (
    .clk(clk),
    .rstn(rstn),
    .ptr_din({6'b0,FQ_din[9:0]}),
    .FQ_wr(FQ_wr),
    .FQ_rd(FQ_rd),
    .ptr_dout_s(ptr_dout_s),
    .ptr_fifo_empty(FQ_empty)
);
//多播计数值存储器
dpsram_w4_d512 u_MC_dpram (
    .clka(clk),
    .wea(MC_ram_wra),
    .addra(MC_ram_addra[8:0]),
    .dina(MC_ram_dina),
    .douta(),
    .clkb(clk),
    .web(MC_ram_wrb),
    .addrb(FQ_din[8:0]),
    .dinb(MC_ram_dinb),
    .doutb(MC_ram_doutb)
    );

//队列控制器0,采用 fall_through 模式的 FIFO 实现
wire q0_empty;
sfifo_ft_w16_d512 u_qc0 (
```

```verilog
    .clk(clk),                          // input clk
    .rst(!rstn),                        // input rst
    .din(qc_wr_ptr_din),                // input [15 : 0] din
    .wr_en(qc_wr_ptr_wr_en[0]),         // input wr_en
    .rd_en(ptr_ack0),                   // input rd_en
    .dout(qc_rd_ptr_dout0),             // output [15 : 0] dout
    .full(qc_ptr_full0),                // output full
    .empty(q0_empty),                   // output empty
    .data_count()                       // output [9 : 0] data_count
);
assign ptr_rdy0 = !q0_empty;

//队列控制器 1,采用 fall_through 模式的 FIFO 实现
wire q1_empty;
sfifo_ft_w16_d512 u_qc1 (
    .clk(clk),                          // input clk
    .rst(!rstn),                        // input rst
    .din(qc_wr_ptr_din),                // input [15 : 0] din
    .wr_en(qc_wr_ptr_wr_en[1]),         // input wr_en
    .rd_en(ptr_ack1),                   // input rd_en
    .dout(qc_rd_ptr_dout1),             // output [15 : 0] dout
    .full(qc_ptr_full1),                // output full
    .empty(q1_empty),                   // output empty
    .data_count()                       // output [9 : 0] data_count
);
assign ptr_rdy1 = !q1_empty;

//队列控制器 2,采用 fall_through 模式的 FIFO 实现
wire q2_empty;
sfifo_ft_w16_d512 u_qc2 (
    .clk(clk),                          // input clk
    .rst(!rstn),                        // input rst
    .din(qc_wr_ptr_din),                // input [15 : 0] din
    .wr_en(qc_wr_ptr_wr_en[2]),         // input wr_en
    .rd_en(ptr_ack2),                   // input rd_en
    .dout(qc_rd_ptr_dout2),             // output [15 : 0] dout
    .full(qc_ptr_full2),                // output full
    .empty(q2_empty),                   // output empty
    .data_count()                       // output [9 : 0] data_count
);
assign ptr_rdy2 = !q2_empty;

//队列控制器 3,采用 fall_through 模式的 FIFO 实现
wire q3_empty;
sfifo_ft_w16_d512 u_qc3 (
    .clk(clk),                          // input clk
    .rst(!rstn),                        // input rst
    .din(qc_wr_ptr_din),                // input [15 : 0] din
    .wr_en(qc_wr_ptr_wr_en[3]),         // input wr_en
    .rd_en(ptr_ack3),                   // input rd_en
    .dout(qc_rd_ptr_dout3),             // output [15 : 0] dout
```

```
    .full(qc_ptr_full3),              // output full
    .empty(q3_empty),                 // output empty
    .data_count()                     // output [9 : 0] data_count
    );
assign ptr_rdy3 = !q3_empty;
```

//数据存储区,用双端口 RAM 实现
```
dpsram_w128_d2k u_data_ram (
    .clka(clk),
    .wea(sram_wr_a),
    .addra(sram_addr_a[10:0]),
    .dina(sram_din_a),
    .douta(),
    .clkb(clk),
    .web(1'b0),
    .addrb(sram_addr_b[10:0]),
    .dinb(128'b0),
    .doutb(sram_dout_b)
    );
endmodule
```

下面是 switch_core 对应的仿真代码。

```
`timescale 1ns / 1ps
module switch_core_tb;
// Inputs
reg clk;
reg rstn;
reg [127:0] i_cell_data_fifo_din;
reg i_cell_data_fifo_wr;
reg [15:0] i_cell_ptr_fifo_din;
reg i_cell_ptr_fifo_wr;
reg [3:0] o_cell_bp;

// Outputs
wire i_cell_bp;
wire o_cell_fifo_wr;
wire [3:0] o_cell_fifo_sel;
wire [127:0] o_cell_fifo_din;
wire o_cell_first;
wire o_cell_last;
//生成系统工作时钟
always #5 clk = ~clk;
// Instantiate the Unit Under Test (UUT)
switch_core u_swtich_core (
    .clk(clk),
    .rstn(rstn),
    .i_cell_data_fifo_din(i_cell_data_fifo_din),
    .i_cell_data_fifo_wr(i_cell_data_fifo_wr),
    .i_cell_ptr_fifo_din(i_cell_ptr_fifo_din),
    .i_cell_ptr_fifo_wr(i_cell_ptr_fifo_wr),
```

```
        .i_cell_bp(i_cell_bp),
        .o_cell_fifo_wr(o_cell_fifo_wr),
        .o_cell_fifo_sel(o_cell_fifo_sel),
        .o_cell_fifo_din(o_cell_fifo_din),
        .o_cell_first(o_cell_first),
        .o_cell_last(o_cell_last),
        .o_cell_bp(o_cell_bp)
    );

initial begin
    // Initialize Inputs
    clk = 0;
    rstn = 0;
    i_cell_data_fifo_din = 0;
    i_cell_data_fifo_wr = 0;
    i_cell_ptr_fifo_din = 0;
    i_cell_ptr_fifo_wr = 0;
    o_cell_bp = 0;

    // Wait 100ns for global reset to finish
    #100;
    rstn = 1;
    // Add stimulus here
    #1000;
    send_frame(127,4'b0001);
    send_frame(128,4'b0010);
    send_frame(129,4'b0100);
    send_frame(1518,4'b1000);
end

task send_frame;
input  [11:0]   len;
input  [3:0]    portmap;
// cell_num 是内部使用的寄存器,记录当前帧包括的信元数
reg   [5:0]    cell_num;
reg   [5:0]    i,j;                         //内部使用的寄存器
begin
    i = 0;
    j = 0;
    //下面的代码根据帧长计算其包括多少个 64 字节的内部信元
    if(len[5:0] == 6'b0) cell_num[5:0] = len[11:6];
    else begin
        cell_num[5:0] = len[11:6];
        cell_num[5:0] = cell_num[5:0] + 1;
        end
    repeat(1)@(posedge clk);
    #2;
    //下面的 while 语句用于在有反压时进行等待
    while(i_cell_bp) repeat(1)@(posedge clk);
    #2;
    // ==================================================
```

//下面的循环体用于产生用户数据帧并写入被测试电路中。

//i 用于循环体控制;j 从 0 开始累加,每写入一个数据增加 1,

//在仿真分析时作为写入的用户数据

// ==

```verilog
for(i = 0;i < cell_num;i = i + 1)begin
    //第一个信元的第一个写入数据中需要包括本地头,这里 len
    //被分成了高 4 位和低 8 位,将二者合并才是实际的长度值
    if(i == 0) begin
        i_cell_data_fifo_din = {len[11:8],portmap[3:0],len[7:0],112'h0};
        i_cell_data_fifo_wr = 1;
        repeat(1)@(posedge clk);
        #2;
        j = 1;
        i_cell_data_fifo_din = j;
        i_cell_data_fifo_wr = 1;
        repeat(1)@(posedge clk);
        #2;
        j = 2;
        i_cell_data_fifo_din = j;
        i_cell_data_fifo_wr = 1;
        repeat(1)@(posedge clk);
        #2;
        j = 3;
        i_cell_data_fifo_din = j;
        i_cell_data_fifo_wr = 1;
        repeat(1)@(posedge clk);
        #2;
    end
    else begin
        j = j + 1;
        i_cell_data_fifo_din = j;
        i_cell_data_fifo_wr = 1;
        repeat(1)@(posedge clk);
        #2;
        j = j + 1;
        i_cell_data_fifo_din = j;
        i_cell_data_fifo_wr = 1;
        repeat(1)@(posedge clk);
        #2;
        j = j + 1;
        i_cell_data_fifo_din = j;
        i_cell_data_fifo_wr = 1;
        repeat(1)@(posedge clk);
        #2;
        j = j + 1;
        i_cell_data_fifo_din = j;
        i_cell_data_fifo_wr = 1;
        repeat(1)@(posedge clk);
        #2;
    end
end
```

```
            i_cell_data_fifo_wr = 0;
            i_cell_ptr_fifo_din = {4'b0,portmap[3:0],2'b0,cell_num[5:0]};
            i_cell_ptr_fifo_wr = 1;
            repeat(1)@(posedge clk);
            #2;
            i_cell_ptr_fifo_wr = 0;
            i_cell_ptr_fifo_din = 0;
        end
    endtask
endmodule
```

图 8-11 给出的是 switch_core 的仿真波形,可以看出,4 个输入数据包被分别输出,通过 o_cell_fifo_sel 可以看出,其值分别为 4'h1、4'h2、4'h4 和 4'h8,输出数据包有首尾信元指示信号,用于通知后级电路哪些信元属于同一个数据包。

图 8-11　switch_core 的仿真波形

## 第9章

SM4加/解密算法原理与电路实现

SM4 算法是我国的一个商用加解密算法,与 DES 和 AES 类似,属于分组密码算法。SM4 算法由明文、密钥和输出的密文组成。其中明文是指需要加密的信息,在 SM4 中为 128 位,密钥是参与运算的参数,也是 128 位。128 位的明文和 128 位的密钥进行加密运算,可得到 128 位的密文。对于 SM4 算法来说,若输入的是密文,经过解密算法,也可得到 128 位的明文。故该算法既可以进行加密,也可以进行解密。

9.1　加/解密算法

9.1.1　加密运算

下面举例对加密算法进行说明。

假设输入明文为 128'h11111111122222222233333333344444444

假设输入密钥为 128'h0123456789ABCDEFFEDCBA9876543210

可以看到,密钥的长度为 128 位,表示为 $MK=(MK_0,MK_1,MK_2,MK_3)$,其中 $MK_i(i=0,1,2,3)$ 是位宽为 32 位的字。本例中,$MK_0=32'h01234567$,$MK_1=32'h89ABCDEF$,$MK_2=32'hFEDCBA98$,$MK_3=32'h76543210$。

明文的输入为 $(X_0,X_1,X_2,X_3)\in(Z_2^{32})^4$,这里的 $X_0=32'h11111111$,$X_1=32'h22222222$,$X_2=32'h33333333$,$X_3=32'h44444444$,Z_2^{32} 表示位宽为 32 位的二进制序列的集合,$(Z_2^{32})^4$ 表示 4 个 32 位二进制序列的集合。

此外,假设密文输出为 $(Y_0,Y_1,Y_2,Y_3)\in(Z_2^{32})^4$,由密钥生成的轮密钥为 $rk_i\in Z_2^{32}(i=0,1,\cdots,31)$。下面给出加密运算过程。

第一步:计算 32 个轮密钥,即按照密钥扩展算法进行密钥扩展。

在加密运算过程中,需要用到轮密钥。轮密钥就是每一轮运算所需要的密钥,轮密钥为 32 位,加密算法一共进行 32 轮的加密运算,因此需要 32 个轮密钥。轮密钥表示为 $(rk_0,rk_1,\cdots,rk_{31})$,其中 $rk_i(i=0,1,\cdots,31)$ 为 32 位的字,轮密钥由密钥生成。

根据加密密钥 $MK=(MK_0,MK_1,MK_2,MK_3)\in(Z_2^{32})^4$ 计算轮密钥之前,需要先计

算(K_0,K_1,K_2,K_3),计算方法如下:

$$(K_0,K_1,K_2,K_3)=(MK_0 \oplus FK_0,MK_1 \oplus FK_1,MK_2 \oplus FK_2,MK_3 \oplus FK_3)$$

$$(9\text{-}1)$$

其中,$\oplus$表示异或运算,此处数据位宽为 32 位。(FK_0,FK_1,FK_2,FK_3)为 SM4 算法的固定参数,$FK_0=(A3B1BAC6)$,$FK_1=(56AA3350)$,$FK_2=(677D9197)$,$FK_3=(B27022DC)$。

经过式(9-1)的运算,可以得到(K_0,K_1,K_2,K_3),下面进行密钥扩展。

$$rk_i=K_{i+4}=K_i \oplus T'(K_{i+1} \oplus K_{i+2} \oplus K_{i+3} \oplus CK_i), \quad i=0,1,\cdots,31 \qquad (9\text{-}2)$$

其中,

$$T'(\cdot)=L'(\tau(\cdot)) \qquad (9\text{-}3)$$

式(9-3)中包含了以下两个运算。

1. 线性运算 $L'(B)$

非线性变换 τ 的输出是线性变换 L 的输入,设输入为 $B \in Z_2^{32}$,输出为 $C' \in Z_2^{32}$,则有式(9-4):

$$C'=L'(B)=B \oplus (B<<<13) \oplus (B<<<23) \qquad (9\text{-}4)$$

其中,$B<<<i$ 表示 B 循环左移 i 位,即经过循环左移和异或操作后,可以得到 $L'(B)$。

2. 非线性运算 $\tau(\cdot)$

$\tau(\cdot)$ 是非线性变换,由 4 个并行的 S 盒构成。设输入为 $A=(a_0,a_1,a_2,a_3) \in (Z_2^8)^4$,输出为 $B=(b_0,b_1,b_2,b_3) \in (Z_2^8)^4$,$(Z_2^8)^4$ 表示 4 个 8 位的二进制序列。则非线性变换可表示为

$$(b_0,b_1,b_2,b_3)=\tau(A)=(\text{Sbox}(a_0),\text{Sbox}(a_1),\text{Sbox}(a_2),\text{Sbox}(a_3)) \qquad (9\text{-}5)$$

式中,Sbox 的十六进制数据见表 9-1。

表 9-1　Sbox 的数据内容

行\列	0	1	2	3	4	5	6	7	8	9	A	B	C	D	E	F
0	D6	90	E9	FE	CC	E1	3D	B7	16	B6	14	C2	28	FB	2C	05
1	2B	67	9A	76	2A	BE	04	C3	AA	44	13	26	49	86	06	99
2	9C	42	50	F4	91	EF	98	7A	33	54	0B	43	ED	CF	AC	62
3	E4	B3	1C	A9	C9	08	E8	95	80	DF	94	FA	75	8F	3F	A6
4	47	07	A7	FC	F3	73	17	BA	83	59	3C	19	E6	85	4F	A8
5	68	6B	81	B2	71	64	DA	8B	F8	EB	0F	4B	70	56	9D	35
6	1E	24	0E	5E	63	58	D1	A2	25	22	7C	3B	01	21	78	87
7	D4	00	46	57	9F	D3	27	52	4C	36	02	E7	A0	C4	C8	9E
8	EA	BF	8A	D2	40	C7	38	B5	A3	F7	F2	CE	F9	61	15	A1
9	E0	AE	5D	A4	9B	34	1A	55	AD	93	32	30	F5	8C	B1	E3
A	1D	F6	E2	2E	82	66	CA	60	C0	29	23	AB	0D	53	4E	6F
B	D5	DB	37	45	DE	FD	8E	2F	03	FF	6A	72	6D	6C	5B	51
C	8D	1B	AF	92	BB	DD	BC	7F	11	D9	5C	41	1F	10	5A	D8
D	0A	C1	31	88	A5	CD	7B	BD	2D	74	D0	12	B8	E5	B4	B0
E	89	69	97	4A	0C	96	77	7E	65	B9	F1	09	C5	6E	C6	84
F	18	F0	7D	EC	3A	DC	4D	20	79	EE	5F	3E	D7	CB	39	48

例如,输入为'EF',则经过 S 盒后的值为表中第 E 行和第 F 列的值,Sbox(EF)＝84,即 $\tau(\text{EF})=84$。密钥扩展算法如图 9-1 所示。

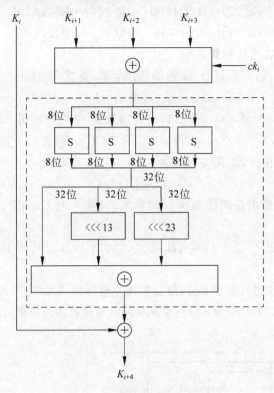

图 9-1 密钥扩展算法示意图

对于式(9-2)中的参数 CK_i,设 ck_{ij} 为 CK_i 的第 j 字节($i=0,1,\cdots,31;j=0,1,2,3$),即 $CK_i=(ck_{i,0},ck_{i,1},ck_{i,2},ck_{i,3})\in(Z_2^8)^4$,则 $ck_{ij}=(4i+j)\times 7(\text{mod}256)$,其中(mod256)为对 256 进行模运算。

固定参数 $CK_i(i=0,1,\cdots,31)$ 的具体值为下列十六进制数:

00070E15	1C232A31	383F464D	545B6269
70777E85	8C939AA1	A8AFB6BD	C4CBD2D9
E0E7EEF5	FC030A11	181F262D	343B4249
50575E65	6C737A81	888F969D	A4ABB2B9
C0C7CED5	DCE3EAF1	F8FF060D	141B2229
30373E45	4C535A61	686F767D	848B9299
A0A7AEB5	BCC3CAD1	D8DFE6ED	F4FB0209
10171E25	2C333A41	484F565D	646B7279

综上所述,经过式(9-2)的运算后,可以得到 32 个 32bit 的扩展密钥,结果为下列十六进制数:

rk[0]＝F12186F9	rk[1]＝41662B61	rk[2]＝5A6AB19A	rk[3]＝7BA92077
rk[4]＝367360F4	rk[5]＝776A0C61	rk[6]＝B6BB89B3	rk[7]＝24763151
rk[8]＝A520307C	rk[9]＝B7584DBD	rk[10]＝C30753ED	rk[11]＝7EE55B57
rk[12]＝6988608C	rk[13]＝30D895B7	rk[14]＝44BA14AF	rk[15]＝104495A1

rk[16]=D120B428	rk[17]=73B55FA3	rk[18]=CC874966	rk[19]=92244439
rk[20]=E89E641F	rk[21]=98CA015A	rk[22]=C7159060	rk[23]=99E1FD2E
rk[24]=B79BD80C	rk[25]=1D2115B0	rk[26]=0E228AEB	rk[27]=F1780C81
rk[28]=428D3654	rk[29]=62293496	rk[30]=01CF72E5	rk[31]=9124A012

第二步：进行 32 次迭代运算。

生成 32 个轮密钥后，需要进行 32 轮的迭代运算，见式(9-6)：

$$X_{i+4} = F(X_i, X_{i+1}, X_{i+2}, X_{i+3}, rk_i), \quad i=0,1,\cdots,31 \tag{9-6}$$

式中，X_i 为运算的中间结果，$rk_i(i=0,1,\cdots,31)$ 就是 32 个轮密钥。F 函数见式(9-7)：

$$F(X_i, X_{i+1}, X_{i+2}, X_{i+3}, rk_i) = X_i \oplus T(X_{i+1} \oplus X_{i+2} \oplus X_{i+3} \oplus rk_i) \tag{9-7}$$

T 函数与式(9-3)相似，如式(9-8)所示：

$$T(\bullet) = L(\tau(\bullet)) \tag{9-8}$$

其中，非线性变换 τ 的输出是线性变换 L 的输入，设输入为 $B \in Z_2^{32}$，输出为 $C \in Z_2^{32}$，具体见式(9-9)：

$$C = L(B) = B \oplus (B <<< 2) \oplus (B <<< 10) \oplus (B <<< 18) \oplus (B <<< 24) \tag{9-9}$$

其中，$B <<< i$ 表示 B 循环左移 i 位，经过循环左移和异或操作后，可以得到 $L(B)$。

非线性变换 τ 与式(9-3)中的非线性变换相同。轮函数的内部算法流程图如图 9-2 所示。

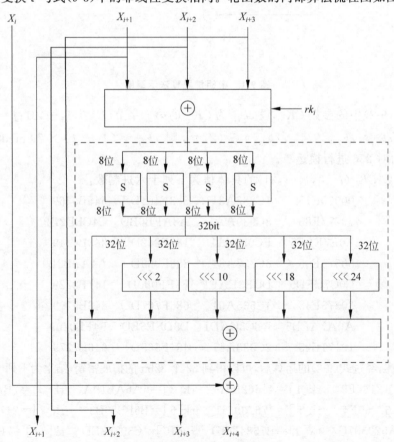

图 9-2　轮函数内部算法流程图

式(9-6)经过32轮运算后,便可以得到$(X_0, X_1, X_2, \cdots, X_{35})$,结果为下列十六进制数:

X[4]=CA641AD6	X[5]=3503D09C	X[6]=98929EA0	X[7]=18F0C181
X[8]=7030384C	X[9]=9278F3FB	X[10]=92257DCA	X[11]=0D5FF432
X[12]=9D69DCD4	X[13]=F9EBA5D6	X[14]=4AD3D1C2	X[15]=59768106
X[16]=96E20B2C	X[17]=23C75414	X[18]=B186FF6C	X[19]=DD890DF3
X[20]=3272E371	X[21]=2E751FB0	X[22]=00D96EEF	X[23]=CC5D9F6F
X[24]=C0BF8524	X[25]=6C77F910	X[26]=EF4CE681	X[27]=87FC6F1D
X[28]=BAE38A71	X[29]=8ABB9060	X[30]=52B0B051	X[31]=007D90B2
X[32]=E7015230	X[33]=B75B7464	X[34]=133ED5D6	X[35]=C15EEBBB

第三步:反序变换。

计算出$(X_0, X_1, X_2, \cdots, X_{35})$后,再经过一次反序变换,便可以得到最终加密结果,如式(9-10)所示。

$$(Y_0, Y_1, Y_2, Y_3) = (X_{35}, X_{34}, X_{33}, X_{32}) \tag{9-10}$$

其中,(Y_0, Y_1, Y_2, Y_3)为128位加密结果,如下所示:

输出密文:C1 5E EB BB 13 3E D5 D6 B7 5B 74 64 E7 01 52 30

整个SM4算法的运算结构如图9-3所示。

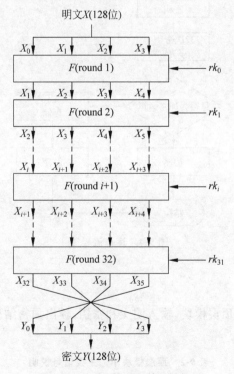

图 9-3 SM4 算法运算结构图

9.1.2 解密运算

解密运算与加密算法相似,仅是轮密钥的使用顺序不同。在解密运算中,轮密钥为$(rk_{31}, rk_{30}, \cdots, rk_0)$,具体过程如下:

第一步：将密文和密钥输入到系统中。

第二步：得到 32 个轮密钥，该过程与加密运算的密钥扩展过程完全相同。

第三步：计算中间结果$(X_0, X_1, X_2, \cdots, X_{35})$，具体方式见式(9-11)：

$$X_{i+4} = F(X_i, X_{i+1}, X_{i+2}, X_{i+3}, rk_j), \quad i = 0, 1, \cdots, 31, j = 31, \cdots, 1, 0 \quad (9\text{-}11)$$

可以看到，解密过程与加密过程最大的不同就是在计算 X_i 时使用的是逆序的轮密钥，即从 rk_{31} 到 rk_0。

第四步：反序变换，与加密算法相同。

9.2　代码分析

本设计实现了 SM4 算法，可以同时实现加密和解密运算，算法流程如图 9-4 所示。

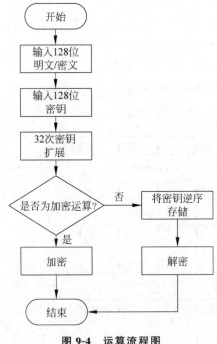

图 9-4　运算流程图

9.2.1　顶层模块

该模块是整个算法的顶层模块，输入明文和密钥，输出加密结果。顶层模块中的主要信号说明如表 9-2 所示。

表 9-2　顶层模块中的主要信号说明

信 号 名 称	数据方向	位宽/位	信 号 说 明
clk	I	1	输入的时钟信号
rst_n	I	1	复位信号，低电平有效
decrypt	I	1	加/解密标志，1 表示进行加密运算，0 表示进行解密运算

续表

信 号 名 称	数据方向	位宽/位	信 号 说 明
mingwen	I	128	若 decrypt==1,则该信号为输入的 128 位明文,若 decrypt==0,则该信号为输入的 128 位密文
mingwen_val	I	1	明文/密文输入有效信号,高电平有效
key	I	128	输入的密钥
key_val	I	1	密钥有效信号,高电平有效
result	O	128	计算结果,若 decrypt==1,则该信号为输出的 128 位加密结果,若 decrypt==0,则该信号为输出的 128 位解密结果
result_val	O	1	输出有效指示信号,高电平有效

```
    module sm4(
        clk,
        rst_n,
        decrypt,
        mingwen,
        mingwen_val,
        key,
        key_val,
        result,
        result_val
        );
    input           clk;
    input           rst_n;
    input           decrypt;
    input   [127:0] mingwen;
    input           mingwen_val;
    input   [127:0] key;
    input           key_val;

    output  [127:0] result;
    output          result_val;

    wire    [31:0]  A0,A1,A2,A3,B;
    wire    [31:0]  T_result;
    wire            key_expansion;

    //f_function 执行核心计算功能
    F_function  f_function(
        .clk(clk),
        .rst_n(rst_n),
        .key_expansion(key_expansion),
        .A0(A0),
        .A1(A1),
        .A2(A2),
        .A3(A3),
        .B(B),
        .T_out(T_result)
        );
```

```
//sm4_control_t控制整个算法的运行
sm4_control  sm4_control_t(
    .clk(clk),
    .rst_n(rst_n),
    .mingwen(mingwen),
    .mingwen_val(mingwen_val),
    .key(key),
    .key_val(key_val),
    .decrypt(decrypt),
    .T_result(T_result),
    .A0(A0),
    .A1(A1),
    .A2(A2),
    .A3(A3),
    .B(B),
    .key_expansion(key_expansion),
    .result(result),
    .result_val(result_val)
    );
endmodule
```

9.2.2 总控模块

该模块负责整个加/解密算法的控制。整个设计共分为 3 个阶段,第一个阶段是运行 F 函数,根据相应的输入得到 F 函数的输出,需要 4 个时钟周期完成。第二阶段是密钥扩展过程,得到 32 个扩展后的密钥。第三个阶段是加/解密过程,得到最终结果。总控模块中的主要信号说明如表 9-3 所示。

表 9-3 总控模块信号说明

信 号 名 称	数据方向	位宽/位	信 号 说 明
mingwen	I	128	输入的明文/密文
mingwen_val	I	1	输入明文/密文有效标志,高电平有效
key	I	128	输入的密钥
key_val	I	1	输入密钥有效标志,高电平有效
decrypt	I	1	加解密标志,1 表示进行加密运算,0 表示进行解密运算
T_result	I	32	输入的 F 函数计算的结果
A0	O	32	输出到 F 函数的第 0 个参数
A1	O	32	输出到 F 函数的第 1 个参数
A2	O	32	输出到 F 函数的第 2 个参数
A3	O	32	输出到 F 函数的第 3 个参数
B	O	32	输出到 F 函数的第 4 个参数
key_expansion	O	1	密钥扩展使能。若 key_expansion==1,表示当前进行密钥扩展运算,若 key_expansion==0,表示当前进行加/解密运算
result	O	128	加/解密的最终运算结果
result_val	O	1	结果有效标志,高电平有效

```
module sm4_control(
    clk,
    rst_n,
    mingwen,
    mingwen_val,
    key,
    key_val,
    decrypt,
    T_result,
    A0,
    A1,
    A2,
    A3,
    B,
    key_expansion,
    result,
    result_val
    );
input           clk;
input           rst_n;
input   [127:0] mingwen;
input           mingwen_val;
input   [127:0] key;
input           key_val;
input           decrypt;
input   [31:0]  T_result;
output  [31:0]  A0;
output  [31:0]  A1;
output  [31:0]  A2;
output  [31:0]  A3;
output  [31:0]  B;
output          key_expansion;
output  [127:0] result;
output          result_val;
```

//下面是系统参数 FK

```
parameter   FK0     = 32'ha3b1bac6;
parameter   FK1     = 32'h56aa3350;
parameter   FK2     = 32'h677d9197;
parameter   FK3     = 32'hb27022dc;
```

//下面是固定参数 CK

```
parameterCK0    = 32'h00070e15;
parameterCK1    = 32'h1c232a31;
parameterCK2    = 32'h383f464d;
parameterCK3    = 32'h545b6269;
parameterCK4    = 32'h70777e85;
parameterCK5    = 32'h8c939aa1;
parameterCK6    = 32'ha8afb6bd;
parameterCK7    = 32'hc4cbd2d9;
```

```
parameterCK8   = 32'he0e7eef5;
parameterCK9   = 32'hfc030a11;
parameterCK10  = 32'h181f262d;
parameterCK11  = 32'h343b4249;
parameterCK12  = 32'h50575e65;
parameterCK13  = 32'h6c737a81;
parameterCK14  = 32'h888f969d;
parameterCK15  = 32'ha4abb2b9;
parameterCK16  = 32'hc0c7ced5;
parameterCK17  = 32'hdce3eaf1;
parameterCK18  = 32'hf8ff060d;
parameterCK19  = 32'h141b2229;
parameterCK20  = 32'h30373e45;
parameterCK21  = 32'h4c535a61;
parameterCK22  = 32'h686f767d;
parameterCK23  = 32'h848b9299;
parameterCK24  = 32'ha0a7aeb5;
parameterCK25  = 32'hbcc3cad1;
parameterCK26  = 32'hd8dfe6ed;
parameterCK27  = 32'hf4fb0209;
parameterCK28  = 32'h10171e25;
parameterCK29  = 32'h2c333a41;
parameterCK30  = 32'h484f565d;
parameterCK31  = 32'h646b7279;


parameterIDLE = 4'b0001;              //空闲状态
parameterEXPA = 4'b0010;              //密钥扩展状态
parameterENCY = 4'b0100;              //加/解密状态
parameterEND  = 4'b1000;              //结束状态


reg     [6:0]       count;
reg     [31:0]      MK0,MK1,MK2,MK3;
reg     [31:0]      X0,X1,X2,X3;
reg     [31:0]      rk0,rk1,rk2,rk3,rk4,rk5,rk6,rk7,rk8,rk9;
reg     [31:0]      rk10,rk11,rk12,rk13,rk14,rk15,rk16,rk17,rk18,rk19;
reg     [31:0]      rk20,rk21,rk22,rk23,rk24,rk25,rk26,rk27,rk28,rk29;
reg     [31:0]      rk30,rk31;
reg     [31:0]      A0,A1,A2,A3,B,A_new,B_out;
reg     [3:0]       STATE_NEXT,STATE_WORK;
reg                 run_en;
reg                 start,ency_start;
reg                 key_expansion;
reg                 result_val,result_val_t;
reg     [127:0]     result;
reg     [2:0]       count_f;
reg                 in_en;


// ====================================================================
//整个运算过程由状态机进行控制。STATE_WORK 为系统的当前状态,STATE_NEXT 为系统的
//下一个状态。IDLE 为空闲状态,当输入的明/密文和密钥同时有效后(即 mingwen_val & key_val),
```

```
//系统状态转移到 EXPA 状态; EXPA 状态为密钥扩展状态,一共需要进行 32 轮计算,得到 32 个扩展
//密钥,当计数器为 32 时,系统状态转移到 ENCY 状态; ENCY 状态为加/解密状态,一共需要进行 32
//轮计算,在本设计中,整个运算过程采用同一个计数器进行计数,因此当计数器值为 32 时,密钥
//扩展结束,当计数器值为 64 时,加解密结束,也标志着整个运算过程结束,此时系统状态转
//移到 END 状态; END 状态为运算结束状态,一个时钟周期后无条件转移到 IDLE 状态
// ==========================================================================
always @(posedge clk or negedge rst_n)begin
    if(~rst_n)STATE_WORK <= IDLE;
    else        STATE_WORK <= STATE_NEXT;
    end


always @( * )begin
    case(STATE_WORK)
    IDLE:
        if(mingwen_val & key_val)begin
            STATE_NEXT = EXPA;
            start = 1'b1;
            run_en = 1'b1;
            key_expansion = 1'b1;
            result_val_t = 1'b0;
            ency_start = 1'b0;
            end
        else begin
            STATE_NEXT = IDLE;
            start = 1'b0;
            run_en = 1'b0;
            key_expansion = 1'b0;
            result_val_t = 1'b0;
            ency_start = 1'b0;
            end
    EXPA:
        if(count == 7'd32)begin
            STATE_NEXT = ENCY;
            ency_start = 1'b1;
            run_en = 1'b1;
            key_expansion = 1'b0;
            end
        else begin
            STATE_NEXT = EXPA;
            start = 1'b0;
            ency_start = 1'b0;
            run_en = 1'b1;
            key_expansion = 1'b1;
            end
    ENCY:
        if(count == 7'd64)begin
            STATE_NEXT = END;
            ency_start = 1'b0;
            run_en = 1'b0;
            result_val_t = 1'b1;
            key_expansion = 1'b0;
```

```
                        end
                else begin
                    STATE_NEXT = ENCY;
                    ency_start = 1'b0;
                    run_en = 1'b1;
                    key_expansion = 1'b0;
                    end
        END:begin
            STATE_NEXT = IDLE;
            result_val_t = 1'b0;
            run_en = 1'b0;
            key_expansion = 1'b0;
            end
        default :   begin
            STATE_NEXT = IDLE;
            start = 1'b0;
            run_en = 1'b0;
            key_expansion = 1'b0;
            result_val_t = 1'b0;
            ency_start = 1'b0;
            end
        endcase
        end
```

```
// =============================================================================
//本设计中 F 函数需要 5 个时钟周期完成运算,in_en 为 F 函数的输入更新标志,在该信号有
//效时,F 函数的输入参数进行更新,参数更新后的下一个时钟周期开始运算,因此一共需要
//保持 5 个时钟周期后再进行下一次更新。count 是整个运算过程的计数器,整个运算过程共需
//要 64 个时钟周期,count == 64 时,标志整个运算结束。
//count_f 为 F 函数的运算计数器,按 0~4 循环计数,该值为 0 表示运算开始,
//该值为 4 表示运算结束。为了满足设计要求,对输入的所有参数都要用触发器寄存一拍,
//对时序进行优化控制
// =============================================================================
always @(posedge clk or negedge rst_n)begin
    if(~rst_n) in_en <= 1'b0;
    else if(count_f == 3'd4) in_en <= 1'b1;
    else in_en <= 1'b0;
end

always @(posedge clk or negedge rst_n)begin
    if(~rst_n) count <= 7'd0;
    else if(run_en)begin
        if(count_f == 3'd4) count <= count + 7'd1;
        else count <= count;
        end
    else count <= 7'd0;
    end

always @(posedge clk or negedge rst_n)begin
    if(~rst_n){MK0,MK1,MK2,MK3} <= 128'h0;
    else if(key_val){MK0,MK1,MK2,MK3} <= key;
```

```
    else{MK0,MK1,MK2,MK3} <= {MK0,MK1,MK2,MK3};
    end

always @(posedge clk or negedge rst_n)begin
    if(~rst_n) {X0,X1,X2,X3} <= 128'h0;
    else if(mingwen_val){X0,X1,X2,X3} <= mingwen;
    else{X0,X1,X2,X3} <= {X0,X1,X2,X3};
    end
```

```
// ============================================================
//这部分主要实现轮密钥的缓存和 B_out 的缓存。在密钥扩展阶段,轮密钥
//为 F 函数的输出 T_result,同时根据 count 的计数值判定当前 F 函数的输出
//对应的轮密钥位置。B_out 输入到 F 函数中的 B 参数,密钥扩展阶段为缓
//存的 CK_i,在加/解密阶段为密钥扩展阶段所计算的密钥
// ============================================================
always @( * )begin
    if(key_expansion)begin      //在密钥扩展阶段,将 F 函数的输出 T_result 锁存至 rk0~rk31
        case(count)
        1  : rk0  = T_result;   2  : rk1  = T_result;
        3  : rk2  = T_result;   4  : rk3  = T_result;
        5  : rk4  = T_result;   6  : rk5  = T_result;
        7  : rk6  = T_result;   8  : rk7  = T_result;
        9  : rk8  = T_result;  10 : rk9  = T_result;
        11 : rk10 = T_result;  12 : rk11 = T_result;
        13 : rk12 = T_result;  14 : rk13 = T_result;
        15 : rk14 = T_result;  16 : rk15 = T_result;
        17 : rk16 = T_result;  18 : rk17 = T_result;
        19 : rk18 = T_result;  20 : rk19 = T_result;
        21 : rk20 = T_result;  22 : rk21 = T_result;
        23 : rk22 = T_result;  24 : rk23 = T_result;
        25 : rk24 = T_result;  26 : rk25 = T_result;
        27 : rk26 = T_result;  28 : rk27 = T_result;
        29 : rk28 = T_result;  30 : rk29 = T_result;
        31 : rk30 = T_result;  32 : rk31 = T_result;
        default :  rk0 =  rk0;
        endcase
        end
    else begin
        case(count)
            1: rk0  = rk0 ;    2: rk1  = rk1 ;
            3: rk2  = rk2 ;    4: rk3  = rk3 ;
            5: rk4  = rk4 ;    6: rk5  = rk5 ;
            7: rk6  = rk6 ;    8: rk7  = rk7 ;
            9: rk8  = rk8 ;   10 : rk9  = rk9 ;
            11: rk10 = rk10;   12 : rk11 = rk11;
            13 : rk12 = rk12;  14 : rk13 = rk13;
            15 : rk14 = rk14;  16 : rk15 = rk15;
            17 : rk16 = rk16;  18 : rk17 = rk17;
            19 : rk18 = rk18;  20 : rk19 = rk19;
            21 : rk20 = rk20;  22 : rk21 = rk21;
            23 : rk22 = rk22;  24 : rk23 = rk23;
```

```
                25 : rk24 = rk24;   26 : rk25 = rk25;
                27 : rk26 = rk26;   28 : rk27 = rk27;
                29 : rk28 = rk28;   30 : rk29 = rk29;
                31 : rk30 = rk30;   32 : rk31 = rk31;
                default :  rk0 =   rk0;
            endcase
            end
        end


    always @ ( * ) begin
        if(key_expansion)begin          //在密钥扩展阶段,使用 B_out 锁存 CK0～CK31
            case(count)
                0: B_out = CK0 ;        1: B_out = CK1 ;
                2: B_out = CK2 ;        3: B_out = CK3 ;
                4: B_out = CK4 ;        5: B_out = CK5 ;
                6: B_out = CK6 ;        7: B_out = CK7 ;
                8: B_out = CK8 ;        9: B_out = CK9 ;
                10: B_out = CK10;       11: B_out = CK11;
                12: B_out = CK12;       13: B_out = CK13;
                14: B_out = CK14;       15: B_out = CK15;
                16: B_out = CK16;       17: B_out = CK17;
                18: B_out = CK18;       19: B_out = CK19;
                20: B_out = CK20;       21: B_out = CK21;
                22: B_out = CK22;       23: B_out = CK23;
                24: B_out = CK24;       25: B_out = CK25;
                26: B_out = CK26;       27: B_out = CK27;
                28: B_out = CK28;       29: B_out = CK29;
                30: B_out = CK30;       31: B_out = CK31;
                default :  B_out =  32'h0;
            endcase
            end
        else if(decrypt)begin
            case(count)
                32: B_out =   rk0 ;     33: B_out =   rk1 ;
                34: B_out =   rk2 ;     35: B_out =   rk3 ;
                36: B_out =   rk4 ;     37: B_out =   rk5 ;
                38: B_out =   rk6 ;     39: B_out =   rk7 ;
                40: B_out =   rk8 ;     41: B_out =   rk9 ;
                42: B_out =   rk10;     43: B_out =   rk11;
                44: B_out =   rk12;     45: B_out =   rk13;
                46: B_out =   rk14;     47: B_out =   rk15;
                48: B_out =   rk16;     49: B_out =   rk17;
                50: B_out =   rk18;     51: B_out =   rk19;
                52: B_out =   rk20;     53: B_out =   rk21;
                54: B_out =   rk22;     55: B_out =   rk23;
                56: B_out =   rk24;     57: B_out =   rk25;
                58: B_out =   rk26;     59: B_out =   rk27;
                60: B_out =   rk28;     61: B_out =   rk29;
                62: B_out =   rk30;     63 : B_out = rk31;
                default :  B_out =  32'h0;
            endcase
```

```
                    end
                else begin
                    case(count)
                        32 : B_out  =   rk31;   33 : B_out  =   rk30;
                        34 : B_out  =   rk29;   35 : B_out  =   rk28;
                        36 : B_out  =   rk27;   37 : B_out  =   rk26;
                        38 : B_out  =   rk25;   39 : B_out  =   rk24;
                        40 : B_out  =   rk23;   41 : B_out  =   rk22;
                        42 : B_out  =   rk21;   43 : B_out  =   rk20;
                        44 : B_out  =   rk19;   45 : B_out  =   rk18;
                        46 : B_out  =   rk17;   47 : B_out  =   rk16;
                        48 : B_out  =   rk15;   49 : B_out  =   rk14;
                        50 : B_out  =   rk13;   51 : B_out  =   rk12;
                        52 : B_out  =   rk11;   53 : B_out  =   rk10;
                        54 : B_out  =   rk9;    55 : B_out  =   rk8;
                        56 : B_out  =   rk7;    57 : B_out  =   rk6;
                        58 : B_out  =   rk5;    59 : B_out  =   rk4;
                        60 : B_out  =   rk3;    61 : B_out  =   rk2;
                        62 : B_out  =   rk1;    63 : B_out  =   rk0;
                        default :  B_out  =   32'h0;
                    endcase
                    end
            end

always @(posedge clk or negedge rst_n)begin
        if(~rst_n) B <= 32'h0;
        else if(run_en & (in_en | start)) B <= B_out;
        else B <= B;
        end

always @(posedge clk or negedge rst_n)begin
        if(~rst_n)   count_f <= 2'b0;
        else if(run_en & (count_f != 3'd4)) count_f <= count_f + 2'b1;
        else count_f <= 2'b0;
        end


// ============================================================
//这部分主要是对每个阶段的输入参数进行设置,start 是整个运算的开始
//标志,当此标志有效时,计算 K0、K1、K2、K3。ency_start 为加/解密
//运算开始标志,in_en 为 F 函数输入更新标志。在本设计中将算法和控制
//分开设计,对于 F 函数,只需要针对输入进行相应运算即可,而输入
//的参数统一为 A0、A1、A2、A3,具体的参数值是根据不同的系统状态进
//行控制的
// ============================================================
always @(posedge clk or negedge rst_n)begin
        if(~rst_n)begin
            A0 <= 32'h0;
            A1 <= 32'h0;
            A2 <= 32'h0;
            A3 <= 32'h0;
            end
```

```
        else if(run_en)begin
            if(start)begin
                A0 <= MK0 ^ FK0;
                A1 <= MK1 ^ FK1;
                A2 <= MK2 ^ FK2;
                A3 <= MK3 ^ FK3;
                end
            else if(ency_start)begin
                A0 <= X0;
                A1 <= X1;
                A2 <= X2;
                A3 <= X3;
                end
            else if(run_en & in_en)begin
                A0 <= A1;
                A1 <= A2;
                A2 <= A3;
                A3 <= T_result;
                end
            else begin
                A0 <= A0;
                A1 <= A1;
                A2 <= A2;
                A3 <= A3;
                end
            end
        else begin
            A0 <= A0;
            A1 <= A1;
            A2 <= A2;
            A3 <= A3;
            end
        end

    always @(posedge clk or negedge rst_n)begin
        if(~rst_n) result <= 128'h0;
        else        result <= {T_result,A3,A2,A1};
        end
    always @(posedge clk or negedge rst_n)begin
        if(~rst_n) result_val <= 1'b0;
        else        result_val <= result_val_t;
        end

endmodule
```

9.2.3 F 函数代码分析

在整个加/解密运算中,最重要的是进行 F 函数的运算。F 函数有两种运算方式,若当前处于密钥扩展状态,则 $F=K_i \oplus T'(K_{i+1} \oplus K_{i+2} \oplus K_{i+3} \oplus CK_i)$;若当前处于加/解密状态,则 $F=X_0 \oplus T(X_1 \oplus X_2 \oplus X_3 \oplus rk)$。这里设置标志位 key_expansion 作为运行状态

的标志,函数的主要信号说明如表 9-4 所示。

表 9-4 *F* 函数主要信号说明

信 号 名 称	数据方向	位宽/位	信 号 说 明
key_expansion	I	1	密钥扩展使能。若 key_expansion 为 1,表示当前进行密钥扩展运算;若 key_expansion 为 0,表示当前进行加/解密运算
A0	I	32	输入到 *F* 函数的第 0 个参数
A1	I	32	输入到 *F* 函数的第 1 个参数
A2	I	32	输入到 *F* 函数的第 2 个参数
A3	I	32	输入到 *F* 函数的第 3 个参数
B	I	32	输入到 *F* 函数的第 4 个参数
T_out	O	32	*F* 函数的输出结果

下面的代码实现的是两种 *F* 函数,一个是密钥扩展的 *F* 函数,即计算 rk 的函数;另一个是加/解密运算的 *F* 函数:

```verilog
module F_function(
    clk,
    rst_n,
    key_expansion,
    A0,
    A1,
    A2,
    A3,
    B,
    T_out
    );
    input           clk;
    input           rst_n;
    input           key_expansion;      //指出进行密钥扩展运算还是加密运算
    input   [31:0]  A0;
    input   [31:0]  A1;
    input   [31:0]  A2;
    input   [31:0]  A3;
    input   [31:0]  B;
    output  [31:0]  T_out;

    reg     [31:0]  tao_in;
    reg     [31:0]  T_out;
    wire[31:0]   tao_out;
    reg     [31:0]  A0_1,A0_2,A0_3;

always @(posedge clk or negedge rst_n)begin
    if(~rst_n) tao_in <= 32'h0;
    else        tao_in = A1 ^ A2 ^ A3 ^ B;
    end

//进行 S 盒的置换运算
sbox_t Sbox0(.address(tao_in[31:24]),.clock(clk),.q(tao_out[31:24]));
```

```
sbox_t Sbox1(.address(tao_in[23:16]),.clock(clk),.q(tao_out[23:16]));
sbox_t Sbox2(.address(tao_in[15:8]) ,.clock(clk),.q(tao_out[15:8]));
sbox_t Sbox3(.address(tao_in[7:0])  ,.clock(clk),.q(tao_out[7:0]));

always @(posedge clk or negedge rst_n)begin
    //将轮函数 F 的输入进行延时,以便同步计算
    if(~rst_n)begin
        A0_1    <=  32'h0;
        A0_2    <=  32'h0;
        A0_3    <=  32'h0;
        end
    else begin
        A0_1    <=   A0;
        A0_2    <=  A0_1;
        A0_3    <=  A0_2;
        end
    end

always @(posedge clk or negedge rst_n)begin
    if(~rst_n) T_out <= 32'h0;
    else if(key_expansion)            //密钥扩展的算法,即 L'(B)函数
        T_out <= A0_3 ^ tao_out ^{tao_out[18:0],tao_out[31:19]}
                ^{tao_out[8:0],tao_out[31:9]};
    else                              //加/解密算法,即 L(B)函数
        T_out <= A0_3 ^ tao_out ^{tao_out[29:0],tao_out[31:30]}
                ^{tao_out[21:0],tao_out[31:22]}^{tao_out[13:0],tao_out[31:14]}
                ^{tao_out[7:0],tao_out[31:8]};
    end
endmodule
```

9.2.4 Sbox 代码分析

Sbox 的实质就是一个位宽为 8、深度为 256 的 ROM。它既可以采用 FPGA 的 IP 核生成,也可以用触发器直接实现。下面对直接采用触发器实现 Sbox 进行说明,函数的主要信号说明如表 9-5 所示。

表 9-5 Sbox 信号说明

信 号 名 称	数 据 方 向	位宽/位	信 号 说 明
clock	I	1	ROM 的时钟信号
address	I	8	ROM 的读地址
q	O	8	ROM 的输出数据

在实现 sbox 时,输入地址后,第二拍产生输出结果,这样可以避免毛刺。

```
module sbox_t (
    address,
    clock,
    q
    );
```

```verilog
input     [7:0]     address;
input              clock;
output    [7:0]     q;

reg       [7:0]     q;
reg       [7:0]     q_t;

always@(posedge clock)begin
    case(address)
    8'h00:  q_t<=8'hD6;  8'h01:  q_t<=8'h90;
    8'h02:  q_t<=8'hE9;  8'h03:  q_t<=8'hFE;
    8'h04:  q_t<=8'hCC;  8'h05:  q_t<=8'hE1;
    8'h06:  q_t<=8'h3D;  8'h07:  q_t<=8'hB7;
    8'h08:  q_t<=8'h16;  8'h09:  q_t<=8'hB6;
    8'h0A:  q_t<=8'h14;  8'h0B:  q_t<=8'hC2;
    8'h0C:  q_t<=8'h28;  8'h0D:  q_t<=8'hFB;
    8'h0E:  q_t<=8'h2C;  8'h0F:  q_t<=8'h05;
    8'h10:  q_t<=8'h2B;  8'h11:  q_t<=8'h67;
    8'h12:  q_t<=8'h9A;  8'h13:  q_t<=8'h76;
    8'h14:  q_t<=8'h2A;  8'h15:  q_t<=8'hBE;
    8'h16:  q_t<=8'h04;  8'h17:  q_t<=8'hC3;
    8'h18:  q_t<=8'hAA;  8'h19:  q_t<=8'h44;
    8'h1A:  q_t<=8'h13;  8'h1B:  q_t<=8'h26;
    8'h1C:  q_t<=8'h49;  8'h1D:  q_t<=8'h86;
    8'h1E:  q_t<=8'h06;  8'h1F:  q_t<=8'h99;
    8'h20:  q_t<=8'h9C;  8'h21:  q_t<=8'h42;
    8'h22:  q_t<=8'h50;  8'h23:  q_t<=8'hF4;
    8'h24:  q_t<=8'h91;  8'h25:  q_t<=8'hEF;
    8'h26:  q_t<=8'h98;  8'h27:  q_t<=8'h7A;
    8'h28:  q_t<=8'h33;  8'h29:  q_t<=8'h54;
    8'h2A:  q_t<=8'h0B;  8'h2B:  q_t<=8'h43;
    8'h2C:  q_t<=8'hED;  8'h2D:  q_t<=8'hCF;
    8'h2E:  q_t<=8'hAC;  8'h2F:  q_t<=8'h62;
    8'h30:  q_t<=8'hE4;  8'h31:  q_t<=8'hB3;
    8'h32:  q_t<=8'h1C;  8'h33:  q_t<=8'hA9;
    8'h34:  q_t<=8'hC9;  8'h35:  q_t<=8'h08;
    8'h36:  q_t<=8'hE8;  8'h37:  q_t<=8'h95;
    8'h38:  q_t<=8'h80;  8'h39:  q_t<=8'hDF;
    8'h3A:  q_t<=8'h94;  8'h3B:  q_t<=8'hFA;
    8'h3C:  q_t<=8'h75;  8'h3D:  q_t<=8'h8F;
    8'h3E:  q_t<=8'h3F;  8'h3F:  q_t<=8'hA6;
    8'h40:  q_t<=8'h47;  8'h41:  q_t<=8'h07;
    8'h42:  q_t<=8'hA7;  8'h43:  q_t<=8'hFC;
    8'h44:  q_t<=8'hF3;  8'h45:  q_t<=8'h73;
    8'h46:  q_t<=8'h17;  8'h47:  q_t<=8'hBA;
    8'h48:  q_t<=8'h83;  8'h49:  q_t<=8'h59;
    8'h4A:  q_t<=8'h3C;  8'h4B:  q_t<=8'h19;
    8'h4C:  q_t<=8'hE6;  8'h4D:  q_t<=8'h85;
    8'h4E:  q_t<=8'h4F;  8'h4F:  q_t<=8'hA8;
    8'h50:  q_t<=8'h68;  8'h51:  q_t<=8'h6B;
```

```
8'h52:   q_t <= 8'h81;   8'h53:   q_t <= 8'hB2;
8'h54:   q_t <= 8'h71;   8'h55:   q_t <= 8'h64;
8'h56:   q_t <= 8'hDA;   8'h57:   q_t <= 8'h8B;
8'h58:   q_t <= 8'hF8;   8'h59:   q_t <= 8'hEB;
8'h5A:   q_t <= 8'h0F;   8'h5B:   q_t <= 8'h4B;
8'h5C:   q_t <= 8'h70;   8'h5D:   q_t <= 8'h56;
8'h5E:   q_t <= 8'h9D;   8'h5F:   q_t <= 8'h35;
8'h60:   q_t <= 8'h1E;   8'h61:   q_t <= 8'h24;
8'h62:   q_t <= 8'h0E;   8'h63:   q_t <= 8'h5E;
8'h64:   q_t <= 8'h63;   8'h65:   q_t <= 8'h58;
8'h66:   q_t <= 8'hD1;   8'h67:   q_t <= 8'hA2;
8'h68:   q_t <= 8'h25;   8'h69:   q_t <= 8'h22;
8'h6A:   q_t <= 8'h7C;   8'h6B:   q_t <= 8'h3B;
8'h6C:   q_t <= 8'h01;   8'h6D:   q_t <= 8'h21;
8'h6E:   q_t <= 8'h78;   8'h6F:   q_t <= 8'h87;
8'h70:   q_t <= 8'hD4;   8'h71:   q_t <= 8'h00;
8'h72:   q_t <= 8'h46;   8'h73:   q_t <= 8'h57;
8'h74:   q_t <= 8'h9F;   8'h75:   q_t <= 8'hD3;
8'h76:   q_t <= 8'h27;   8'h77:   q_t <= 8'h52;
8'h78:   q_t <= 8'h4C;   8'h79:   q_t <= 8'h36;
8'h7A:   q_t <= 8'h02;   8'h7B:   q_t <= 8'hE7;
8'h7C:   q_t <= 8'hA0;   8'h7D:   q_t <= 8'hC4;
8'h7E:   q_t <= 8'hC8;   8'h7F:   q_t <= 8'h9E;
8'h80:   q_t <= 8'hEA;   8'h81:   q_t <= 8'hBF;
8'h82:   q_t <= 8'h8A;   8'h83:   q_t <= 8'hD2;
8'h84:   q_t <= 8'h40;   8'h85:   q_t <= 8'hC7;
8'h86:   q_t <= 8'h38;   8'h87:   q_t <= 8'hB5;
8'h88:   q_t <= 8'hA3;   8'h89:   q_t <= 8'hF7;
8'h8A:   q_t <= 8'hF2;   8'h8B:   q_t <= 8'hCE;
8'h8C:   q_t <= 8'hF9;   8'h8D:   q_t <= 8'h61;
8'h8E:   q_t <= 8'h15;   8'h8F:   q_t <= 8'hA1;
8'h90:   q_t <= 8'hE0;   8'h91:   q_t <= 8'hAE;
8'h92:   q_t <= 8'h5D;   8'h93:   q_t <= 8'hA4;
8'h94:   q_t <= 8'h9B;   8'h95:   q_t <= 8'h34;
8'h96:   q_t <= 8'h1A;   8'h97:   q_t <= 8'h55;
8'h98:   q_t <= 8'hAD;   8'h99:   q_t <= 8'h93;
8'h9A:   q_t <= 8'h32;   8'h9B:   q_t <= 8'h30;
8'h9C:   q_t <= 8'hF5;   8'h9D:   q_t <= 8'h8C;
8'h9E:   q_t <= 8'hB1;   8'h9F:   q_t <= 8'hE3;
8'hA0:   q_t <= 8'h1D;   8'hA1:   q_t <= 8'hF6;
8'hA2:   q_t <= 8'hE2;   8'hA3:   q_t <= 8'h2E;
8'hA4:   q_t <= 8'h82;   8'hA5:   q_t <= 8'h66;
8'hA6:   q_t <= 8'hCA;   8'hA7:   q_t <= 8'h60;
8'hA8:   q_t <= 8'hC0;   8'hA9:   q_t <= 8'h29;
8'hAA:   q_t <= 8'h23;   8'hAB:   q_t <= 8'hAB;
8'hAC:   q_t <= 8'h0D;   8'hAD:   q_t <= 8'h53;
8'hAE:   q_t <= 8'h4E;   8'hAF:   q_t <= 8'h6F;
8'hB0:   q_t <= 8'hD5;   8'hB1:   q_t <= 8'hDB;
8'hB2:   q_t <= 8'h37;   8'hB3:   q_t <= 8'h45;
8'hB4:   q_t <= 8'hDE;   8'hB5:   q_t <= 8'hFD;
8'hB6:   q_t <= 8'h8E;   8'hB7:   q_t <= 8'h2F;
```

```
        8'hB8:   q_t <= 8'h03;   8'hB9:   q_t <= 8'hFF;
        8'hBA:   q_t <= 8'h6A;   8'hBB:   q_t <= 8'h72;
        8'hBC:   q_t <= 8'h6D;   8'hBD:   q_t <= 8'h6C;
        8'hBE:   q_t <= 8'h5B;   8'hBF:   q_t <= 8'h51;
        8'hC0:   q_t <= 8'h8D;   8'hC1:   q_t <= 8'h1B;
        8'hC2:   q_t <= 8'hAF;   8'hC3:   q_t <= 8'h92;
        8'hC4:   q_t <= 8'hBB;   8'hC5:   q_t <= 8'hDD;
        8'hC6:   q_t <= 8'hBC;   8'hC7:   q_t <= 8'h7F;
        8'hC8:   q_t <= 8'h11;   8'hC9:   q_t <= 8'hD9;
        8'hCA:   q_t <= 8'h5C;   8'hCB:   q_t <= 8'h41;
        8'hCC:   q_t <= 8'h1F;   8'hCD:   q_t <= 8'h10;
        8'hCE:   q_t <= 8'h5A;   8'hCF:   q_t <= 8'hD8;
        8'hD0:   q_t <= 8'h0A;   8'hD1:   q_t <= 8'hC1;
        8'hD2:   q_t <= 8'h31;   8'hD3:   q_t <= 8'h88;
        8'hD4:   q_t <= 8'hA5;   8'hD5:   q_t <= 8'hCD;
        8'hD6:   q_t <= 8'h7B;   8'hD7:   q_t <= 8'hBD;
        8'hD8:   q_t <= 8'h2D;   8'hD9:   q_t <= 8'h74;
        8'hDA:   q_t <= 8'hD0;   8'hDB:   q_t <= 8'h12;
        8'hDC:   q_t <= 8'hB8;   8'hDD:   q_t <= 8'hE5;
        8'hDE:   q_t <= 8'hB4;   8'hDF:   q_t <= 8'hB0;
        8'hE0:   q_t <= 8'h89;   8'hE1:   q_t <= 8'h69;
        8'hE2:   q_t <= 8'h97;   8'hE3:   q_t <= 8'h4A;
        8'hE4:   q_t <= 8'h0C;   8'hE5:   q_t <= 8'h96;
        8'hE6:   q_t <= 8'h77;   8'hE7:   q_t <= 8'h7E;
        8'hE8:   q_t <= 8'h65;   8'hE9:   q_t <= 8'hB9;
        8'hEA:   q_t <= 8'hF1;   8'hEB:   q_t <= 8'h09;
        8'hEC:   q_t <= 8'hC5;   8'hED:   q_t <= 8'h6E;
        8'hEE:   q_t <= 8'hC6;   8'hEF:   q_t <= 8'h84;
        8'hF0:   q_t <= 8'h18;   8'hF1:   q_t <= 8'hF0;
        8'hF2:   q_t <= 8'h7D;   8'hF3:   q_t <= 8'hEC;
        8'hF4:   q_t <= 8'h3A;   8'hF5:   q_t <= 8'hDC;
        8'hF6:   q_t <= 8'h4D;   8'hF7:   q_t <= 8'h20;
        8'hF8:   q_t <= 8'h79;   8'hF9:   q_t <= 8'hEE;
        8'hFA:   q_t <= 8'h5F;   8'hFB:   q_t <= 8'h3E;
        8'hFC:   q_t <= 8'hD7;   8'hFD:   q_t <= 8'hCB;
        8'hFE:   q_t <= 8'h39;   8'hFF:   q_t <= 8'h48;
    endcase
    end

always @(posedge clock)begin
    q <= q_t;
    end
endmodule
```

9.2.5 测试验证

下面是 SM4 算法的测试代码,在测试中设置了明文和密文两种模式,读者可根据需要
自行测试。

```
`timescale 1ns/10ps
```

```verilog
module sm4_testbench();
parameter PIPELINE = 1;

//定义时钟周期
parameter cycle_half = 5 ;

reg               CLK1,ini_reset;
reg    [127:0]    mingwen,key;
reg               mingwen_val,key_val;
wire   [127:0]    result;
wire              result_val;

sm4 sm4_t(.clk(CLK1),
    .rst_n(ini_reset),
    .decrypt(1'b0),              //若输入的是密文,则传递的参数为1'b0,进行解密运算
    .mingwen(mingwen),          //若要进行解密运算,则此时传递的参数为128bit密文
    .mingwen_val(mingwen_val),
    .key(key),
    .key_val(key_val),
    .result(result),
    .result_val(result_val)
    );

//生成时钟
always begin
    CLK1 = 1'b0;
    #cycle_half
    CLK1 = 1'b1;
    #cycle_half
    CLK1 = 1'b0;
end

initial begin
    ini_reset = 1'b0;
    mingwen_val = 1'b0;
    key_val = 1'b0;
    #5;
    #100 ini_reset = 1'b1;
    #10

    //进行加密运算时,decrypt为1
    //decrypt = 1'b1
    //mingwen = 128'h0123456789abcdeffedcba9876543210;

    //进行解密运算时,decrypt为0
    //decrypt = 1'b0,代表输入是密文
    mingwen = 128'h681edf34d206965e86b3e94f536e4246;

    mingwen_val = 1'b1;
    key = 128'h0123456789abcdeffedcba9876543210;
    key_val = 1'b1;
```

```
    #10
    mingwen_val = 1'b0;
    key_val = 1'b0;
    end
endmodule
```

计算结果如图 9-5 所示。可以看出,此时 decrypt 为 0,表示当前进行的是解密运算,信号 mingwen 输入的实际是经过加密的密文; key 为输入的密钥。经过解密运算,当 result_val 为 1 时,输出的 result 是解密运算结果。

/sm4_testbench/sm4_t/clk	0	
/sm4_testbench/sm4_t/rst_n	1	
/sm4_testbench/sm4_t/decrypt	0	
/sm4_testbench/sm4_t/mingwen	681edf34d206696...	681edf34d206965e86b3e94f536e4246
/sm4_testbench/sm4_t/mingwen_val	0	
/sm4_testbench/sm4_t/key	0123456789abcd...	0123456789abcdeffedcba9876543210
/sm4_testbench/sm4_t/key_val	0	
/sm4_testbench/sm4_t/result	0123456789abcd...	0123456789abcdeffedcba9876543210
/sm4_testbench/sm4_t/result_val	0	
/sm4_testbench/sm4_t/A0	27fad345	27fad345
/sm4_testbench/sm4_t/A1	76543210	76543210
/sm4_testbench/sm4_t/A2	fedcba98	fedcba98
/sm4_testbench/sm4_t/A3	89abcdef	89abcdef
/sm4_testbench/sm4_t/B	f12186f9	f12186f9
/sm4_testbench/sm4_t/T_result	01234567	01234567
/sm4_testbench/sm4_t/key_expansion	0	

图 9-5 解密运算仿真分析结果

参 考 文 献

［1］　Borrelli C. IEEE 802.3 Cyclic Reduncdancy Check：XAPP209(v1.0). San Jose：Xilinx Inc.，2001.

［2］　乔庐峰. Verilog HDL 数字系统设计与验证［M］. 北京：电子工业出版社，2009.

［3］　刘波. 精通 Verilog HDL 语言编程［M］. 北京：电子工业出版社，2007.

［4］　Mishra K. Verilog HDL 高级数字系统设计技术与实例分析［M］. 乔庐峰，等译. 北京：电子工业出版社，2018.

［5］　罗国明，等. 现代通信网［M］. 北京：电子工业出版社，2020.

［6］　Chao H J,Liu B. High Performance Switches and Routers［M］. Hoboken：John Wiley & Sons, Inc.，2007.

［7］　Tanenbaum A S,Wetheral D J. 计算机网络［M］. 潘爱民，译. 5 版. 北京：清华大学出版社，2017.

图 书 资 源 支 持

感谢您一直以来对清华大学出版社图书的支持和爱护。为了配合本书的使用，本书提供配套的资源，有需求的读者请扫描下方的"书圈"微信公众号二维码，在图书专区下载，也可以拨打电话或发送电子邮件咨询。

如果您在使用本书的过程中遇到了什么问题，或者有相关图书出版计划，也请您发邮件告诉我们，以便我们更好地为您服务。

我们的联系方式：

地　　址：北京市海淀区双清路学研大厦 A 座 701

邮　　编：100084

电　　话：010-83470236　　010-83470237

资源下载：http://www.tup.com.cn

客服邮箱：tupjsj@vip.163.com

QQ：2301891038（请写明您的单位和姓名）

用微信扫一扫右边的二维码，即可关注清华大学出版社公众号。

教学资源·教学样书·新书信息

人工智能科学与技术
人工智能|电子通信|自动控制

资料下载·样书申请

书圈